基因·女郎·伽莫夫

Genes, Girls, and Gamow

发现双螺旋之后

［美］詹姆斯·D.沃森 著

钟扬 沈玮 赵琼 王旭 译

 上海科技教育出版社

内容提要

  紧随着 1953 年詹姆斯·D.沃森和弗朗西斯·克里克对 DNA 结构的革命性发现,分子生物学界卷入了一股淘金热潮中,其目标就是揭示这个刚刚阐明的分子所预示的生命之谜。《基因·女郎·伽莫夫》就是沃森关于 DNA 突破性发现所产生之惊人后果的报告,故事从他的经典回忆录《双螺旋》停笔之处开始。

  本书叙述了科学巨匠的合作与冲突,不仅涉及沃森和克里克,还有其他许多人,包括莱纳斯·鲍林(当时最伟大的化学家),理查德·费曼(加州理工学院的邦戈鼓明星),尤其是乔治·伽莫夫,一位长得像熊、嗜饮威士忌的俄裔物理学家,他将其惊人的智慧转到了遗传学领域;沃森和伽莫夫——一个无法抑制的恶作剧者——一道,成立了传奇性的"RNA 领带俱乐部"。

  但是,沃森——25 岁已经中了遗传学研究的头彩——还为另一个目标所困惑:寻找爱情,以及一个能和他那意想不到的名声相配的妻子。他和一群来自不同国家的调皮的年轻同事一起搞重要研究时,他们交换心意,共同抱怨缺乏情投意合的配偶。在狂热地寻找当时还很神秘的 RNA 分子的作用之同时,沃森的头脑几乎未曾远离过他心仪的最终目标——一个迷人的斯沃思莫尔学院女生,她刚巧也是哈佛最杰出生物学家的女儿。

一半是科学,一半是情思。本书深刻揭示了伟大的科学发现是如何完成的,又自我剖析了一名青年男子的勃勃雄心。

作者简介

　　詹姆斯·D.沃森(James D. Watson),DNA双螺旋结构的发现者之一。1928年4月6日生于芝加哥,1947年获得芝加哥大学动物学学士学位,1950年获得印第安纳大学动物学博士学位,此后转向遗传学研究,1953年与弗朗西斯·克里克共同发现DNA双螺旋结构。他是美国科学院院士和英国皇家学会会员,曾获得总统自由勋章和美国科学勋章,并与弗朗西斯·克里克以及莫里斯·威尔金斯分享了1962年度诺贝尔生理学医学奖。1968—2007年任冷泉港实验室主任。

詹姆斯·D.沃森在1961年莫斯科国际生物化学大会上

献给西莉亚·吉尔伯特（Celia Gilbert）

凡是有钱的单身汉，总想娶位太太，这已经成了一条举世公认的真理。

　　　　　　　　——简·奥斯汀（Jane Austen），

　　《傲慢与偏见》（*Pride and Prejudice*）

CONTENTS 目 录

目 录

001 一 序

003 一 前言

007 一 致谢

009 一 人物表

001 一 序幕

004 一 1. 剑桥(英国):1953年4月

010 一 2. 剑桥(英国):1953年4—5月

016 一 3. 冷泉港:1953年6月

024 一 4. 剑桥(英国):1953年7—8月

032 一 5. 纽黑文、北印第安纳和帕萨迪纳:

1953年9月

041 一 6. 帕萨迪纳、北印第安纳和东海岸:

1953年10月—1954年1月

049 一 7. 贝塞斯达、橡树岭国家实验室和帕萨迪纳:

1954年1—2月

057 一 8. 帕萨迪纳:1954年2月

063 一 9. 帕萨迪纳、伯克利、厄巴纳、加特林堡和东海岸:

1954年3—4月

070 一 10. 帕萨迪纳:1954年5月

075 — 11. 伍兹霍尔:1954年6月

080 — 12. 伍兹霍尔:1954年7月

086 — 13. 伍兹霍尔:1954年8月

092 — 14. 伍兹霍尔、新罕布什尔和马萨诸塞的剑桥:

1954年8月

098 — 15. 北印第安纳和帕萨迪纳:1954年9月

104 — 16. 帕萨迪纳:1954年10月

111 — 17. 帕萨迪纳和伯克利:1954年11—12月

119 — 18. 北印第安纳、马萨诸塞的剑桥和华盛顿:

1954年12月—1955年1月

125 — 19. 帕萨迪纳和伯克利:1955年2—3月

133 — 20. 东海岸、帕萨迪纳和伍兹霍尔:

1955年3—6月

143 — 21. 剑桥(英国):1955年7月

153 — 22. 欧洲大陆:1955年8月

161 — 23. 剑桥(英国)和苏格兰:1955年9月

170 — 24. 剑桥(英国):1955年10月

178 — 25. 蒂宾根、慕尼黑和剑桥(英国):

1955年11—12月

185 — 26. 英格兰湖区和苏格兰:1955年12月—

1956年1月

191 — 27. 剑桥(英国):1956年1—2月

201 — 28. 剑桥(英国):1956年2月

205 — 29. 剑桥(英国)、以色列和埃及:

1956年3—4月

213 — 30. 剑桥(英国):1956年5—6月

218 — 31. 巴尔的摩、冷泉港和马萨诸塞的剑桥:

1956年6—9月

226 — 尾声:1956年10月—1968年3月

247 — 附录 伽莫夫手稿

序

一个人观察周边世界并报道其所见所闻是很自然的，毕竟无数的记者和通讯员都在为媒体干这些事。况且，科学方法的第一步也是观察以及报告所观察的结果。

心理的诠释、动机和意愿就很危险了。

正如化学家克罗托（Harry Kroto）一年前向我明确指出的——"万事万物都是主观的"，本书的主体就是吉姆·沃森*。书中还有许多其他角色，他们都是真人，其中相当多的人（受害者）会因这本书而不快。然而，没有他们，也就没有这本书。

我所能得到的信息表明，本书的一个"卖点"是女孩们，尤其是克丽斯塔·迈尔（Christa Mayr）。尽管有许多迹象，但作为一个迟钝的、以自我为中心的人，我可没有意识到浪漫的吉姆和女孩子们会有那么大的问题。我自己的问题可是恰恰相反。

如果用作真实事件的参考书，这本书并不可靠。书中存在许多事实错误和偏差，一些与所述有出入的事实吉姆并未直接看到。

我建议每张咖啡桌和每位发型师都应备有此书，对

---

* 吉姆（Jim）是詹姆斯（James）的昵称。——译者

那些等待烫头发的女士来说，这是一本很好的消遣读物。

作为受害者们并未指定的领头人，我希望他们能原谅或者至少宽容我和吉姆。

彼得·鲍林（Peter Pauling）

前　言

　　对 DNA 双螺旋结构的探求在某种意义上是一个探险故事。首先,有许多科学"黄金"可能相当迅速被发掘。其次,在参与角逐的冒险者中,既有许多虚张声势、骤然失却的理由,又得痛苦地接受时运不济。20世纪50年代初不是谨小慎微,而是有一线曙光就要急速前行的时代——"金块"可能就藏在下一座山中。作为赢家之一,我有远远大于以前不敢奢望的幸运,我不能止步不前。还有更多遗传学的"宝藏"等待搜寻,如果不参与进一步的探索将使我感到自己年岁已老。发掘出来的宝藏是遗传密码——"生命的罗塞塔石碑"*,它告诉我们由 DNA 分子编码的遗传信息被翻译成蛋白质语言所遵循的规则,而蛋白质是所有活细胞的分子动力。

　　一开始,获得遗传密码的最佳路径,似乎是在一个相当神秘、被称为 RNA(核糖核酸)的分子内或其附近。尽管它与 DNA(脱氧核糖核酸)迥然不同,但它也是沿着翻译路线构建的,并也可能编码遗传信息。1953年春天,我想象不出 RNA 到底是什么样子,这本书有一部分是关于

---

　　*18世纪末,拿破仑远征军在尼罗河流域的罗塞塔镇发现的一块刻有古埃及文字的石碑,后由法国语言学家破译,被誉为"通往古埃及文明的钥匙"。——译者

它的研究故事。能想象到的仅仅是,对RNA三维形式的观察将告诉我们遗传密码,并引导我们获得将DNA语言翻译成蛋白质语言的分子机制。

在这次探寻中我再度和弗朗西斯·克里克(Francis Crick)并肩前进,但命运有时使我们相隔千里,因此我探寻RNA未解之谜的许多步骤是和新朋友们同行的。在很大程度上,他们已经看到了以前在外观上看似不连贯的分子森林,并大致知道该穿什么样的衣服和用什么样的工具劈开前方的荆棘。完全与众不同的,是那个真正奇特的俄裔探险家乔治·伽莫夫(George Gamow)。这个另类的理论物理学家、身高近2米的巨人,在信件的末尾会署上"乔",总是带着恶作剧倾向挑衅保守的教条,而在其恶作剧外表下掩盖的是总有重大想法的头脑。我们一起成立了一个俱乐部,佩戴他所设计的领带,因此称作"RNA领带俱乐部"。面对俱乐部的20位成员,弗朗西斯·克里克散发了他著名的但从未发表过的1955年版"接合体假说"。我们的俱乐部成为分子生物学史的一部分。

多年来我一直想写一写"RNA领带俱乐部"是如何成立的,在双螺旋发现后环绕着生物学家"精神动荡"的智力氛围中,插入乔常附图解的怪异字母。我能将故事限制在科学论题之内,但它本身已置于我自己的个人生活中,并极大地受着我朋友们生活的影响。故事开始的时候我25岁,还没有结婚,考虑女孩子(girls)多于基因(genes)。它堪称思想、爱情"双城记"。

就像《双螺旋》(*The Double Helix*)一样,我力求写出我年轻的灵魂,不去评价我的所作所为正确与否。然而,重述多年前的真相,毕竟要冒着复述了长期持有的错误记忆的风险。幸运的是,我面前有大约60封自1953年7月至1955年12月我写给克丽斯塔·迈尔的信件。重读这些信,我发现这几乎是日记般的、关于那时我的科学灵感以及进入我生活的人物的描述。我还忠实地保留了那个时期所收到的亲朋好友的所有来信。

既然不以判断我在过去时光中的行为为目的，我甘愿冒险使那些希望了解如今的我而非当初没有经验、更以自我为中心的我的读者不快。还会有些读者，可能对我过去或现在的性格都没有苛求，但仍感到我写的这些往事并不值得向后世传扬。几乎每个人的人生都有某个方面缺陷，而我所描述的可能并非那么不同寻常。但无论好歹，我和我的朋友们在双螺旋诞生之时就在场——按任何标准，它都是科学史（如果不是人类史）上的重大时刻。在这个意义上，我们是一出大型戏剧唯一的演员。

因此，会有许多读者想更多地了解我们的生活中到底发生过什么。这个故事并非讲述类似于双螺旋发现的第二个轻巧取胜，但有乔·伽莫夫让我们永不懈怠。乔是一个大顽童，从原子跳到基因，又跳到空间旅行。他同时涉足这些领域，聪明时令人钦佩，生活倒退时让人抚慰。或许乔是明智的，他从不指望每次探索都有结果，因而总是在过程中寻找乐趣。如今回首自己的人生，我才明白乔的睿智远远超出了我最初对他的评价。

致　谢

　　我最初的草稿变成现在这样的版本得益于许多朋友的意见,我给他们提供草稿,他们则告之所记忆的事情与书中所述是否存有差异。唐·卡斯珀(Donald Caspar)、弗朗西斯·克里克、保罗·多蒂(Paul Doty)、西莉亚·吉尔伯特(Celia Gilbert)、休·赫胥黎(Hugh Huxley)、莱斯利·奥格尔(Leslie Orgel)、彼得·鲍林(Peter Pauling)、阿莉西亚·鲍林(Alicia Pauling)、珍妮特·斯图尔特·怀特克尔男爵夫人(Baroness Janet Stewart Whitaker)都给予我极大的帮助。此外,我还得益于约翰·凯恩斯(John Cairns)、理查德·道金斯(Richard Dawkins)、南茜·霍普金斯(Nancy Hopkins)、戈登·利希(Gordon Lish)、辛西娅·麦凯(Cynthia MacKay)、维克托·麦克尔赫尼(Victor McElheny)、本诺·米勒-希尔(Benno Müeller-Hill)、马克·普塔什尼(Mak Ptashne)、马特·里德利(Matt Ridley)、阿尼娅·里德利(Anya Ridley)、彼得·舍伍德(Peter Sherwood)、简·维特科夫斯基(Jan Witkowski)和诺顿·辛德尔(Norton Zinder)。

　　由于我还是用笔写作,所以如果没有非常能干的助理莫琳·贝雷杰卡(Maureen Berejka)帮助识别我的手书并输入到电脑中,本书就不能面世。我还必须感谢拉玛·麦凯(Ramah McKay)改正我的语法并要求我缩短不必要的长句。

我还得益于牛津大学出版社的迈克尔·罗杰斯(Michael Rodgers)和克诺夫出版社的乔治·安德烈乌(George Andreou)的编辑风格——他们不仅知道什么词最好不用,而且同样重要的是,知道哪些章节最好留下以忠实地记录双螺旋之后的故事。

最后,我必须感谢我的妻子莉兹(Liz)一直以来热情的支持与鼓励。夏季,她在我们位于伦敦文森特广场的房子中打出前几章。后续许多章节是1994年春季在牛津写的,当时我在林肯学院任牛顿–亚伯拉罕教授。我乐于感谢校长和同事们在此期间为我提供生活上的便利。莉兹和我不希望牛津从我们的生活中消失,后来便买下了诺斯摩尔路一套带花园的一楼公寓——它与世隔绝,让我写完了最后的章节。

詹姆斯·D.沃森

2001年11月于纽约州冷泉港

人物表

（以姓氏英文字母为序）

乔治·比德尔（比茨）（George Beadle,"Beets"）——遗传学家,生于1903年;1946—1961年任加州理工学院生物学部主任;因基因与蛋白质关系实验与爱德华·塔特姆分享1958年度诺贝尔生理学医学奖。

西摩·本泽（Seymour Benzer）——从物理学家改行的遗传学家,1921年生于布鲁克林;1945—1967年在普度大学任教,后到加州理工学院任生物学教授。

约翰·德斯蒙德·贝尔纳（John Desmond Bernal）——爱尔兰晶体学家,生于1901年;20世纪30年代指导马克斯·佩鲁茨和多萝西·霍奇金获剑桥博士学位;以左倾出名——他在伦敦大学伯克贝克学院的办公室墙上挂着一幅毕加索的和平鸽。

尼尔斯·玻尔（Niels Bohr）——丹麦物理学家,生于1885年;首先提出电子在固定量子轨道上绕核运动假说,获1922年度诺贝尔物理学奖。在20世纪20—30年代,他的哥本哈根研究所吸引了世界上最杰出的理论物理学家——包括伽莫夫、朗道、海森伯。

威廉·劳伦斯·布拉格爵士［Sir（William）Lawrence Bragg］——英国物理学家,1890年生于澳大利亚;他的父亲威廉·亨利·布拉格爵士和他在1912年提出了晶体衍射X射线定律，据此创建了X射线晶体学说，他们共获1915年度诺贝尔物理学奖；1938年，劳伦斯·布拉格接替卢瑟福担任剑桥卡文迪什实验室主任。

悉尼·布伦纳（Sydney Brenner）——1927年出生；南非长大；在约翰内斯堡威特沃特斯兰德大学获行医资格；1951年在牛津化学家欣谢尔伍德指导下攻读博士学位。1958年到剑桥和弗朗西斯·克里克一起工作。*

贝琳达·布拉德（Belinda Bullard）——在剑桥大学吉顿学院学习生物化学，生于1936年；父亲是著名地球物理学家爱德华·布拉德爵士，也是富有的诺里奇酿酒家族的后裔。

梅尔文·卡尔文（Melvin Cavlin）——加州大学化学家，生于1911年；因阐明光合作用中吸收二氧化碳的关键步骤获1961年度诺贝尔化学奖。

唐·卡斯珀（Don Capsar）——美国生物物理学家，生于1930年；在耶鲁大学读博士时从事烟草花叶病毒的X射线研究；1955—1956年为加州理工学院博士后，次年去剑桥大学研究球状植物病毒。

埃尔文·查加夫（Erwin Chargaff）——捷克裔美籍生物化学家，生于1905年；曾在维也纳、耶鲁和柏林学习；1935年返回美国，在哥伦比亚大学内科与外科学院工作。20世纪50年代初，发现DNA碱基腺嘌呤和胸腺嘧啶与鸟嘌呤和胞嘧啶数量相等。

弗朗西斯·克里克（Francis Crick）——1916年生于北安普敦附近；在伦敦大学学院学习物理学，二战期间在英国海军部做研究工作；1947年到剑桥大学学习生物学，两年后加入医学研究理事会（MRC）研究组，在卡文迪什实验室研究生物系统的分子结构，在佩鲁茨指导下攻读博

---

* 悉尼·布伦纳获2002年度诺贝尔生理学医学奖。——译者

士学位,该研究组后来发展成为MRC分子生物学实验室(1962年搬迁到阿登布鲁克斯医院后)。

安·卡利斯(Ann Cullis)——生于1931年;20世纪50年代中期是剑桥卡文迪什实验室佩鲁茨麾下的优秀技术员。

马克斯·德尔布吕克(Max Delbrück)——德国理论物理学家,生于1906年;在哥本哈根与玻尔合作数年,再返回柏林和迈特纳一起在威廉皇帝化学研究所工作,后对遗传学产生兴趣;1937年到加州理工学院开始研究细菌病毒(噬菌体);1941年与一位塞浦路斯采矿工程师的女儿玛丽(曼尼)·布鲁斯结婚;德尔布吕克、赫尔希及卢里亚分享了1969年度诺贝尔生理学医学奖。

米利斯拉夫·德梅雷茨(Milislav Demerec)——南斯拉夫裔遗传学家,生于1895年;在康奈尔大学读博士时研究植物育种;1923年到冷泉港实验室,1941年起任主任。

杰里·多诺霍(Jerry Donohue)——理论化学家,生于1920年;曾在加州理工学院莱纳斯·鲍林实验室工作;1952—1953年和妻子帕特到剑桥卡文迪什实验室,与弗朗西斯·克里克、作者以及彼得·鲍林共用一间办公室,1953年2月底发现鸟嘌呤和胸腺嘧啶含有酮类而非烯醇类结构。

保罗·多蒂(Paul Doty)——美国物理化学家,生于1920年;1948年到哈佛大学化学系后转向DNA研究;1954年与他的博士生黑尔佳·伯德克结婚。

雷纳托·杜尔贝科(Renato Dulbecco)——生于1914年;在意大利获得行医资格;1947年移民美国,在印第安纳大学与卢里亚一起从事细菌病毒研究;1949年到加州理工学院,将噬菌体方法拓展到动物病毒领域;因DNA肿瘤病毒方面的工作获1975年度诺贝尔生理学医学奖。

杰克·杜尼茨(Jack Dunitz)——X射线晶体学家,1923年生于苏格兰;1946年在牛津大学霍奇金实验室做博士后,随后在加州理工学院工作数年,结识亚力克斯·里奇,后加入里奇所在的国立卫生研究院(NIH)实验室;1957年任苏黎世大学化学晶体学教授。

鲍里斯·埃弗吕西(Boris Ephrussi)——遗传学家,1901年生于俄国;在法国读书;二战期间在美国,战后返回巴黎,任巴黎大学(索邦)遗传学教授,主要从事酵母遗传学研究;1946年,在冷泉港研讨会上结识美国微生物学家哈丽特·泰勒;1949年,哈丽特成为他的第二任妻子。

理查德·费曼(迪克)(Richard Feynman,"Dick")——美国物理学家,生于1918年;在普林斯顿获博士学位后到康奈尔大学教物理学;1952年任加州理工学院理论物理学教授;作为量子电动力学创始人,获1965年度诺贝尔物理学奖。

海因茨·弗伦克尔-康拉特(Heinz Fraenkel-Conrat)——1910年生于德国;曾在布雷斯劳学医,后在爱丁堡大学获化学博士学位;1952年到加州大学伯克利分校斯坦利的病毒实验室研究植物病毒。

罗莎琳德·富兰克林(Rosalind Franklin)——剑桥毕业的物理化学家,生于1921年;在巴黎待了4年(1947—1951)以后,加入伦敦大学国王学院MRC生物物理学组;确定DNA的磷原子在外表面并发现"B"型DNA;1953年,到伦敦大学伯克贝克学院贝尔纳实验室。

乔治·伽莫夫(乔)(George Gamow,"Geo")——俄裔理论物理学家,1904年生于敖德萨;1928年在圣彼得堡大学获博士学位,曾在哥本哈根和剑桥工作3年,1931年返回苏联;在参加比利时召开的学术会议时与妻子罗移居华盛顿特区;1934—1956年任乔治·华盛顿大学物理学教授。

阿尔弗雷德·吉雷尔(Alfred Gierer)——德国生物化学家,生于1929年;在蒂宾根马普研究所研究烟草花叶病毒,是施拉姆的门生。

西莉亚·吉尔伯特(Celia Gilbert)——毕业于史密斯学院,新闻记者伊兹·斯通的女儿,沃尔特·吉尔伯特的妻子。

沃尔特·吉尔伯特（沃利）（Walter Gilbert, "Wally"）——1932年生于波士顿；哈佛毕业后到剑桥大学，在萨拉姆（1979年诺贝尔物理学奖得主）指导下获理论物理学博士学位；1956年到哈佛教理论物理，直到1964年成为生物物理学副教授。70年代初，他独立建立了一种有效的DNA测序方法，后与桑格和伯格分享1980年度诺贝尔化学奖。

希拉·格里菲思（Sheila Griffiths）——1928年生于威尔士；父亲詹姆斯·格里菲思是工党下院议员，1945—1951年间为工党内阁成员；1952年夏天，她在意大利恩加丁的一个山村遇到作者；1953年春天返回英国，次年嫁给在罗马遇见的青年历史学家普赖斯。

J. B. S. 霍尔丹（J. B. S. Haldane）——遗传学家，1892年生于牛津；受教于伊顿公学和新牛津学院，作家内奥米·米奇森的哥哥。他先后在剑桥大学和伦敦大学学院任教，显露出实验遗传学家和理论遗传学家两方面的才华以及怪僻的个性；一直是英国共产党党员，1956年移民到印度直到1964年逝世。

阿尔弗雷德·赫尔希（Alfred Hershey）——美国化学家，生于1908年；最初在华盛顿大学研究噬菌体；1950年到冷泉港实验室，与蔡斯合作证明噬菌体DNA是其遗传物质；和德尔布吕克及卢里亚分享1969年度诺贝尔生理学医学奖。

西里尔·欣谢尔伍德爵士（Sir Cyril Hinshelwood）——英国物理化学家，生于1897年；牛津大学贝列尔学院毕业；1937—1964年任牛津化学教授，是化学动力学权威；和尼古拉·谢苗诺夫分享1956年度诺贝尔化学奖；其著作《细菌细胞的化学动力学》（*The Chemical Kinetics of the Bacterial Cell*）（1946年），因拉马克观点受到遗传学家的普遍责难。

多萝西·霍奇金（Dorothy Hodgkin）——英国晶体学家，1910年生于开罗；在牛津萨默维尔学院学习化学，后成为剑桥大学贝尔纳的博士生，从蛋白质晶体中获得X射线衍射图案的第一人；1936年回到牛津，利用X射线衍射方法确定了青霉素结构,这项工作以及其后对维生素B$_{12}$结构的阐明使她获得1964年度诺贝尔化学奖。

休·赫胥黎(Hugh Huxley)——英国生物物理学家,生于1924年;作为剑桥卡文迪什实验室肯德鲁的博士生从事肌肉收缩研究;1952—1954年任麻省理工学院联邦研究员,开始电子显微镜研究,并建立肌肉收缩的"纤丝滑动"模型;回卡文迪什实验室后不久,于1956年加入伦敦大学国王学院生物物理学系;1961年返回剑桥。

朱利安·赫胥黎(Julian Huxley)——生于1887年;达尔文支持者托马斯·亨利·赫胥黎的孙子,作家兼评论家奥尔德斯·赫胥黎的哥哥;从牛津伊顿公学和贝列尔学院毕业后,在休斯敦赖斯大学任教3年,一战期间返回英国;作为一名多产作家,1946年任联合国教科文组织首任总干事。

弗朗西斯·雅各布(Francois Jacob)——法国生物化学家,生于1920年;学医出身;在巴黎巴斯德研究所与利沃夫和莫诺一起研究基因调控,并共同获得1965年度诺贝尔生理学医学奖。

约翰·肯德鲁(John Kendrew)——分子生物学家,1917年生于牛津;从剑桥三一学院毕业后,二战期间研究航空飞行,并结识贝尔纳;他和佩鲁茨都是剑桥卡文迪什实验室MRC生物系统分子结构研究组的首批成员,从事携氧肌红蛋白的研究。*

格宾·霍拉纳(Gobind Khorana)——1922年生于印度;先后就读于拉合尔大学和利物浦大学;1948—1952年,在剑桥亚历山大·托德有机化学实验室做博士后,研究核酸;在威斯康星大学酶学研究所从事RNA研究,有关特定RNA序列上的酶合成工作被证明是建立遗传密码的关键;和尼伦伯格及霍利分享1968年度诺贝尔生理学医学奖。

阿伦·克卢格(Aaron Klug)——1926年生于立陶宛;在南非读书;在

---

* 约翰·肯德鲁和马克斯·佩鲁茨共获1962年诺贝尔化学奖。——译者

剑桥卡文迪什实验室研究钢结构,获物理学博士学位;1954年,加入罗莎琳德·富兰克林实验室研究烟草花叶病毒结构;1958年罗莎琳德去世后,他在伦敦大学伯克贝克学院继续这项工作,直到1962年到剑桥MRC分子生物学实验室;因建立晶体电子显微技术,获1982年度诺贝尔化学奖。

列夫·朗道(Lev Landau)——苏联理论物理学家,1908年生于阿塞拜疆巴库;乔治·伽莫夫的朋友——1930年量子力学形成之时,他们同在哥本哈根与玻尔一起工作;因其液氦理论获1962年度诺贝尔物理学奖。

罗伯特·莱德利(Robert Ledley)——美国数学家,生于1926年;曾对遗传密码的逻辑性感兴趣。

伊丽莎白·维克雷·刘易斯(Elizabeth Vickery Lewis)——1948年生于罗得岛州普罗维登斯;1967年为拉德克利夫大学二年级学生,在作者实验室做事务性工作。

朱莉娅·刘易斯(Julia Lewis)——生于1936年;50年代在剑桥吉顿学院学习语言。

萨尔瓦多·卢里亚(Salvador Luria)——生于1912年;都灵大学医学院毕业;1938年在巴黎镭研究所从事噬菌体研究;意大利卷入二战后,逃亡美国,在纽约哥伦比亚大学内科与外科学院继续做噬菌体实验;1943年任印第安纳大学教授,1950年到伊利诺伊大学,1958年到麻省理工学院;和德尔布吕克及赫尔希分享1969年度诺贝尔生理学医学奖。

安德烈·利沃夫(André Lwoff)——法国微生物学家,生于1902年;在巴斯德研究所工作,和雅各布及莫诺分享1968年度诺贝尔生理学医学奖,是一位言辞精辟、风趣儒雅的演说家和作家。

罗伊·马卡姆(Roy Markham)——英国生物化学家,生于1916年;

在剑桥莫尔蒂诺研究所植物病毒实验室从事核酸研究。

克丽斯塔·迈尔（Christa Mayr）——恩斯特·迈尔和格蕾特尔·迈尔的长女，生于1936年。

恩斯特·迈尔（Ernst Mayr）——德裔美籍鸟类学家，生于1904年；1933—1953年，主持美国自然历史博物馆的"罗思柴尔德鸟类标本采集"活动；1943—1953年，他和妻子格蕾特尔在冷泉港实验室度夏，时任哈佛大学比较动物学标本馆教授。

祖西·迈尔（Susie Mayr）——恩斯特·迈尔和格蕾特尔·迈尔的幼女，生于1937年。

安·麦克迈克尔（Ann McMichael）—— 一位金发碧眼的美国女子；1955年夏季，她丈夫（物理学家）在日内瓦学习分子生物学。

马休·梅塞尔森（马特）（Matthew Meselson，"Matt"）—— 1930年生于丹佛；1953—1956年在加州理工学院莱纳斯·鲍林指导下攻读博士学位；博士后期间，和斯塔尔利用超速离心技术证明DNA的两条链在复制期分离；1961年任哈佛大学生物系教授。

尼古拉斯·迈特罗波利斯（Nicholas Metropolis）——洛斯阿拉莫斯实验室计算机专家，生于1915年；1954年与乔治·伽莫夫合作检测蛋白质中氨基酸序列的随机性。

阿夫林·米奇森（阿夫）（Avrion Mitchison，"Av"）—— 牛津毕业的免疫学家，生于1928年；内奥米·米奇森和迪克·米奇森的儿子；1952—1954年先后在印第安纳大学和巴尔港杰克逊实验室任联邦研究员，后在爱丁堡大学教动物学。

墨多克·米奇森（Murdoch Mitchison）——剑桥毕业的动物学家，生于1921年；阿夫林的兄长；1952年到爱丁堡大学，1947年与牛津历史学家罗莎琳德·芮恩结婚。

内奥米·米奇森（诺）（Naomi Mitchison，"Nou"）—— 生于1897年；

牛津著名生理学家约翰·司各特·霍尔丹的女儿,J. B. S.霍尔丹的妹妹;
1916年嫁给哥哥的密友、律师和工党议员迪克·米奇森(生于1892年)。

雅克·莫诺(Jacques Monod)—— 法国微生物遗传学家,生于1910
年;精于音乐、航海和攀岩;二战期间是法国抵抗组织成员,1945年加入
巴斯德研究所,他的感召力和才智迅速吸引了一批合作者及学术访问
者;和利沃夫及雅各布分享1968年度诺贝尔生理学医学奖。

罗伯特·马利肯(Robert Mulliken)——芝加哥大学化学物理学家,
生于1897年;其化学键的分子轨道方法一直不被莱纳斯·鲍林所接受;
获1966年度诺贝尔化学奖。

马歇尔·尼伦伯格(Marshall Nirenberg)——美国生物化学家,生于
1927年;在贝塞斯达国立卫生研究院发现合成的多核苷酸启动了特定
多肽链的合成;和霍拉纳及霍利分享1968年度诺贝尔生理学医学奖。

塞韦罗·奥乔亚(Severo Ochoa)——西班牙裔美籍生物化学家,生
于1905年;他在纽约大学实验室与格伦伯格-马纳戈共同发现多核苷
酸磷酸化酶,其后可用于合成RNA分子;和科恩伯格分享1959年度诺
贝尔生理学医学奖。

罗伯特·奥本海默(Robert Oppenheimer)——美国理论物理学家,
生于1904年;在洛斯阿拉莫斯实验室负责研制第一颗原子弹;1940年,
他娶了加州理工学院的客座英裔医生斯图尔特·哈里森的前妻凯瑟琳·
哈里森(基蒂)。

莱斯利·奥格尔(Leslie Orgel)——英国理论化学家,生于1927年;
阿夫林·米奇森的朋友,两人曾同时获得牛津马格达伦学院奖学金;后
到加州理工学院,成为鲍林实验室的青年理论科学家;1950年,与在牛
津学医的艾莉斯·莱文森结婚。

琳达·鲍林(Linda Pauling)——莱纳斯·鲍林和阿瓦·海伦·鲍林的
金发碧眼的漂亮女儿,生于1932年;50年代中期在波特兰里德学院读

书，毕业后投奔她在剑桥的哥哥彼得。

莱纳斯·鲍林（Linus Pauling）——1901年生于俄勒冈；加州理工学院化学部教授、主任；在俄勒冈州立农学院读书时遇到阿瓦·海伦·米勒，1923年在加州理工学院读完硕士一年级后与她结婚。*

彼得·鲍林（Peter Pauling）——生于1931年；莱纳斯·鲍林和阿瓦·海伦·鲍林的儿子；在加州理工学院学习物理学和化学；1952年秋季，在剑桥卡文迪什实验室约翰·肯德鲁指导下攻读博士学位。

马克斯·佩鲁茨（Max Perutz）——奥地利裔英籍化学家，生于1914年；从维也纳毕业后，于1936年到剑桥贝尔纳实验室读研究生，从事X射线晶体学实验研究；1939年，他接受劳伦斯·布拉格资助，利用X射线来解决血红蛋白结构；由于布拉格的赏识与支持，1947年任MRC生物系统的分子结构研究组负责人。

盖多·蓬泰科尔沃（Guido Pontecorvo）——意裔英国遗传学家，1907年生于比萨；其兄弟包括《阿尔及尔之战》（Battle of Algiers）的导演吉洛以及物理学家布鲁诺，后者1950年因受怀疑，离开英国去了苏联；盖多曾在托斯卡纳从事动物育种，1938年去爱丁堡动物遗传学研究所，结识遗传学家米勒并成为他的博士生；后为格拉斯哥大学遗传学副教授，1952年起任教授。

亚历山大·里奇（Alexander Rich）——美国生物化学家，从物理学转行，生于1924年，毕业于哈佛；1949年到加州理工学院鲍林实验室做博士后；1952年与简·金结婚，简是纽约某望族的女儿，毕业于布鲁克斯维尔的萨拉·劳伦斯学院。

马里耶特·罗伯逊（Mariette Robertson）——生于1932年；在帕萨迪纳长大，天体物理学家鲍勃·罗伯逊的女儿；1953年毕业于卫斯理学院。

---

*莱纳斯·鲍林两次获诺贝尔奖，分别为1954年度诺贝尔化学奖和1962年度诺贝尔和平奖。——译者

　　维克托·罗思柴尔德（Victor Rothschild）——著名银行家族在英国的一支后裔，生于1910年；毕业于剑桥三一学院；二战期间完成破坏空中炸弹的英雄使命后，回到剑桥任动物学系教授；1946年与第二任妻子特斯结婚。

　　弗雷德里克·桑格（Frederick Sanger）——剑桥毕业的英国生物化学家，生于1918年；有关蛋白质研究阐明了胰岛素的氨基酸序列，获1958年度诺贝尔化学奖。

　　格哈德·施拉姆（Gerhard Schramm）——德国生物化学家，生于1910年；先在柏林威廉皇帝研究所研究烟草花叶病毒，二战期间去蒂宾根协助建立了马普病毒研究所。

　　马戈特·舒特（Margot Schutt）——瓦萨学院历史系学生，1952年在爱丁堡学习1年；在回美国的"乔治克"号轮船上与作者成为朋友。

　　诺曼·西蒙斯（Norman Simmons）——美国生物化学家，生于1915年；50年代在加州大学洛杉矶分校研究烟草花叶病毒。

　　富兰克林·斯塔尔（Franklin Stahl）——哈佛毕业的分子生物学家，生于1929年；获罗切斯特大学博士学位；1954年夏季，在伍兹霍尔结识梅塞尔森并与之建立友谊，遂于1956年去加州理工学院做博士后。

　　温德尔·斯坦利（Wendell Stanley）——美国化学家，生于1904年；1935年在普林斯顿洛克菲勒研究所实验室获得烟草花叶病毒晶体；和诺思罗普及萨姆纳分享1946年度诺贝尔化学奖；1948年成为加州大学伯克利分校病毒实验室首任主任。

　　冈瑟·斯滕特（Gunther Stent）——物理化学家，1902年生于柏林；毕业于伊利诺伊大学；1948年秋季到加州理工学院德尔布吕克研究组做博士后，后在哥本哈根和巴黎做博士后，最后加入伯克利斯坦利病毒实验室；1952年，他与当时在哥本哈根学习钢琴的冰岛女孩因加·罗夫特多蒂尔结婚。

珍妮特·斯图尔特（Janet Stewart）——生于1936年；50年代中期在剑桥吉顿学院读书，彼得·鲍林的朋友。

迈克尔·斯托克（Michael Stoker）——英国病毒学家，生于1916年；曾在剑桥学医；战时在印度服兵役，回剑桥后在病理学系研究动物病毒，并任克莱尔学院医学导师。

阿尔伯特·圣捷尔吉（Albert Szent-Györgyi）——匈牙利裔生物化学家，生于1893年；因分离维生素C获得1937年度诺贝尔生理学医学奖；1947年移居美国，在伍兹霍尔建立了自己的肌肉研究所；在匈牙利时，娶了第二任妻子玛尔塔。

安德鲁·圣捷尔吉（Andrew Szent-Györgyi）——阿尔伯特·圣捷尔吉的亲戚，生于1926年；50年代中期和妻子伊夫一起在伍兹霍尔做研究工作。

利奥·齐拉（Leo Szilard）——匈牙利裔物理学家，生于1898年；1922年在柏林获博士学位后，教物理学并与爱因斯坦合作；希特勒上台后，他先去英国，再去美国，在芝加哥大学和费米建立了第一个核反应器；二战后任芝加哥放射生物学和生物物理学研究所教授。

爱德华·特勒（Edward Teller）——1908年生于匈牙利；1930年在德国莱比锡获物理学博士学位；1935—1941年与伽莫夫一道在乔治·华盛顿大学教物理学；二战后任芝加哥大学教授，1953年到加州大学伯克利分校。

阿尔弗雷德·蒂西尔斯（Alfred Tissières）——具行医资格的瑞士登山家，生于1917年；二战后到剑桥大卫·凯林实验室学习生物化学，1951年获剑桥国王学院奖学金；后去加州理工学院学习2年，成为德尔布吕克夫妇的密友；回剑桥后，和斯莱特继续在莫尔蒂诺研究所进行氧化磷酸化研究。

亚历山大·托德（Alexander Todd）——苏格兰化学家，1907年生于格拉斯哥；1944年起担任剑桥大学有机化学教授，身材高大（6英尺4英寸，约1.9米）；建立了DNA和RNA骨架的共价结构，获1957年度诺贝尔化学奖；1937年，与著名生理学家亨利·戴尔爵士的女儿阿莉森·戴尔结婚，亨利·戴尔获1936年度诺贝尔生理学医学奖。

乔治·沃尔德（George Wald）——1906年生于布鲁克林；获哥伦比亚大学博士；1935年到哈佛，1948年任生物学教授；因阐明维生素A在视觉中的作用，获1967年度诺贝尔生理学医学奖。

李·韦克菲尔德（Lee Wakefield）——瓦萨学院学生，1953年夏末在从南安普敦回纽约的"乔治克"号轮船上遇到作者。

伊丽莎白·沃森（贝蒂）（Elizabeth Watson，"Betty"）——作者的妹妹，生于1930年；1949年毕业于芝加哥大学；1951年去哥本哈根度过2年，双螺旋发现的那段时间一直在剑桥。

詹姆斯·沃森（James Watson）——本书作者，1928年生于芝加哥；毕业于芝加哥大学，1950年获印第安纳大学博士学位；在哥本哈根做了1年博士后之后，于1951年10月到剑桥卡文迪什实验室；1953年2月28日与弗朗西斯·克里克共同发现双螺旋。

让·雅克·魏格勒（Jean Jacques Weigle）——生于1901年；瑞士噬菌体生物学家，从物理学转行；其家产足以让他每年有6个月时间待在加州理工学院德尔布吕克的研究组，另6个月则在日内瓦大学；以前是日内瓦大学物理系主任；曾和阿尔弗雷德·蒂西尔斯一起登山，是一位富有经验的登山家。

莫里斯·威尔金斯（Maurice Wilkins）——1916年生于新西兰；毕业于剑桥圣约翰学院；1940年在伯明翰大学兰德尔指导下攻读博士学位；战争期间研究铀同位素，战后转入生物物理学领域；先后在圣安德鲁大学和伦敦大学国王学院MRC生物物理学研究组工作；1950年，利用瑞士制备的DNA，和学生戈斯林一起获得了DNA晶体（"A"型）的X射线照片。

罗布莱·威廉姆斯（Robley Williams）——美国电子显微学家,生于1908年;1950年加入加州大学伯克利分校斯坦利病毒学实验室。

杰夫里斯·怀曼（Jeffries Wyman）——美国生物物理学家,生于1901年;在哈佛有许多同事;1951年任美国驻巴黎大使馆科学专员。

马蒂纳斯·伊卡斯（Martynas Ycas）——美国生物化学家,生于1917年;曾在美军军需部实验室工作,后到雪城大学。

序 幕

　　我最初返回剑桥时并未表现出曾经离开的样子。我的早餐还是在三一大街的咖啡馆——看《泰晤士报》(*The Times*)，吃熏肉、鸡蛋和烤面包片，只是我在付账时的犹豫表明我曾住在别处。但当我1986年9月中旬回来时，过去的一切只剩下建筑物了。学院的门卫不再认识我，而我不得不表明身份以解释为什么我会沿剑河边走到克莱尔学院花园中来，那个时间是不许参观者入内的。

　　我回剑桥是为了考察一位科学家，我想将他挖到我在美国的实验室中。我们要和他的研究小组一起到马格达伦桥附近的一家法国餐厅共进晚餐。我抽出时间，从克莱尔桥折返回来，穿过国王学院，一路聆听晚祷余音。到了自由校道，走进一度充满传奇色彩的卡文迪什实验室入口。20世纪前30年间，这面墙内已经产生过现代物理学的大部分发现。而我，当年的一个美国青年在50年代初也来到了这里。

　　现在这里已有新居民——应用生物学系，它在我的记忆中只是一个很含糊的名称，具体做什么我一点也不清楚。圣玛丽教堂晚上6点的钟声已经敲响，我真担心门会被闩上，还好没有。我沿着20世纪30年代建成的奥斯汀侧楼的台阶走进一楼走廊，弗朗西斯·克里克(Francis Crick)和我曾共用这里的一间办公室，没有任何标志指明它是双螺旋的诞生地。我推门而入，料想房间都已被废弃，但那间杰里·多诺霍

(Jerry Donohue)、彼得·鲍林(Peter Pauling)及我们共4人用过的房间里孤零零地还有一名研究生,他正在用测径规测量一只马铃薯的直径。出于礼貌,我没问他为什么选这个论文题目,而是向他解释之所以唐突地打扰他是因为我也曾经在这个房间里工作过,很想知道现在这里作什么用。根据他的反应我意识到他并不知道我是谁,也不知道一度主宰这面墙内的知识风暴。很久以前就被灌输到我头脑中的剑桥礼节不允许我暴露自己的身份。于是,我快步走下台阶,前往"金色螺旋"——弗朗西斯和他的妻子奥迪勒(Odile)去加利福尼亚之前的寓所。

我走到市场街,进入悉尼街,然后沿布里奇街走到"葡萄牙地区"。在一条狭窄的人行道后,就是19号和20号并排两套维多利亚式的平顶房屋。克里克一家在这里居住了四分之一个世纪。他们最初仅有19号的房子,但双螺旋带来名望之后,他们又买下了隔壁这套,供照顾他们的女儿加布里埃勒(Gabrielle)和杰奎琳(Jacqueline)的女佣们住,正是女儿们的蓬勃朝气减轻了弗朗西斯从事遗传密码研究的压力。两套房子离"莫斯兄弟"商店只有几百米,我曾经去那里租借过参加学院宴会所需的正式礼服。

我低头观望处于黑暗之中、曾用作饭厅的地下室窗户,又回想起那无数个美好的夜晚,有奥迪勒烹饪美味,还有弗朗西斯对我们共同的剑桥朋友评头品足。然而,"金色螺旋"及其前面那个小小的三角花园现在安静得可怕。在弗朗西斯和奥迪勒刚开始去南加州拉霍亚的索尔克研究所的那几年中,他们只是在夏天回来。他们先卖掉了剑桥外的小别墅,就在两个星期之前,他们又将"金色螺旋"也卖给了一位从斯坦福大学回来的剑桥科学家。四周空无一人,我一直凝视着弗朗西斯放置在一楼的1米长的金属螺旋。看到它,初访者就可以确定他们找对了房子。

我只有伤感,不是因为弗朗西斯独领风骚的睿智时代已经过去,而是因为剑桥看起来并不关心这些。我很早以前就知道我在这里的日子不太对劲,但弗朗西斯难以接受类似的感觉。可以理解,在剑桥工作25年注定会产生压抑感,而南加州温暖的气候和湛蓝的天空都为他们的离去增添了理由。然而,要是这所大学的历史并非如此之厚重以至于它的学术机构总是比其中的人显得更加重要的话,这条路还非走不可吗?只有卓越的格拉斯哥化学家托德勋爵(Lord Todd)能宣称他的虔诚并侥幸脱身。

弗朗西斯太像一个来自西印度棒球队的快速投手,不给球队其他投手一点机会。与他同处一室,你永远也无法从他源源不断地迸发出的主意中解脱。即使他到了60岁,也显不出真实年龄。让他在65岁退休是不明智的,而让他领导一个学院也是严重误用了他的才智。有些事情不得不改变,但如果改变它就不是剑桥了。

1. 剑桥（英国）：1953年4月

尽管我的头发长度适中，口音也几乎就是英国腔，奥迪勒·克里克仍然告诉我，离走在剑桥的国王大道上的样子还差得远呢，在其任一个学院园区中更不能看上去故作慵懒。如果我一个月前就这样出现，倒不会有什么问题——无非是一个口称"我所想的与良好素养所需要的相反"、不修边幅、身材纤瘦的家伙而已。但现在，弗朗西斯·克里克和我给世界带来了双螺旋结构，剑桥必然要求我们的形象如她一般温和而从容。这一时刻终于来临，至少得有一套能与弗朗西斯的"爱德华式的优雅"相称的服装。这件事我自己做不能令人放心，奥迪勒就陪我到约翰学院教堂对面的一家男装店。脱掉我那不合身的美式斜纹呢夹克，换上一件蓝色法兰绒便装和与之相配的灰色长裤，它们将更好地表现我作为科学大赢家之一的新身份。

我们两个月前（1953年3月）发现的DNA分子漂亮得出乎意料。DNA的两条多核苷酸链由腺嘌呤-胸腺嘧啶和鸟嘌呤-胞嘧啶碱基对连在一起，具有互补结构，这对染色体复制过程中基因的精确拷贝来说是必需的。1953年初，搞清楚基因是何种形状以及如何复制，还是遗传学三大未解难题中的两个。似乎不知怎的，弗朗西斯和我现在已经掌握了这两点。我不时真的拧自己一把，以证明我不是身处美梦之中。我的确不是在做梦，弗朗西斯和我完全有可能弄清基因是如何提供信息来产生蛋白质的,搞一个"大满贯"。

我们用抛硬币的方法决定那篇原始文稿上的名字按沃森–克里克顺序排列,而不是克里克–沃森。因此,剑桥一些饶舌的家伙将我们的DNA模型称为WC结构*。他们认为我们的黄金螺旋将被发现是有缺陷的,并将注定要被倒进抽水马桶冲走。

1951年,我刚满23岁,在作为一名博士后参加在那不勒斯召开的一个有关生物学重要大分子的小型五月会议时,我变得近乎偏执地热衷于DNA。我从一个30多岁的英国物理学家莫里斯·威尔金斯(Maurice Wilkins)那里了解到,如果DNA制备得当,可以将其作为一种高度有序的晶体进行X射线衍射。由于DNA分子(基因)本身具有极为规则的结构,这些结构据信在今后若干年内能被搞清楚,因而机会很好。我曾经简短地考虑过询问威尔金斯,是否可以让我加入他在伦敦大学国王学院的实验室。然而,我想在他的报告后与之交谈,却没有得到积极回应,我也就打消了这个念头。

相反,由于我在印第安纳大学的博士生导师卢里亚(Salvador Luria)的介入,5个月后我去了剑桥卡文迪什实验室,与英国化学家约翰·肯德鲁(John Kendrew)一起工作。他协助奥地利裔的化学家马克斯·佩鲁茨(Max Perutz)领导一个研究小组,该小组由医学研究理事会(MRC)资助,名为"生物系统的分子结构研究组"。从1947年开始,小组的科学家就利用X射线方法来研究携氧的血红蛋白和肌红蛋白的三维结构。在打算加入这个小组时,我希望能将其注意力扩展到DNA,这样一旦我学会了X射线衍射技术,他们就会让我研究DNA,而不是什么蛋白质。

然而,如果没有弗朗西斯·克里克在这个实验室,我的晶体学生涯可能很快就会结束。从我到达的那一刻起,他就把我看成是一个需要

---

* Watson-Crick,其缩写为WC,与"厕所(抽水马桶)"的缩写相同。——译者

帮助的小兄弟。他那时35岁,在剑桥之外实在无人知晓,也只是在两年前加入小组。弗朗西斯对理论的偏好已使其成为组里解决蛋白质问题的生力军。在我到达后不久,他迎来了第一次重大成功,10月间他帮助建立了螺旋状物体的衍射理论。尽管如此,弗朗西斯并不期望在这个集体中能长久地干下去,因为一周前他与剑桥卡文迪什实验室的主任劳伦斯·布拉格爵士(Sir Lawrence Bragg)闹得很不愉快,他认为是他而不是布拉格首次发现了一种很有潜力的分析蛋白质X射线衍射图案的新方法。至少可以这样讲,布拉格不喜欢这个说法,这意味着他攫取了一个年轻同事的想法。事实上,就在那个倒霉的星期六上午,弗朗西斯意识到无论是他还是布拉格的精确方法都不好,唯有同形置换法才真正有希望。

1951年秋天,我们还没有理由期望自己在DNA研究中强于一个小角色。伦敦大学国王学院的实验科学家——威尔金斯和罗莎琳德·富兰克林(Rosalind Franklin)——开始着手为选择一个优于另一个的DNA模型提供明确证据。但在下一年中,他们的个性冲突得很厉害。莫里斯发现自己的工作远离了DNA的X射线分析。而罗莎琳德只要援用弗朗西斯和我极力主张的建模方法,很快就有了解决结构问题所需的一切手段。这里,罗莎琳德最大的错误就是被弗朗西斯的强烈个性所干扰,她认为这种个性掩盖下的是一种自以为过人的才智。

当时没人想到,莱纳斯·鲍林(Linus Pauling)这位全球最杰出的化学家所建立的DNA三螺旋模型是错误的。1952年末,当鲍林的儿子彼得(Peter)作为肯德鲁的研究生进入小组并告诉我们"老爸"在搞DNA时,我们大为惶恐。仅仅18个月前,莱纳斯以其蛋白质的α螺旋折叠,使剑桥小组蒙羞。1953年2月,我们读到一份来自加州理工学院的稿件,当看到鲍林的DNA模型远未击中要害时,才松了口气。

我迅速冲到伦敦,提醒国王学院小组,鲍林的新螺旋一团糟,他应该会很快构建一个更好的模型。然而,罗莎琳德认为我简直是胡说八道,她不容置疑地告诉我DNA不是什么螺旋状的。后来,直到莫里斯由于不堪忍受罗莎琳德两年来的固执而怒发冲冠之时,才在他的办公室泄露出国王学院小组的秘密:DNA既以类晶体(B)形式存在,也以晶体(A)形式存在。他情不自禁地拿出自己依照X射线绘制的交叉状的B衍射图案给我看,在他的头脑中,这种图案来自螺旋对称。

几乎有悖常理的是,鲍林进入这场DNA竞赛才使弗朗西斯和我有可能发现双螺旋。1951年11月,当鲍林决心赢得DNA大奖之势明朗之前,布拉格爵士告诫弗朗西斯和我,DNA对剑桥小组是个"禁区",因为它属于国王学院的工作者们。甚至14个月之后,我们在建立DNA模型方面笨拙的最初尝试仍然是脑海中抹不去的糟糕记忆。但我们很快放弃了对DNA结构的猜测,甚至把构建模型所需图案的细节都交给了威尔金斯。在B型DNA的存在被认可之前,布拉格想要弗朗西斯和我在建模时另辟蹊径。他希望通过我们的努力——可能与伦敦那帮人的工作相协调——能在鲍林觉醒之前获得正确的答案。

没有人指望弗朗西斯和我能在不到一个月的时间内发现这一答案,况且它是如此完美,以至于来自国王学院的有利实验证据看起来都似乎是多余的附属部分。我们为《自然》(*Nature*)杂志撰写宣布双螺旋的简短稿件,这即使在当时也似乎是一个历史时刻。两年前随我来到欧洲的妹妹伊丽莎白(Elizabeth)负责打字,奥迪勒则发挥她的艺术才能来绘制那些纠结的、由碱基配对而成的多核苷酸链。这篇稿件与来自国王学院的对手,即威尔金斯和富兰克林研究组的两篇实验稿件一道,由布拉格在4月2日发送给《自然》杂志的编辑。仅仅过了3个星期多一点的时间,即在4月25日就发表了。

这一最出乎我们意料的成功,是对我妹妹贝蒂(Betty)*以及奥迪勒

---

* 伊丽莎白的昵称。——译者

的莫大慰藉。我因超级梦想所导致的"毛病"明显令贝蒂长期不安,她担心我不会成功地为这个正常人的世界所接纳。另外,奥迪勒也不用再担心要离开剑桥了。在弗朗西斯为英伦带来双螺旋之后,布拉格不能逼他离开这个实验室。即使此后克里克按规定去布鲁克林工作一年,奥迪勒也不用再考虑去留这一严峻的问题。

我们成功之后,到克里克位于"葡萄牙地区"的房子里聚餐更令人兴奋。奥迪勒常常取笑我指望找到完美的女朋友。在发现双螺旋之前,很容易碰到在剑桥学英语的外国女孩。我觉得结识一个在吉顿或纽纳姆*读本科的英国女郎更好一些——至少我能明白她们说的是什么。但我所认识的人中没有谁与这些女校有什么接触。对我来说,正确的方针应当是找一个漂亮的网球队员。尽管弗朗西斯的父亲曾参加过温布尔登网球公开赛,但弗朗西斯本人已经好久不做户外运动了,他和奥迪勒都不认识任何网球打得好的姑娘,不管是金发碧眼还是其他类型的。沉浸在我们的新发现所带来的幸福之中,加上我自己的积极主动,我认为完全可以找到合乎我的新名望的女朋友。

前一年的8月,在意大利阿尔卑斯山区,我邂逅了一名漂亮的英国女郎,她叫希拉·格里菲思(Sheila Griffiths),当时住在一位山民的家中。在我打算离开的前两天,我幸运地开始与她交谈。那天她正在攀登迪斯格拉齐亚山,这座山隐约挺立在基亚瑞吉奥的小村庄背后。希拉出生于威尔士,她到意大利是为了提高意大利语的水平,回报则是替人照顾两个孩子。她希望夏天结束时能够去罗马。她来自一个采矿世家,父亲吉姆·格里菲思(Jim Griffiths)曾是英国下院的一名工党议员。她还得在山上多待几周,并且担心如果坏天气来临就会一直很忙。因此,我借给她一本奥尔德斯·赫胥黎(Aldous Huxley)的《针锋相对》(*Point Counter Point*)。当我在米兰作短暂停留时,又买了几份英文杂志《经济

*均为剑桥大学的女子学院。——译者

学家》(*The Economist*)和《新政治家》(*New Statesman*)邮寄给她。

在那个秋天里，我一直希望能收到她的来信。当我们分别之时，我给了她我在克莱尔学院的地址，因为她不知道自己将住在罗马的什么地方。就在我们发现双螺旋之前，她从多洛米蒂山给我寄来一封信，她在那里与所照看的两个孩子一起学滑雪。复活节来临的时候，她终于回到了英国，并随信寄来了她在帕特尼家中的电话号码。我们在意大利分别之前，我曾告诉她DNA一定是生命之本。现在，1953年的4月，这将不再只是一个猜测：双螺旋很快将成为一种生命的事实（如果不是唯一的事实）。

2. 剑桥(英国):1953年4—5月

在伦敦,希拉·格里菲思和我的首次见面是在靠近老伯林顿街访问科学家学会的布朗饭店梅费尔。我只花17先令6便士就可在该学会住宿并享用玉米片加烤面包的早餐。一见到希拉,我立即告诉她我们的稿件即将出现在下周的《自然》杂志,并将引起轰动。随后,我们在多佛尔大街餐饮部用餐,谈得很投机。那一晚的时光过得真快啊!而我已经知道两星期后马尔科娃(Alicia Markova)*将在科文特花园表演舞蹈《吉赛尔》(Giselle),我不费吹灰之力就说服希拉和我一起去看演出。

几天以后,我送妹妹上了去南安普敦的轮船,她将回到美国,回到住在印第安纳沙丘地带的父母身边。贝蒂在欧洲已经待了差不多两年的时间,就在我第一次遇见威尔金斯之前来的。刚来时我们很容易被认出是美国人,特别是我剪小平头、穿短夹克衫的样子。可现在,贝蒂穿上雅克·费思套装已具有欧洲大陆的风情,我开口讲话也不再被认作美国人。但令我惊奇的是,我常常被当作爱尔兰人,这可能是受我外婆的影响,在我成长阶段她与我们住在一起。我俩这段移居海外的生活很快就要结束了。我妹妹将不再被称为"伊丽莎白",而要恢复为"贝蒂"——从英语到美语的必经之路。

---

* 英国芭蕾舞剧女演员,在《吉赛尔》和《天鹅湖》中扮演主角的第一个英国舞蹈家,并善演爵士芭蕾舞,如《红与黑》《阿乐哥》等。——译者

不过,贝蒂比我更想回家。夏天的晚些时候,她将再次出门。这次是去日本,嫁给她在芝加哥大学认识的一个美国人。同样,我也将在夏季结束之时返回美国,在帕萨迪纳的加州理工学院做博士后。尽管我喜爱剑桥的生活,但无法推迟行期。大约在发现双螺旋的前一年,我的长期老板马克斯·德尔布吕克(Max Delbrück)就指望我能去帕萨迪纳帮助学生们,他们正在研究侵染细菌的病毒——噬菌体。

在4月结束之前,克里克和我向《自然》杂志投送了第二篇措词谨慎的论文,其中提到"我们已经注意到我们所假设的那种特定配对直接表明了遗传物质的一种可能的复制机制"。弗朗西斯最初想将4月25日的那篇文章写得更具体一些,但我认为应该对我们模型的意义有所保留,因为继我们的文章之后还有富兰克林和威尔金斯小组的研究,他们按各自的方法已经干了很久了。但当我们的文章送到《自然》杂志之后,我也担心我们是否已将自己的想法表述清楚,其他什么人会不会窃取这些想法并获得某种荣誉。弗朗西斯主写第二篇文章,题目是"脱氧核糖核酸结构的遗传学意义"。我们用不到一周的时间完成了这篇论文。图一绘制出来,布拉格爵士就将其刊登在5月30日那一期的《自然》杂志上。

整个春天,不断有突如其来的访问者参观这个模型。多萝西·霍奇金(Dorothy Hodgkin)——英国最优秀的晶体学家——带着她的博士后杜尼茨(Jack Dunitz)从牛津来到这里。后来,马格达伦学院年轻的理论化学家莱斯利·奥格尔(Leslie Orgel)也来了。莱斯利带来了矮矮胖胖的悉尼·布伦纳(Sydney Brenner)。布伦纳两年前在南非完成了他的医学学位。随后,26岁的他就加入了著名的牛津物理化学家欣谢尔伍德(Cyril Hinshelwood)的实验室。欣谢尔伍德因其用拉马克学说解释细菌遗传而在遗传学界长期名声不佳。但在约翰内斯堡,悉尼无法得知欣谢尔伍德的这些情况。当然,欣谢尔伍德后来获得了诺贝尔化学奖,并成为皇家学会会长。

到牛津后,悉尼很快就找到了感觉,并选择噬菌体研究来做博士论文。他的导师则对这一领域几乎一无所知。我们见面之前,悉尼意识到他自己的噬菌体工作将不可能引起轰动,但常识要求他把实验干到底,直至获得并不重要的结果,然后才能转向更有前途的研究领域。甚至弗朗西斯尚未开口悉尼就知道他要推销DNA,于是他很快撤退到一个听不见克里克铿锵有力声音的地方。我和他开始了长达4小时的不间断谈话,内容有关蛋白质合成中是否可能涉及核糖核酸(RNA)。随后,当我们再见到弗朗西斯时,我感觉如鲠在喉。就像身陷弗朗西斯高涨热情之中的每个人一样,我开始厌烦DNA。所以,后来我忍不住告诉别人,我再也不参加这样的“碱基对之行”了。得知了我可能的反叛行为,弗朗西斯将我叫到一边,并告诫我并没有认识到我们工作的深远意义。

受了这样的警告,我更盼望能与希拉·格里菲思去伦敦科文特花园欣赏《吉赛尔》。我那为美国学生提供的大约1000英镑的奖学金足以使我弄到很好的座位来近观马尔科娃,在此之前我可从未看过她的舞蹈。演出中间,我们吃了希拉带来的一小盒巧克力。在等候回帕特尼和剑桥的火车时,又是咖啡和畅谈。我得知希拉让一位朋友替她找一本4月的《自然》杂志,她以为上面有我们的文章。谁知让她疑惑的是上面根本没有提及DNA。这让我很尴尬,但我很快意识到她拿的那本是4月18日的,不是刊载我们DNA工作的4月25日那一期。

此前的9月间,在洛迦诺湖上的一次午餐会间畅饮了葡萄酒之后,巴黎来的遗传学家鲍里斯·埃弗吕西(Boris Ephrussi)和我,以及他的瑞士博士后利奥波得(Urs Leopold),写了一条挺傻的注记,是有关细菌遗传学术语的。我们以此嘲讽莱德伯格(Joshua Lederberg)的夸张文笔,他因1946年在耶鲁大学发现细菌的遗传重组而出名。后来,我们又让一位朋友——从物理学家转为生物学家的瑞士人让·魏格勒(Jean Weigle)——加上了他在日内瓦的地址,然后送到《自然》杂志,看是否能蒙混过关。起初,当收到编辑寄来的明信片,告之这篇意义不大的随笔将被发表之时,我非常高兴。但后来,一想到它将与真正的工作一起登出来,我就觉得非常不安。当它在一个星期前刊印出来时,我才感觉得以解脱。现在,希拉的口气明显在怀疑我们的"重磅炸弹"是否在4月25日的《自然》上存在。当然,她还是想在我的苏格兰之行后见到我。

在爱丁堡,我与战后的动物遗传学教授沃丁顿(Conrad Waddington)待在一起,他住在一座罗马式的别墅中,这座别墅是19世纪初城市向南扩展时修建的。与沃丁顿的交谈让我颇感失望。当我在印第安纳大学念研究生时,我就因他那本1939年版关于现代遗传学的著作而对他景仰不已。令我惊奇的是,他现在似乎对双螺旋不感兴趣,并表示出对DNA互补结构作为基因复制机制的本质这一想法的反感。他为什么要这样排斥我呢?后来我才意识到,沃丁顿希望有比简单分子更重要的某种东西来控制有机体的关键特征。相反,格拉斯哥大学的遗传学教授蓬泰科尔沃(Guido Pontecorvo)立即领悟了我的意思。第二天,我们漫步去洛科罗曼德,这样才可以喝到点酒,因为在星期天酒店只有给住在5英里(约8公里)以外的人卖酒才是合法的。

当我返回剑桥之后,我穿上那件新的蓝色法兰绒便装,和弗朗西斯一起为一份本科生办的报纸《大学》(Varsity)拍照。该报每周2期。他们要报道有关我们在卡文迪什实验室的突破,而首席摄影师巴林顿–布朗(A. C. Barrington-Brown)更是花了整上午的时间和我们在一起。这件事真令人愉快。弗朗西斯确信,摄影师不仅完全清楚我们的名字,而且知道我们的双螺旋模型为什么会带来一场生物学革命。由于缺乏弗朗西斯的英国式优雅,我故作严肃地靠着碱基对模型,拍了许多怪模怪样的照片。我和弗朗西斯在他的办公桌边的合影倒更令人容易接受一些。我寄了一份照片给我的父母,以证实那些说我们确实干了些大事的新闻。

1953年5月下旬,我再次与希拉·格里菲思失去了联系——她在帕特尼家中的电话似乎一直占线。我想在伦敦运气也许会好一些,因而去见了罗莎琳德·富兰克林之后,我试图再次与希拉联系,但未成功。罗莎琳德已经到位于托林顿广场的伯克贝克学院的贝尔纳(J. D. Bernal)实验室工作。在那里,罗莎琳德对我们模型的赤道反射值进行了计算,并发现这与她的测量值不一致。可以想象,我们为双螺旋模型设置的磷酸根原子半径不太正确。然而,在从利物浦街车站回来的火车上,我还是感到一丝紧张——沃森-克里克的蠢行应当长久牢记。难道如此完美的东西真的错了吗?所幸的是,没有一个专家这样想。随后的那个星期,我很高兴地见到肯德鲁的妻子伊丽莎白(Elizabeth),她在为这个模型绘制大量的图样。

令我感到兴奋的是,在最后一刻我被邀请参加纽约长岛的冷泉港实验室举行的有关病毒的六月研讨会。最令我高兴的是,德尔布吕克给该实验室主任德梅雷茨(Milislav Demerec)写信说应当要我去谈谈双

图2.1　作者和蓬泰科尔沃在萨斯地区的阿尔卑斯山(1953年8月)。

螺旋。因此,弗朗西斯和我用5月的后两周来准备我们的研讨会论文,常常为语言的准确性而争执。我们首次讨论了自发突变是怎样发生的,而我所考虑的染色体如何配对问题则不太成功。最后,由于我关于"交换"的想法不能确定,故从定稿中删除了这一内容。在我们写作期间,我终于收到了希拉·格里菲思的来信,随信还附上了我去年夏天借给她的《针锋相对》。现在她知道我关于双螺旋的话并不是唬她的,她说她读了考尔德(Ritchie Calder)在《新闻周报》(News Chronicle)上的有关文章。但是,我在飞回美国之前,已经没有时间去看她了。

在文章完稿之时,到剑桥来构建旋转阳极X射线管的托尼·布罗德(Tony Broad)已经做好了第一个双螺旋演示模型。即使是塑料模型,它也如此之漂亮! 6月1日,我夹着它到伦敦,坐机场巴士到希思罗(国际机场),再乘上英国海外航空公司(BOAC)的"星座"号。去纽约的飞机上几乎没有什么乘客,因为第二天就是伊丽莎白二世(Elizabeth Ⅱ)的加冕典礼。我们在普雷蒂提克和甘德稍事停留,连夜飞行了18个小时。清晨,当我们接近长岛之时,飞行员用扬声器广播道:希拉里(Edmund Hillary)和诺盖(Sherpa Tenzing Norgay)已经在5月29日登上了珠穆朗玛峰。

3. 冷泉港：1953年6月

飞机沿长岛的大西洋海岸飞抵纽约之时，我急切地向北面眺望，以期能见到冷泉港实验室的外景。这个很小的研究机构坐落在长岛海峡分岔的一条悠长而美丽的港湾尽头，依然保留有几许田园风光——这对于在定期的午后网球和不定期的聚餐会谈时讨论问题简直棒极了。冷泉港实验室就是这样一个不以其外观体现其高度智慧之地。第一眼看上去，它就像是一个已没落的新英格兰村庄，沿着乡间小道盖了许许多多的建筑，可以上溯至南北战争之前这里一度繁荣的小型捕鲸及鲸加工业。

1948年，我随我的论文导师卢里亚从印第安纳大学来冷泉港加入一个很小的噬菌体研究组，这是我在该实验室的第一个阶段。小组成员大部分是物理学家或化学家，后来他们对细菌及其病毒（噬菌体）的研究引发了遗传学革命。卢里亚是一个从法西斯意大利流亡的犹太人。自从他1941年6月来冷泉港开一个基因和染色体的重要会议之后，便成了那里的常客。那次会议结束之后，他留下来与新结识的朋友——理论物理学家马克斯·德尔布吕克——一起做噬菌体实验。马克斯是一个德裔新教徒，他看出留在希特勒（Adolf Hitler）的纳粹德国没有任何前途。

在我到达不久，马克斯和他的妻子曼尼（Manny）以及他们的两个小

图3.1　长岛的冷泉港实验室（从内港方向摄）。

孩已经从洛杉矶乘夜班飞机到来，疲惫不堪地住进了他们的公寓。马克斯和曼尼于1941年结婚。马克斯生于1906年，比曼尼大12岁，但现在看上去他们在年龄上已没有什么差距，因为身高1.8米的马克斯依然保持了年轻时的身材。我在冷泉港度过第一个夏天时，日益期望能像马克斯一样，甚至期望能有一个像曼尼的妻子，她具有苏格兰人的美丽容貌和自由精神，乐于结交有新背景和新观点的朋友。最具吸引力的是她热爱户外运动，打得一手好网球，但不喜欢那些对善意的玩笑也不开心的学术夫妻。

到了傍晚，几乎世界上所有研究噬菌体的重要学者都已到达。晚饭后我们开始交谈，要么是站在我们吃饭的布莱克福德大楼前，要么是围坐在东边面向港湾的大木桌边。这次冷泉港研讨会的主题并不限于噬菌体，许多从事植物病毒和动物病毒研究的顶尖研究人员也前来参加。这就使得1953年的研讨会规模非常大，大约有270名与会者，也足见德尔布吕克对国家小儿麻痹症基金会的影响力。该组织认为支持细菌的病毒研究与支持感染动物的病毒研究一样必要，而且在我们发现

图3.2　曼尼·德尔布吕克和作者于冷泉港（1953年6月）。

双螺旋之后为我提供了研究津贴。

如此大型的学术研讨会也只能是在冷泉港举行，因为几周前这里刚建成一座斯堪的纳维亚风格的报告厅。除了绿色的座椅有些硬以外，这座报告厅对出生于南斯拉夫的德梅雷茨来说是一个极大的成功。从1947年起，德梅雷茨就担任冷泉港实验室的主任。他最初是经典的植物遗传学家，多年来一直研究著名的果蝇（*Drosophila*）。现在他将冷泉港的长期研究转入了微生物遗传学的新时代。他不仅自己研究细菌的遗传，而且在1950年从圣路易斯的华盛顿大学引进了异常沉默寡言的天才化学家赫尔希（Alfred Hershey）。仅仅18个月后，赫尔希就和他的助手蔡斯（Martha Chase）做出了他们著名的实验，表明DNA携带噬菌体的遗传特性。这一发现也激发我更想知道DNA在三维结构上的模样。

非常想与赫尔希交谈的是非凡的利奥·齐拉（Leo Szilard），赫尔希也一样想找利奥。利奥在战后决定从物理学转到生物学领域。他20世纪20年代出生于匈牙利，先在柏林从事物理学研究，后来流亡到美国。1942年，他与费米（Enrico Fermi）在芝加哥大学建立了第一个核反应堆。后来,利奥想用专利来保护其成果,这大大激怒了操纵"曼哈顿计划"的军方首脑。格罗夫斯(Leslie Groves)将军试图将其监禁至原子弹实验成功为止。尽管该动议被罗斯福(Franklin Roosevelt)总统的战事秘书斯廷森(Henry Stimson)驳回,格罗夫斯还是决定不让齐拉加入设在洛斯阿拉莫斯的原子弹设计小组。

从政治上阻止美国向日本投放原子弹的努力未获成功,利奥需要另一个大目标。因此,在得知德尔布吕克转向生物学之后,他于1947年夏天来到冷泉港参加一个为期两周的实习课程。马克斯在两年前开始创办这个夏季课程,是为了吸引更多的科学家来从事噬菌体工作。利奥总是穿一件白色泡泡纱衬衫,这使他肥胖的身材暴露无遗。他的大部分思考都是长时间浸泡在浴缸中进行的。他吃饭也占据了同样长的时间,无论何时只要有人加入,利奥都想获取他们头脑中的想法。

研讨会前几排的座位历来都是由那些敢于打断演讲的人占据。当德梅雷茨宣布会议开始,提及一大批出席人员并感谢提供旅费的资助者时,马克斯和利奥就坐在前排位置。德梅雷茨的开场白一结束,齐拉

图3.3 冷泉港研讨会(1953年6月)。左起:德尔布吕克,诺维克(Aaron Novick),齐拉和作者。

就跳出来感谢德梅雷茨不辞辛劳地寻找那些好像是战时蛋粉一样的东西来做早餐（如此精美的食物并不因为战争才可以配得上晨报）。德尔布吕克则用一种更为严肃的表情来概述今后7天将供给我们的智力"食品"，程序完全是按照一个病毒的生命周期来安排的：从游离状态开始，经过侵染期，然后是增殖期，最后从各自的宿主细胞中释放。

以往，马克斯曾嘲笑过那些认为病毒可以以一种不同于营养期的潜伏性前病毒方式存在于某些细胞中的想法。但后来，在上个夏季在巴黎北边的鲁瓦约蒙特修道院召开的噬菌体会议上，马克斯向法国微生物学家安德烈·利沃夫（André Lwoff）表示妥协，因为他得知利沃夫在巴黎的巴斯德研究所完成了有关的确定性实验。此后，我和噬菌体小组的其他成员都越来越感觉到马克斯的科学预感通常是极厉害的，然而，他一旦知道真相，就会迅速而优雅地转向。正如他在研讨会介绍语中向思想深刻的利沃夫表示敬意一样。那天，利沃夫也坐在前几排。他是俄罗斯-波兰裔的混血儿。后来，他发现自己已没必要再作报告，因为其中一部分已由其年轻的同事雅各布（François Jacob）报告了。在这个舞台上，新的重量级人物雅各布可以一声不吭地坐几个小时，然后突然活跃地提出实验方面的问题。

此次会议中间，我作了关于双螺旋的报告。几乎没有必要上台再讲，因为大多数与会者都已经看过我那一英尺（约30厘米）长的演示模型，上面A-T和C-G碱基对分别用红色和绿色标示。而且，马克斯已在会前将《自然》杂志上的那3篇文章分发给与会者。因此，我的演讲非常简短。演讲时，我穿着盖过短裤的宽大衬衫和没有系鞋带的网球鞋。奥迪勒·克里克使我看上去像英国人的努力已荡然无存，似乎我也不打算再回英国了。在强调弗朗西斯的关键作用时，只有另一位从剑桥来的与会者、植物病毒学家马卡姆（Roy Markham）知道我并没有夸大克里克的智慧与个性。

双螺旋是如此完美地回答了遗传学家的梦想，以至于在我演讲完后没有人立刻提问。但华盛顿大学的生物学家康芒纳（Barry Commoner）随后表示异议，他不愿相信自己3年来所做的DNA染色结合研究是完全离谱的。齐拉关心的则是另一方面的问题——我应该拥有双螺旋的专利吗？但他知道，他的提议不会奏效，并告诉我，我只会出名而不会富有。

我觉得会议结束得太快了。过去一起从事噬菌体研究的朋友们很快就要离开这里，回到他们的妻子身边。但我知道德尔布吕克一家将留在冷泉港度夏。到达这里之前，我曾计划在回英国前多待一周。后来，当我发现鸟类学家恩斯特·迈尔（Ernst Mayr）17岁的女儿克丽斯塔（Christa）中学毕业后将在冷泉港待上一段时间后，我决定再多留一个星期。此前，迈尔一家已从纽约来冷泉港度过了10个夏天。恩斯特·迈尔在纽约的美国自然历史博物馆工作。他在德国出生并受教育，在参与由英国慈善家罗思柴尔德（Walter Rothschild）资助的一项在所罗门群岛开展的鸟类探险活动之后，恩斯特于1932年来到美国。他刚刚被哈佛大学聘任为动物学教授，很快他们一家就要搬到美国剑桥（Cambridge）* 。3年前去欧洲之前，我的眼光总是先投向克丽斯塔金发碧眼的小妹妹祖西（Susie），她一出生就非常漂亮。但现在我发现自己更盼望见到聪明伶俐、长着褐色头发、芳龄十七的克丽斯塔。

在克丽斯塔到达时，噬菌体夏季课程已经开始。学生中有一位就是来自巴黎的芭谢巴·德·罗思柴尔德（Bathsheba de Rothschild）。她对齐拉对于生物学能够提出的想法感到兴奋，她自己也将去哥伦比亚大学的一个实验室工作。芭谢巴热衷于现代舞，而且是马莎·格雷兰姆（Martha Graham）** 的赞助人，她带马莎参加过在布莱克福德大楼廊厅

---

* Cambridge为哈佛大学所在地，与英国剑桥同名。——译者

** 著名现代舞舞蹈家。——译者

图3.4　恩斯特·迈尔于冷泉港实验室布莱克福德大楼廊厅（1950年）。

举行的星期天午餐会。晚上，我陪迈尔一家享受晚餐后的好时光。有
一天晚上，我们到亨廷顿附近看了一场好莱坞电影，随后加入了一个露
天广场舞会，这个地方位于从25A高速公路下来之处。我第一次将克
丽斯塔看成是一个身材丰满的女子，而不再是从前记忆中那个瘦小的
女孩子。她一点也不害羞并且充满自信，对自己被享有很高学术声誉
的斯沃思莫尔学院录取而感到抑制不住的喜悦。

　　在我飞回英国的前夜，我们再次相约在查尔斯·亚当斯式的卡内基
宿舍前的大草坪上。这个宿舍一直是那些为高级科学家担任助手的未

图3.5 克丽斯塔·迈尔于马萨诸塞州剑桥(1954年)。

婚女性之家。我不再为我和克丽斯塔的关系发生改变而尴尬。舞会结束后,克丽斯塔和我沿着班城路散步,一直到沙滩。我们并肩坐在温暖的沙滩上,回忆着以前共度的夏日时光。我越来越想抚摸她,但害怕遭到拒绝。在返回实验室中心的路上,我甚至没有牵着她的手。那一刻,太阳刚刚升起,建于1906年、具有经典意大利风格的布莱克福德大楼看上去非常美丽。我紧张得发抖,又怕惊醒她的父母,我们只好在她家门口轻声道别。随后,克丽斯塔溜进家门,我也回到了布莱克福德大楼中那寺庙般空荡荡的房间。

3个小时后,当我去向她的父母和祖西以及隔壁公寓的德尔布吕克夫妇道别时,我和克丽斯塔都还没有完全清醒。很快我就登上火车,开始了返回英国的旅程。直到3个星期前,我还以为剑桥能代表我想从生活中获得的一切。现在,沉浸在爱情之中——我知道了,还有其他。

4. 剑桥(英国):1953年7—8月

　　一架拥挤的大型客机将我送回英国和克莱尔学院。我在去加州理工学院之前,还要在这里待两个月。飞机起飞后我就开始打瞌睡,直到飞机在甘德加油时我才醒过来。同机的还有梅农(Krishna Menon),他是著名的尼赫鲁(Nehru)特使,完成在联合国的任务后飞回德里。在甘德的候机楼里,他上上下下一副妄自尊大的样子,十分显眼。后来,当飞机抵达伦敦时,萨拉·丘吉尔(Sarah Churchill)第一个下机,她的父亲——温斯顿·丘吉尔(Winston Churchill)两天前中风了。

　　我不在伦敦期间,采访弗朗西斯·克里克的第一篇文章已见于《星期日电讯报》(Sunday Telegraph),该报拥有大量的读者群。我一见到这篇文章,就告诉弗朗西斯,我们不应当有过多的宣传。但他不同意,认为有什么理由不让我们所获得的成功广为传扬呢?我则认为需要谨慎,静静地等待历史而不是我们的同行——至少不是少数几个剑桥生物学家——来评价我们。后来,英国广播公司(BBC)邀请弗朗西斯去演讲时,我们确信这仅是对海外的广播才同意。我担心人们会认为我们贪婪,而且我也不想搅起更多的有关我们是否不正当地使用国王学院数据的议论。

　　我的脑海里充满了克丽斯塔·迈尔,但起初我想再一次见到希拉·格里菲思。我给希拉写了一封短信告之我已从美国回来,此行是为了完成一篇有关双螺旋的论文。我随信附寄了一本《学院观微》(*Microcosmographica Academica*),它对如何在剑桥大学的政治中获得成功进行了简要分析。这本书写于1908年,作者是康福德(Francis Cornford),一位古典哲学教授。他的很多描述依然成立。我想希拉会喜欢这篇文章,尤其因为她也从普赖斯(Roy Pryce)那里了解了剑桥,普赖斯是她在罗马时结识的一位年轻历史学家。她很快就回了信,很关心我为什么这么久都没有同她联系。她已经读了刊登在《新闻周报》上的第二篇有关双螺旋的报道,并问我此事在美国是否也是大新闻。让我们彼此增进了解的道路似乎依然畅通。但是现在,对刚刚长大的克丽斯塔的爱占据了我的心。我敷衍了希拉。夏天过去了,我们一直没有见面。

很快,我便专心致志地撰写一篇如何发现双螺旋的论文,投送到《皇家学会会报》(*Proceedings of the Royal Society*)。这次实际上是我一人写的,因为弗朗西斯正在完成他的学位论文。该论文是关于血红蛋白形状的,很快就被人们所遗忘。随着文稿接近尾声,我开始轻松起来。这是我第一次将布拉格、德尔布吕克和鲍林所精通的语言风格融会在一起。在布拉格准备把它交付给皇家学会以后,我和悉尼·布伦纳以及他的妻子梅·布伦纳(May Brenner)在牛津度过了一个周末。在那里,我不顾他们的小儿子乔纳森(Jonathan)作何想法,一边吃掉了他们所有的巧克力,一边力劝悉尼完成牛津的学位后去冷泉港。然而,梅投身于左翼事业,对这个主意没有什么热情。在谈及美国的时局时,她对麦卡锡主义极为反感。

那时,我已收到克丽斯塔的一封简短而亲切的来信,回复我一回到英国就给她去的一封信。想着她可能会给我回信,我每天都去门房的信件架上搜寻。然而,我的第一封美国来信是我妹妹贝蒂写的,她仍然和父母一起在为她去东京的长途旅行以及和罗伯特·迈尔斯(Robert Myers)的婚事作准备。在她离开剑桥之前,彼得·鲍林建议她到火奴鲁鲁住一夜,那里有他的哥哥小莱纳斯。小莱纳斯娶了洛克菲勒家族的一名女继承人。贝蒂很高兴安排这样的中途停留,她也想看一看小莱纳斯这个鲍林是否也很有魅力。另一封来信则是我母亲写的。她告诉我,贝蒂的婚礼将在东京而不是芝加哥附近举行,我们家的朋友们都看不到贝蒂所嫁的人,真是遗憾。此外,母亲还担心迈尔斯可能是一个共和党人,不然为什么贝蒂要接受政府的安全检查呢?贝蒂坚信自己的选择,我也不再担心她可能会嫁给一个可爱但没有结果的人。

回来的几周时间内,我一直在考虑提交双螺旋研究论文来申请剑桥哲学博士的可能性。具有两个差不多的学位显然没有什么意思,除了以后交谈时作开场白之用。但没有这个博士学位的头衔,我就不能住在克莱尔学院的R楼,拥有可以俯瞰纪念馆庭院中那棵巨大北非雪松的窗户。尽管这篇学位论文的大部分可以由已发表的论文组成,但我必须写一个合适的引言,这将需要两三周的时间。然而,夏天过半了,我发现自己已将时间用完了,只好半不情愿地放弃了身穿剑桥绚丽的红色博士学位长袍之幻想。我同样看到,追求克莱尔学院的研究基金也没有什么意思。医学院导师斯托克(Michael Stoker)认为,依据双螺旋工作,只要我申请就可以获得一份研究津贴。然而,除了精致的建筑和美妙的花园外,我感觉克莱尔学院不能给我提供必需的社交生活。

在靠近贝尼特街的"鹰"酒吧用午餐时,弗朗西斯和我越来越多地讨论DNA中碱基对序列所编码的遗传信息是如何用于确定蛋白质中不同氨基酸顺序的。这里,DNA碱基对不能直接提供吸引特定氨基酸的模板,因为实验已经清楚地表明氨基酸是在细胞质中装配成蛋白质的,通过核膜与染色体上的DNA完全隔离。一年多来,我一直告诉弗朗西斯,DNA链的遗传信息首先被复制成互补的RNA分子的遗传信息,然后这些RNA分子进入细胞的细胞质中发挥模板作用,确定蛋白质中氨基酸的顺序。

然而,直到我们发现了碱基对,我们都不清楚分子水平上DNA的遗传信息是如何转移到RNA分子中的。现在,答案很明显。复制DNA中涉及的同种碱基配对形式,也可用于由互补单链DNA分子形成单链RNA分子。当然,还没有确切的证据来证明DNA→RNA→蛋白质这一过程确实存在。但是,如果RNA不是蛋白质合成的模板,为什么它在细胞中——特别是在那些涉及大量蛋白质合成的细胞(如肝脏细胞)中——如此之多呢?可以肯定的是,RNA在那里并不是来控制细胞黏性的。弗朗西斯刚到剑桥时就在斯特兰奇韦斯实验室测定这些细胞达两年之久。解开RNA结构之谜则是我下一步的任务。幸运的话,我一到加州理工学院就能做出来。

然而,甚至在我们并不知道RNA结构时,我们就知道每个氨基酸必须由成组的碱基对来选择。因为有太多的氨基酸,它们与碱基对不可能一一对应。粗略一看,已知的氨基酸数目就超过25个,而DNA字母表上的碱基只有4个。但大部分蛋白质由一组较小的氨基酸构成。奇特的氨基酸(如胶原中的羟脯氨酸)最好假设为先由各种典型的氨基酸组成为蛋白质,然后再由酶诱导的化学修饰产生。针对这一观点,有确凿的证据表明遗传上特定的氨基酸只有20个。

我们不期然地收到了著名的俄裔理论物理学家乔治·伽莫夫(George Gamow)的一封颇为滑稽的来信。当伽莫夫短期逗留在加州大学伯克利分校时,他的朋友、物理学家阿尔瓦雷斯(Walter Alvarez)提醒他注意我们发表在《自然》杂志上的第二篇文章。然而,他直到搬到密执安大学后才有时间来读这篇文章。7月,从安阿伯的密执安大学寄来的这封信上,伽莫夫正确地察觉到了我们所面临的巨大挑战:由DNA序列所携带的遗传信息是如何相互区分的。比如说,一只猫长大了还是一只猫,而不是一只老鼠。更重要的是,他注意到DNA语言是由4种碱基A、G、C、T组成的,而数字理论可能有助于解决基因如何发挥作用的问题。受这一兴趣驱使,伽莫夫想在他9月中旬造访英国时见见弗朗西斯和我。然而,他的这封手书信件(见247—250页)很有些古怪之处,以至于我们不知道他到底有多严肃。由于在他计划访问的时候,我们俩都要离开剑桥,所以我就将伽莫夫的来信放在一边,并未作复,也绝没有想到我们会很快与他碰面。

那时我们正盼望着莱纳斯·鲍林爵士安排的9月中旬在加州理工学院的蛋白质会议。反正我是要去的,但对弗朗西斯而言,这次邀请可以看成是世界对他的欢迎。佩鲁茨、肯德鲁和学生休·赫胥黎以及蛋白质晶体学领域的每一个重要人物都得出席。劳伦斯·布拉格受到一种特殊方式的邀请。鲍林写了一封信,拟聘请他为加州理工学院的名誉教授,并请他作一些关于他自己工作的报告。得知这件事情之后,原在莱纳斯实验室工作的化学家杰里·多诺霍(Jerry Donohue)、彼得·鲍林和我,在肯德鲁的怂恿下,发现了一种可以让弗朗西斯的讲话技巧能在加州理工学院得以充分发挥的办法。为此,我们收集了莱纳斯的各种信件,组合出一些句子,读起来就像他本人写的。我们尤其满意的是这句话"科里教授和我希望你(指弗朗西斯)在会议期间能尽可能多地发言"。信的结尾还希望弗朗西斯今后能做访问教授,并作一个关于自己工作的报告云云。莱纳斯不久要去欧洲参加在瑞典举行的化学大会,彼得在那里会见到他。于是,彼得带了这封捏造的信,将其打印在会议信纸上,再伪造莱纳斯的签名,将它寄给了弗朗西斯。

接下来的一个星期,劳伦斯及夫人艾丽斯·布拉格(Alice Bragg)邀请我去他们位于马丁利路的新居共进晚餐。他们非常满意自己的新花园。在餐前散步时,劳伦斯·布拉格爵士为他对弗朗西斯的行为道歉,说这是他以前犯过的最大错误,误解了这位天才。在餐后喝咖啡时,布拉格夫人问我"punk"*是什么意思。他们说小鲍林一个星期前来这里,

---

*俚语,"糟糕"的意思。——译者

图 4.1　摄于哥本哈根理论物理研究所(1930 年)。前排左起:玻尔(Niels Bohr)、海森伯(Werner Heisenberg)、泡利(Wolfgang Pauli)、伽莫夫以及朗道(Lev Landau)。

用过晚餐后就说"我感到 punk"。我避免直接回答艾丽斯,因为我怀疑彼得是为他即将失去尼娜(Nina)而伤心。尼娜是在佩鲁茨家帮工的一个小巧、漂亮的金发女郎,即将回丹麦去。但现在,在布拉格面前谈这些,可能只会使布拉格怀疑彼得的注意力不在科学上。在过去的一些场合,关于小鲍林第一年的研究进展,劳伦斯·布拉格爵士从肯德鲁和佩鲁茨那里得到的只是一些含糊的回答。他们都知道,彼得很快就要做出选择:要么更认真工作,要么打道回府。但就在莱纳斯到剑桥作短暂访问并承认其 DNA 工作失败之时告诉他这些恐怕不太合适,所以布拉格希望彼得到他家来时表现得严肃一些。但后来,所有他能记住的是,他和艾丽斯的努力可能都是"punk"。

翌日,在告诉彼得我已努力将"punk"平息之后,我向欧洲大陆进发。在去米兰北面的科摩湖召开的国际遗传学大会途中,穿越了日内瓦和采尔马特。5天会议期间,我和我在《自然》杂志上发表恶作剧的同谋者埃弗吕西及其美国妻子哈丽雅特在一起。当我到达贝拉吉欧大饭店时,我发现埃弗吕西正和埃德蒙·德·罗思柴尔德男爵夫人(Baroness

Edmund de Rothschild）及其女儿芭谢巴交谈。芭谢巴刚从冷泉港的细菌遗传学课程回来。他们邀请我共进晚餐。男爵夫人问我是否想要点酒，我自然说要。他们又要我选一种。我挑了瓶1912年的，但不清楚价格。这是一瓶白葡萄酒，呈橘黄色，年代很久了。她问我口味如何，我真不清楚是好是坏。芭谢巴同样也不清楚。因此，几乎从未喝过酒的男爵夫人尝了一口，说："一股软木塞的味道，送回去！"然后重新点酒。直至第三瓶打开，我说可以了，他们也觉得不错。

第二天，我与杰弗里斯·怀曼（Jeffries Wyman）共进午餐，他当时是美国驻巴黎使馆的科学专员，一年以前我和鲍林在巴黎城外见过他。杰弗里斯是波士顿人，喜欢欧洲甚于波士顿。尤其是他的第一任妻子去世，以及他与第二任妻子的婚姻很快破裂之后。我们讨论道我今后在帕萨迪纳的生活也许就像他那样，很可能会厌倦的。相反，他认为我应当喜爱更为循规蹈矩的哈佛，尽管他觉得那里的生物学系并不适合我。后来，他写信给他以前的同事沃尔德（George Wald），说我可能更合适哈佛。在午餐中，我就开始感到非常不舒服，很快我就躺倒在床上，高烧达104华氏度（40摄氏度）。我一度以为自己会死于脊髓灰质炎，因为我在科摩火车站吃了千层冰淇淋。但一天之后，我起床了，又坐火车去苏黎世，并在机场为我母亲买了一块手表。然后，我飞回伦敦去了剑桥。我开始有点担心我们那封信的命运。

那时，弗朗西斯和奥迪勒正在大西洋上，他们要去布鲁克林。早些时候，弗朗西斯已经收到了我们的信件，起初非常高兴，想马上写信给鲍林表示接受邀请。但这里有个问题。布拉格也已经被邀请在会后演讲，他们怎么能将此一分为二呢？因此，弗朗西斯去见布拉格教授。布拉格自然很不高兴，又去见了佩鲁茨。由于实验室每个人都知道了这封信，佩鲁茨不得不坦白这封信是伪造的。布拉格的反应是："告诉克里克！"但佩鲁茨不敢这样做。一个星期以后，布拉格说："让他到我这里来!"所以,当布拉格告之真相时,弗朗西斯险些摔倒在地。弗朗西斯很快从尴尬的境遇中走出来,他将这封赝品寄给了鲍林。后来,彼得告诉我他父亲因为此信将他的津贴扣了5英镑。后来,莱纳斯写道:"这封信给我带来了无穷的烦恼,因为读信时我确认是自己写的,但我又发现了一个自己从未犯过的语法错误。"从此,每当我写出一个分裂不定式时,我就想起了莱纳斯。

没有一个人的妻子喜欢我们的行为。伊丽莎白·肯德鲁明确地告诉我,我们这样做是不道德的行为。开始,我们不以为然。但玩笑结束后,我们深感内疚。我担心不知该如何面对弗朗西斯。在剑桥的最后一个下午,我向克莱尔学院和吉布斯国王大楼及教堂投以最后的目光。长假结束了,游人都要离开。当我沿着两年前才头一次看到的河岸漫步时,几乎只有我独自一人。三一学院的莱恩图书馆风采依旧。我觉得我注定还要回来。我一个人在艺术剧院吃过晚餐,第二天早上坐火车去了伦敦。在乘船离开南安普敦之前,我在查林十字旅馆度过了在英国的最后一夜。

旅馆登记以后,我不由自主地沿海滨向国王学院走去。但一想到遇见威尔金斯将极为尴尬,我就改变方向去索霍和梅费尔。那里爱养狗的妇女常常在夜间遛狗。这个季节夜晚已不再短暂,天真的英国姑娘却仍然穿着她们那不成形状的薄衫,看上去真冷,但她们还是竭力装作身处转瞬即逝的英国之夏的样子。当我返回那晚所住的后维多利亚式的房间时,还不算太晚。至少在那一刻,我的英国生涯就结束了。

5. 纽黑文、北印第安纳和帕萨迪纳：1953年9月

　　1953年8月，我乘"乔治克"号轮返回美国，这是一条古老的丘纳德航线，为学生们在暑期往返欧洲和美国提供便宜的食宿。漫长的航程需要大约一周时间。我很高兴有机会与两个"循规蹈矩"的瓦萨学院的女孩子在甲板上喝肉汤。她们刚从爱丁堡大学回来。我没有明说我是谁，只是稍微暗示了一下我做出了一个重大发现。我们表现得像是亨利·詹姆斯（Henry James）*那样的美国人，彬彬有礼是底色。随着轮船接近纽约，她们已逐渐将注意力转向3个名字好听的英国学生——科林（Colin）、德里克（Derek）和马尔科姆（Malcolm），他们都将去常春藤盟校。很明显，我还不在他们的社交圈内。我考虑今后是否不要再研究什么RNA了，而是应当努力成为一个共和党人，并以驻外使领机构作为更高的奋斗目标。

　　轮船靠岸的前一天，我才停止这样的想法。当时，我收到阿夫林·米奇森（Avrion Mitchison）的电报，告知他会到纽约的什么地方来接我。他已从牛津的动物学系毕业，靠联邦奖学金在美国待了两年。最初，我们是通过他哥哥默多克（Murdoch）认识的。他哥哥也是动物学家，在剑桥的一个三一节庆典上介绍我们相识。相比其博士论文的免疫学方

---

　　* 美国小说家、评论家，晚年入英国籍，主要作品有长篇小说《一位妇女的画像》《鸽翼》，文学评论《小说的艺术》等。——译者

图5.1　和朋友们在"乔治克"号的甲板上（1953年8月）。李·韦克菲尔德
（Lee Wakefield）居中，马戈特·舒特（Margot Schutt）在最右边。

向，阿夫林更有兴趣拓展自己其他方面的才华。

　　他后来接受我的建议，在印第安纳大学与遗传学家特蕾西·索恩本
（Tracy Sonneborn）一起工作了一年时间。阿夫林写信告诉我说，在布卢
明顿待一年就足够了——如同牛津一样，最好的姑娘都已嫁人。同我
一样，他发现印大的女生很漂亮，但至少对他来说有些难以接近。因
此，阿夫林换到位于缅因州巴尔港的杰克逊实验室，继续开展小鼠免疫
系统方面的研究。

　　在我的行李也搬下船之后，我告诉的士司机我的目的地。他暗示
那一定是一座妓院。10分钟之后，我到了位于华盛顿广场的一个破旧
的旅馆前。当时和阿夫林在一起的是托尼·理查森（Tony Richardson），
此后不久他就成为著名的戏剧和电影导演。他曾驱车跑遍美国的大部
分地方，观看所能找到的一切黄色电影和先锋派表演。阿夫林和他的

妹妹瓦尔(Val)在牛津时成了托尼的朋友。托尼本人后来从牛津转到伦敦西区的利米·格罗夫电视台工作。这是我们唯一的一次见面。当时,我们还争论了他手边亨利·詹姆斯的《青春期》(The Awkward Age)。

那天下午,阿夫林和我离开了托尼,他已经打算回英国去了。我们开着阿夫林年久失修的旧车去纽黑文。我的叔叔、物理学家比尔·沃森(Bill Watson)和婶婶贝蒂(Betty)住在那里。在我去英国之前,婶婶曾为我糟糕的穿着和不够老练而伤脑筋。有一次,我无意中走进了一个纽约旅馆的套房,我的堂兄鲁思(Ruth)正和他在史密斯学院的同学聚会,他们即将启程去巴黎和日内瓦,婶婶就悄悄地将我推了出去。现在,3年过去了,我的美国腔很多已变成英式的,又有了DNA,不再被他们看作是穷亲戚了。拜访完叔叔一家后,阿夫林对我说他不理解我为什么对他选择耶鲁的生活如此犹豫。

在马萨诸塞的剑桥,在中央广场附近过了一夜之后,我紧张地去找克丽斯塔·迈尔。我去了她的新家——雷德克里夫园附近的一座20世纪初的大房子,但只见到她的母亲格蕾特尔(Gretel)。克丽斯塔和她的父亲去了哈佛广场。1小时之后,我在哈佛园对面的剑桥信托公司那里赶上了恩斯特。我们交谈的话题很容易就转到了阿夫林那性情古怪而又才华出众的舅舅——霍尔丹(J. B. S. Haldane),他在遗传学方面的声望比他长期的英国共产党员的身份对恩斯特影响更大。让我大失所望的是,克丽斯塔已和她父亲分开逛商店去了,她将去期待已久的斯沃思莫尔学院开始大学一年级的生活。稍后,我就到了南站去乘开往中西部的火车,回到我父母在芝加哥城外的家。

我母亲从她工作的芝加哥大学招生办公室请了一天假来接我。我也收起在波士顿没有见到克丽斯塔的失落感。我们谈起了我妹妹贝蒂,她几天后就要结婚了。我们还谈到我外婆的身体状况,她近来精神不太正常,当地疗养院不想再护理她了。后来,我好几次到印第安纳沙丘州立公园长时间漫步,再爬上大沙丘。青少年时代的我曾无数次在那里倘佯,观察鸟类。不到一英里(约1.6公里)的地方就是我母亲现在居住的不大的木屋,他们将芝加哥南部海滨的小平房卖了以后就搬到这里。父亲和母亲一直想住到芝加哥城外,但等到妹妹和我完成了在芝加哥大学的学业后才付诸行动。最后,他们终于和朋友们住在一起,分享他们对印第安纳西北部绵亘起伏的绿色原野的喜爱。

在家住了大约一周以后,我父母驱车将我送到米德威机场,乘飞机去洛杉矶。我胳膊下夹着红红绿绿的双螺旋演示模型,让一位空中小姐以为我是艺术家呢,这使我颇为洋洋自得。飞机在圣贝纳迪诺山上方下降后进入洛杉矶盆地,即被肮脏的黄色烟雾所覆盖。一下飞机,穿过棕榈树成行的街道,就闻到一股刺鼻的气味。在出租车开上高速公路时,气味更浓烈了。我们在帕萨迪纳下了高速公路,直奔加州理工学院校园,它就位于圣马里诺大厦的北面。

没有几分钟,我们就到了加州理工学院。我的目的地是"雅典堂"——加州理工学院很有气派的教师会所。我和许多与会者都住在该会所,包括劳伦斯·布拉格爵士及夫人。我知道进去之后会见到许多朋友。立刻,我就看见肯德鲁正在等候某个熟人到那高大而且相当富丽堂皇的餐厅共进晚餐。餐厅四壁有加州理工学院创办者们的油画像,包括诺贝尔物理学奖获得者密立根(Robert Millikan)。肯德鲁离开剑桥已有一个多月了,他很好奇弗朗西斯怎么会知道从斯德哥尔摩寄出的鲍林的信是伪造的呢?我们还不清楚弗朗西斯会怎样跟我们打招呼,就看见他和X射线晶体学家戴维·哈克(David Harker)一起走进了餐厅。他们从布鲁克林同机飞到这里。戴维在布鲁克林的实验室有100万美元的经费来解决小蛋白核糖核酸酶的结构问题。

那时,肯德鲁和我刚刚用完甜点,很快寻找托辞说要去精心装饰的加州理工学院校园散步。校园中传统西班牙风格的建筑散发出古典气

图5.2 帕萨迪纳蛋白质会议（1953年9月21—25日）。

息。事实上，它是第一次世界大战后迅速扩建的产物。在不到20年的时间内，加州理工学院就从一个州立技术学院一跃成为一所科学领域的世界一流大学。加州理工学院在威尔逊山附近安装了一台巨大的天文望远镜，充分利用了洛杉矶清澈的夜空，使得该校第一次在全国有了知名度。从芝加哥大学请来的密立根任首任校长，很自然就邀请到爱因斯坦（Albert Einstein）多次来校访问。随着哥伦比亚大学著名遗传学家摩尔根（Thomas Hunt Morgen）的到来，加州理工学院迎来了生物学的繁盛时期。当时，大萧条年代尚未结束，即使有钱的加州人也对此表示过担心，但加州理工学院并不曾在财政上陷入困境。二战结束后，它很快又恢复了繁荣。尽管那时它只有800个本科生，但它与历史悠久得多的姐妹学校——麻省理工学院——已处在同一档次。

加州理工学院日益知名的主要原因之一是莱纳斯·鲍林。他是俄勒冈人，加州理工学院的首届博士生之一。在量子力学刚刚兴起之时，莱纳斯就凭借古根海姆奖学金去了欧洲。那时，他与也是来自俄勒冈的阿瓦·海伦·米勒（Ava Helen Miller）结婚。他们一返回加州理工学院，莱纳斯就用量子思想对全世界有关化学键本质的想法进行了彻底

变革，并在1939年出版了该领域的开创性著作。现在，鲍林家族实际
上已经成为加州理工学院的"王室"，他们周围也有不少流言。只有少
数几对夫妻与他们来往密切。莱纳斯和阿瓦·海伦都是天生的社交能
手。无论是向同行作科学报告还是面对外界的普通大众，莱纳斯的脸
上总是呈现出那一成不变的微笑。随着时间的推移，人们认识到鲍林
的魅力在于他从未期望会获得同样的回报。任何观点上的差异，不论
多么随便，他都不太容易接受。

　　开始，他们住在加州理工学院附近。从1937年起，莱纳斯成为化
学部主任。他们带着4个孩子，搬到山麓的一所四角形的一层的大房
子中。莱纳斯则驾驶一辆敞篷"赖利"汽车在学校和家之间往返，这辆

图5.3　莱纳斯·鲍林（左）和乔治·比德尔（George Beadle）摄于加州理工
学院（1953年末）。

车是他在牛津时买的。1947—1948年,他担任牛津大学巴利奥尔学院的伊斯门教授。莱纳斯第一次认真思考生物学问题是在30年代中期,当时他开始考虑令抗原和它们各自的抗体相结合的化学键的性质。战争刚刚结束,他首先认识到一种被称为镰状细胞贫血的红细胞疾病来源于血红蛋白的某种分子缺陷。血红蛋白是血管中红细胞内运输氧气的蛋白质。不过,他在1951年提出的 α 螺旋是多肽链的一种基本折叠方式的思想,在生物学领域的影响最大。我们出席的此次会议曾经计划让莱纳斯再次展示这些思想的绝妙之处。我相信他一定期待了好几个月来演示其DNA新模型。但是现在,对阿瓦·海伦来说显然很痛苦的是,DNA的故事将由弗朗西斯和我来讲述。

在这次会上,莱纳斯提出了一个重要观点——DNA的鸟嘌呤(G)和胞嘧啶(C)碱基对是由3个氢键结合在一起的,这比弗朗西斯和我在那篇最早的《自然》论文中提出的要多一个。那时,我们并不知道鸟嘌呤的精确结构,认为第三个氢键也许比前两个要弱很多,因而将其剔除了。后来的实验显示出富含GC的DNA样品的热稳定性很高,这再次证明了莱纳斯的化学直觉的正确。

总而言之,这是一次有益的科学盛会,尽管大多数报告都是大家熟悉的事实和概念。与会者中,最为今后几个月内可能获得的结果而激动的是佩鲁茨。夏天过去的时候,他获知一位荷兰科学家的结果,可能促使他在相位问题上取得突破。这个问题当时困扰着他和肯德鲁,他俩各自都无法弄清血红蛋白和肌红蛋白的结构。让我感到解脱的是,弗朗西斯似乎并没有厌恶我们过去开的玩笑,他在许多场合都作了很明智的评论。另外,他显然收敛了几个月以来性格上显露出的焦躁。

第一天晚上,他和马克斯·德尔布吕克争论双螺旋的两条链是否能快速解旋而彼此分开。很快,他们就将5美元的赌注交由加州理工学院的化学家弗农·休梅克(Vernon Schoemaker)保管,直到问题被解决为止。当时,弗朗西斯和我都没有发现有什么方法可以扭转独立螺旋折叠的DNA链,以使它们可以像马克斯所希望的那样并肩排列。但是,除非有精确的X射线证据证明这种双螺旋,马克斯是不愿退让的,因而赌注看来注定要在弗农的口袋里放很长时间。

第二天下午,莱纳斯和阿瓦·海伦在他们位于西马德雷大道尽头的家中举行花园聚会。遗憾的是,这个时间对他们的女儿琳达(Linda)来说晚了一个星期。琳达那时年方二十,比他哥哥彼得小18个月。她已经返回位于俄勒冈州的里德学院,开始大四学习了。4年以前,当我第一次来到加州理工学院做夏季研究时,在一个午夜晚会上见到琳达。晚会是在几个加州理工学院的博士后合住的一所山麓小丘的房子中举行的。金发碧眼的琳达是那样迷人,但令我失望的是,她在我能接近之前就消失了。后来,彼得告诉我,他的父母希望琳达在成长过程中不受那些传统中产阶级观念的束缚,这使得她在个性发展中保持了许多的童真。

由于琳达不在,我对这次鲍林家的聚会并不抱太高的期望。加州理工学院几乎没有什么女性,大部分与会者也没有携带家眷。那时,我已见过鲍林的博士后亚历克斯·里奇(Alex Rich)* 。他比我大3岁,和妻子简(Jane)一起参加聚会。简是在马萨诸塞的剑桥长大的,亚历克斯在读哈佛医学院时与她结识。简的娘家姓金斯(Kings),已有7代在哈佛。她自然认为我放弃剑桥而选择只知道赚钱的南加州一定经历了不小的文化冲击。

由于浓雾未散,我们无法欣赏周围的山景。为了消磨时光,简和我开始告诉肯德鲁美国政治是如何操作的。在加州理工学院校长、物理

* 即亚历山大·里奇。"亚历克斯"是"亚历山大"的昵称。——译者

学家杜布里奇（Lee Dubridge）的夫人加入我们的谈话后，我夸张地说美国的政治家都是腐败和下流的——这就是在凯利（Mayor Kelly）任市长的芝加哥长大之人的天性。校长夫人看上去很痛苦的样子，她说："难道你不尊敬艾森豪威尔（Eisenhower）总统吗？"我立刻回答："不尊敬。"我一点都不知道杜布里奇是一位资深共和党人，一年前就是他请出艾森豪威尔与俄亥俄州参议员塔夫脱（Taft）竞争共和党总统候选人。不清楚我和校长夫人谁更不善交际——是提出问题的她呢，还是回答问题的我？

6. 帕萨迪纳、北印第安纳和东海岸：
1953年10月—1954年1月

　　1953年9月在帕萨迪纳召开的蛋白质结构会议结束之时，我对待在帕萨迪纳已充满恐惧。我不会开车，也没有车。我完全被束缚在女孩稀缺的加州理工学院校园内，不得不继续住在教师会所"雅典堂"中。尽管早餐熏肉和鸡蛋还不错，看《洛杉矶时报》（*Los Angeles Times*）却算不上烟雾缭绕的一天中最好的开端。从报上可以看到，民主党人的思想背后隐藏着共产主义。每天早餐结束后，我就参加马克斯·德尔布吕克的噬菌体小组，他们在20世纪30年代风格的克尔霍夫生物大楼的底层。两年前，我曾认为这里是全世界最好的地方，当时我甚至愿意为噬菌体研究贡献毕生精力。但现在，我和马克斯的几个研究生在一个房间各安排了一张办公桌，一起尽做些单调乏味的项目。尤其是佐藤（Gordon Sato）在做动力学实验以了解色氨酸是如何帮助T4噬菌体吸附上大肠杆菌的。没办法想象这个问题，即使解决了，也不过是又平添一桩学术琐事。

　　有了新的研究兴趣，我更倾向于到隔壁克里林实验室中鲍林的研究组去。但我知道，将自己的命运交给莱纳斯掌握是极不明智的。我的长远目标是成为一名生物学家，希望得到那些有共同目标的人的评价。我高兴地看到有一种可以继续从事RNA结构研究而又与鲍林保持独立的办法，那就是与他实验室的亚历克斯·里奇合作。我可以名正言顺地待在德尔布吕克的实验室而不必换到鲍林名下。劝说亚历克斯转向RNA研究毫不费力,因为他也没有什么理由再去拍摄DNA的X射线照片了,从莱纳斯提出三螺旋结构之后,亚历克斯就开始干这件事情。相反,RNA之门依然是敞开的。他将去马里兰州贝塞斯达的国立卫生研究院(NIH)工作一年,这项工作可以作为新实验室的长期目标。很快,我就写信给研究RNA的化学家们,请他们寄给我们最好的RNA样品来进行X射线结构分析。但这些样品寄来之前,我还想保持对噬菌体工作的兴趣。

这时节,我脑子里尽是对我将要应征入伍的恐惧。尽管在整个朝鲜战争期间我都以职业为由而延期入伍,战争也刚刚结束,但我所属的南芝加哥征兵局还是决定让我应征,并安排我为IA。在我和父母短暂相聚的日子里,我第一次得知我被重新分类,一直到我抵达加州理工学院我都在等待回音。生物学部主任、遗传学家乔治·比德尔立即给征兵局写了一封信,询问我是否可以因职业缘故再次延期。然而,他的请求不知被塞到什么地方去了,我面临着可能马上开始两年的服役期,而我连一个俯卧撑都做不了。因此,我听从了里奇的劝告,申请到公共卫生部门做军官,这样就可以和他一起在NIH工作。很快,我就填妥了申请表并到洛杉矶进行了必要的体检。后来,我不知是否该为逃过一劫而庆幸:既然公共卫生部门能因我的平足而拒绝我,那么军队也一样。

浓雾偶尔也会消散。我终于理解为什么前汽车时代的帕萨迪纳对那些中西部出生的退休人士那样有吸引力。但即使在"雅典堂"球场偶尔举行的网球赛也只能在短时间内使我感到生活有点意思。生物学部那些主人们想尽办法使我感觉宾至如归,我则一直渴望能在饭桌言谈中获得出乎意料的反应。当然,如果我找到一位加州女友,那么没有他们也算不了什么。但大多数研究生看上去都已成婚,而且这里显然没有什么寻找女友的团体可供参加。因此,我时常会想起克丽斯塔·迈尔。我在鲍林的蛋白质会议结束时给她写过信,她很快就回复了,但她对斯沃思莫尔学院生活的生动描述让我觉得心神不宁。

在感情空虚的几周之后,给亚历克斯和我做X射线研究的RNA样品终于寄到了。对粉末状的纯RNA加一点水后,我可以用一根针轻易地挑出又细又长且双折射的纤丝。幸运的是,这些纤丝中包含细而长的RNA分子,它们都规则地依次排列。我迫不及待地想将第一根纤丝交给亚历克斯,让他拿到X射线室中。但他和简在日上三竿以前是不会起床的,因此只有在下午的晚些时候才能检查所获得的X射线照片。令人泄气的是,它是一种斑状衍射图案,并不比6个月前我在剑桥用马卡姆给我的植物病毒RNA做的结果更好。在与简和亚历克斯一起吃晚饭的时候,我们自我安慰说更好的RNA样品很快就能获得并可用于建立模型。当我走回"雅典堂"的时候,我的思绪全部集中在浓雾、征兵令以及在小咖啡馆喝咖啡时只有一名服务小姐可以注视的现实。这个小咖啡馆就在加州理工学院校园内,我每天去两次,只为消磨时间。

当我在加州理工学院时,我非常欢迎鲍勃·德马斯(Bob DeMars)的到来。他已经在卢里亚那里完成了博士学业,到西部来做马克斯·德尔布吕克的博士后。他也暂住在"雅典堂",需要买一辆车但手头缺钱。因此,他与我从曼尼父母手里合买了一辆1941年的帕卡德牌小汽车。可能是这车总散发出一股怪味吧,他们不想再开它了。开价125美元似乎贵了些,但马克斯说不二价,我们也没有发现还价的可能性。我们的第一次旅行是星期天驾车沿高速公路开上威尔逊山。到达之后,我认为开车的恐惧比看两边陡峭山坡的恐惧还要小一点。后来,在鲍勃的现场指导下,我开始在圣马里诺那弯曲而荒凉的街道上练车。但我没有通过第一次的驾驶考试,我在倒停练习失败后内心非常恐慌。

当我在那个小咖啡馆相中一个有魅力的高个女孩时,我还没有拿到驾驶执照。这个女孩来喝咖啡的时间没什么规律,我花了一周时间才发现她是在加州理工学院新建的超级温室——环境控制人工气候室工作的研究助理。最终与她约会后，我得知她叫雷切尔·摩根（Rachel Morgan），曾上过瓦萨学院，家在东部。她看上去很独立，行为举止显示出世家风范。有一次，我在生物学部做了有关双螺旋的讲座后，我们驾着她的车外出吃晚饭。我是第一次穿上一套新的英格兰格子套装，这是我在离开剑桥之前自己挑的。我们去了帕萨迪纳格林街旁的一座红砖的英式餐厅。在那里我了解到，尽管她的祖父非常有钱，但他不是J. P.摩根*，而是E.D.摩根，他的大量房产也在长岛。晚餐结束时，我想安排下次约会，但她掌握了主动，我只好听其摆布。当我在"雅典堂"下车时，她的情绪有了变化，她说她想在不久的将来为我下厨。

我的瑞士朋友魏格勒（我们的《自然》杂志恶作剧的同谋者之一）当时也在帕萨迪纳。第二天他告诫我不要期望雷切尔的感情，她近期与一个刚刚离开的南非植物学家关系密切，这番话倒激起我高昂的斗志。在任何一种情况下，我都不想就这样绝望地离开帕萨迪纳。当德马斯开车送我去洛杉矶美军后备队训练中心进行入伍前测试时，我非常惶恐。由于我在器械考核中失败，图形识别也很差，不被应征的希望再度燃起。当我被确认是35个裸体男子中最瘦的一个时，又引起了注意。我被带到一个贝弗利山的精神病医生那里。他极有礼貌地扫了我一眼，就开始提问题，诸如我是否喜爱军队生活以及对漂亮姑娘的反应。然后，他在我的表格上写了几个字就转向下一个——一个非常胖的墨西哥裔美国人。从精神病医生的眼光中，我觉得他应该会帮我的。但我瞥了一眼他的结论，上面写着"艺术型——可在军队服役"。

当然，这并不是立即执行的死刑命令，因为加州理工学院发现还可以向州里提出上诉，如果必要的话还可以要求联邦陪审团复议。因此，

---

*J. P.摩根为美国摩根银行创始人。——译者

到明年春天末我都还是安全的。在此期间，公共卫生部门应当成为我的安全网。所以，感恩节我过得很轻松，和德尔布吕克一家在棕榈泉以东沙漠地带的约书亚树国家公园露营。我待了几天后就回到帕萨迪纳，随后德马斯和我驾车前往加州大学伯克利分校。自1952年起，冈瑟·斯滕特（Gunther Stent）在那里新建了一个病毒实验室，开展噬菌体研究。他付给我40美元，安排我于星期五下午在生物化学系作一个有关双螺旋的讲座。病毒实验室位于校园的最高处，可以看到金门大桥异常美丽的风景。我发现加州的生活中也可以没有帕萨迪纳的浓雾，更何况这里到处可见漂亮女孩，甚至在我演讲时爆满的听众席上都有。

冈瑟将我带进他们系主任的办公室时，我又恢复了严肃。10—15分钟的休息时间后是斯坦利（Wendell Stanley）的演讲。我立刻就被他漂亮的实验室吸引，并试图抹去自己两年前在哥本哈根留下的坏印象。当时斯坦利在脊髓灰质炎会议上作了烟草花叶病毒（TMV）的报告之后，我和他还有其他人一起去物理学家玻尔家聚餐。我的脑海里一直浮现着下午斯坦利报告上展示的TMV电子显微镜照片。为了搭讪，我赞叹道TMV结构几乎和我住在那不勒斯期间所路过的新罗马火车站一样漂亮。令我沮丧的是，斯坦利用一种非常防范的表情对着我，他误认为我将他在伯克利的病毒实验室而不是TMV照片比作一座火车站。后来，和他实验室的同仁在一起的时候，我尽量表现得很低调，因为我知道如果兵役取消，我也许会接受伯克利提供的工作机会呢。

在返回帕萨迪纳的途中，鲍勃和我在斯坦福大学停留了一会儿。我在塔特姆（Edward Tatum）召集的遗传学家面前作了一个非正式的报告。当我到达洛杉矶时，不再觉得一切都难以忍受。我到雷切尔的公寓与她共进晚餐。她的公寓离加州理工学院只隔几条马路。那天晚上，当我看到她全家在其祖父位于长岛的豪宅前的合影时，我完全被她的容貌所迷惑了，以至于那一刻根本忘记了兵役这回事。不久，我们到洛杉矶看塞德勒斯·威尔士皇家芭蕾舞团的演出。然而,巨大的施里纳礼堂毕竟不是科芬园,而且那天晚上的芭蕾舞《西尔维亚》(Silvia)并不受观众青睐。后来,在回帕萨迪纳的路上,雷切尔平淡无味的话语也使我感到不快。

想到圣诞平安夜将去芝加哥为母亲过生日,我很快就从在南加州找不到女朋友的念头中解脱出来。到家的那个晚上,我们吃了炖牡蛎肉,这是我母亲年轻时候家里的一种习俗。在芝加哥待了一周之后,我乘火车去波士顿参加美国科学促进会(AAAS)在老机械会堂召开的年会。克里克和米奇森分别从布鲁克林和巴尔港过来。我们三人在剑桥待了两个晚上,就住在休·赫胥黎在特罗布雷奇街和哈佛街附近的二楼公寓里。第一个晚上,休亲自下厨。他谈起他曾在麻省理工学院施米特实验室中拍摄的薄层电子显微镜照片。他在剑桥卡文迪什实验室获得博士学位后到麻省理工学院做了一年的联邦研究员。那时,休希望藉显示分子水平上肌肉是如何收缩的来震撼肌肉的生物学研究。

翌日清晨,我去了迈尔家,得知他们在新罕布什尔州买了一个200英亩(约80公顷)的农场,他们将去那里而不再去冷泉港度暑假了。后来,克丽斯塔和我一起去了机械会堂,在那里她第一次见到弗朗西斯。弗朗西斯谈起他在纽约与乔治·伽莫夫的见面,伽莫夫并不像我们从他夏天来信中所猜测的那样。最出人意料的是,克丽斯塔和我见到了韦斯(Paul Weiss),他在芝加哥大学教过我无脊椎动物学。上次在纽约见到韦斯时,我正在参加到哥本哈根学习生物化学的奖学金面试。但18个月后,在我即将离开哥本哈根的前夕,他对我要求转到剑桥非常生气,断言我做X射线晶体学不够格。现在,我笑到了最后,并看到韦斯被击败后脸上竟连敷衍的微笑都没有。那天,和克丽斯塔在一起也很开心。她的容貌和声音又让我心旌摇动,但我们在她家门口道别时更像两个朋友,而不是一对情侣。

当天下午，休·赫胥黎开车送我到李·韦克菲尔德的家。李是我从英国回来时在轮船甲板上遇到的两个瓦萨学院的女生中比较优雅的一个。我感到她比我在"乔治克"号上所想象的更像一个彬彬有礼的波士顿人。她母亲是那种有时在伍兹霍尔有时在瑙松岛避暑的富人，名列"福布斯"排行榜。从李那里我得知，无论是她还是马戈特·舒特都没有考虑过毕业以后做什么。在船上，马戈特更吸引我，可能是因为她不断暗示她需要远离高雅生活的束缚吧。我到加州理工学院后很快给她写信，她却并未回复。

元旦那天，我拿着一盒巧克力，从纽黑文坐火车去耶鲁，和我的叔叔婶婶一起度过节日之夜。贝蒂婶婶看到我新剪过的头发，觉得我不再会给他们带来尴尬，就带我去劳恩俱乐部。她兴奋地向每个人宣布她的侄子吉米*将要成为一名大教授。第二天早晨，我继续上路，去纽约克里克家过夜。他们住在福特·汉密尔顿公园大道上一个沉闷的20世纪20年代公寓中，那大概是布鲁克林离曼哈顿最远的地方了，就连距离弗朗西斯工作的布鲁克林工学院也不近。哈克的实验室除了有百万美元之外，其核糖核酸酶项目没有什么结果，弗朗西斯在那里也只是提供智力而已。奥迪勒当时已怀孕好几个月了，她和我一起讨论该给她和弗朗西斯的第二个孩子起什么名字。如果是男孩，我提议就起个英国式的塞巴斯蒂安·特郎平顿·康普顿·克里克（Sebastian Trumping-ton Compton Crick）。要是个女孩，我觉得最好叫阿黛宁·克里克（Ade-nine Crick）**，这样她可以被人叫艾蒂（Addy）。随后，我们回顾了一遍美国生活的优点——甜面圈、冰果汁及其他。然而，这些话并不能使克里克的日常生活变成值得穿越大西洋的经历。我也感到奥迪勒还没有忘记那封伪造的鲍林信件。

---

*作者名字的昵称。——译者

**Adenine 即为"腺嘌呤"之意。——译者我坐了长达一个多小时的地铁前往曼哈顿,再转火车去华盛顿与乔治·伽莫夫初次见面。在见他之前,我先访问了靠近贝塞斯达的国立卫生研究院(NIH),看看我在公共卫生部门的委任是否能很快实现。与他们的高级军官谈话显得郑重其事,因为我必须给他们留下这样一个印象——我盼望成为公共卫生部门的一员,而不是为了逃避兵役。因此,不去访问荒唐的伽莫夫似乎可以保持头脑清醒。

7. 贝塞斯达、橡树岭国家实验室和帕萨迪纳：1954年1—2月

　　位于马里兰州贝塞斯达的国立卫生研究院(NIH)并不是我所想象的那种大监狱。不知为什么,那里的主管们特别希望我去,而我感到惬意的是那么多科学家在NIH从事不需要立即有临床结果的研究。尽管如此,新建的10号大楼看上去仍像是一座有几百张病床的大医院,外形则酷似一艘远洋巨轮。令我高兴的是,NIH并没有要求我夏天一接到委任令就去报到,只是希望我能在冬天结束之前到那里。我在贝塞斯达的两夜都住在离子通道生理学家阿德里安·霍格本(Adrian Hogben)家中。我们在哥本哈根一起做博士后期间就认识了。从他身上,我感觉到NIH除了不太像大学校园外,倒是一个真正能发挥聪明才智的地方。

　　翌日清晨,阿德里安带我到水门旅馆,岩溪在那里汇入了波托马克河。伽莫夫一眼就认出了我。他从克里克那里对我外貌的了解超过了我对他的了解。他高亢的音调不像是发自那肥胖的身躯。他有50岁了,过去那高高瘦瘦的俄国小伙子已变成如今大腹便便的中年人,这主要是酒精的作用超出了高能量数学运算的消耗。我即刻意识到他是为自己作为一个生物学家的新生活而兴奋,并不是他的物理学研究在走下坡路。事实上,他在用宇宙观引导世界。5年以前,他和他的研究生阿尔弗(Ralph Alpher)已经计算出宇宙形成之时,化学元素是如何通过

大爆炸以后的中子俘获而形成的。为了宣布其结论,他们给《物理评论》(*The Physical Review*)写了一篇题为"化学元素的起源"的短文。伽莫夫谋划着让这篇文章的作者有可能成为α、β、γ*。为此,他说服了曾经与他一起探索宇宙论的著名物理学家贝特(Hans Bethe)在文章上署名。贝特很爽快就同意了,他倒不是上了伽莫夫的当,而是觉得可能会和对宇宙初始状态做出开创性贡献沾上点边吧。最初,这篇文章的意义并没有得到广泛重视。事实上,文章确实是在1948年4月1日愚人节发表的,即使是以前知道伽莫夫爱开玩笑的人也给搞糊涂了。

伽莫夫和我都落座后,他告诉我每个人都叫他"乔"。他送给我一件礼物——他的新书《汤普金斯先生了解生命的基础》(*Mr. Tompkins Learns the Facts of Life*)的日文译本,并说他在上面题了字。我打开封面,只见题词是"骗你的——打开另一边"。乔很得意他的诡计又成功了,他料到我不会知道日文书打开的方向与英文书不同。随后,确信我已经喝了一杯加苏打水的苏格兰威士忌后,他才开始谈起将4字母(A、G、T、C)的DNA字母表翻译成20字母的蛋白质(氨基酸)字母表的规则。

在这套方案中,蛋白质是由20种不同的氨基酸直接在DNA分子的表面装配而成的。我马上知道这是不对的,因为在细胞中装配蛋白质的区域没有发现过DNA,相反在氨基酸相互结合的表面倒有许多RNA分子。但乔不理睬我的异议,他希望RNA和DNA有相同的结构,即使我已告诉他RNA具有不同的X射线衍射图案。他已经给《自然》杂志投了一篇短文,宣称存在一种精确的遗传密码,其中每个氨基酸可由DNA中的4个碱基(A、T、G、C)的某种组合来区别。由于有20种氨基酸,而两个碱基的组合数目仅为4×4 = 16,所以要由多于两个的碱基来区别。

---

* 3位作者的名字Alpher、Bethe、Gamow对应的发音正是Alpha(α)、Beta(β)、Gamma(γ)。相关内容可参见《双螺旋探秘》(约翰·格里宾著,方玉珍等译,上海科技教育出版社2019年1月出版)。——译者

然而,如果3个碱基一组,就有过多的组合(4×4×4＝64)。乔已经想出个窍门使64种组合减少为20个。但是,由于我认为所有基于DNA的方案都是空对空,就由着他说,并未真正在听。

乔开车送我去机场时,我已醉醺醺了,尽管在午餐刚开始时我就不敢再试苏格兰威士忌。我要去纳什维尔,因为霍兰德(Alex Hollander)在波士顿已给了我150美元,让我顺路到位于田纳西州的橡树岭国家实验室讲讲双螺旋。霍兰德在那里动用了全美最强的力量来测量电离辐射的遗传影响。我的这段航程特别有趣,因为一位漂亮的空中小姐被我手中的《郊外的撒旦》(Satan in the Suburbs)一书吸引住了,这是罗素(Bertrand Russell)的新作。在橡树岭,进出霍兰德"帝国"像巨型工厂一样的房子都必须进行安全检查。然而,一旦进入其中就感受到学术的氛围,况且从真实的DNA分子出发来考虑遗传缺陷确实有趣。但是,那时我对旅行已感到非常疲乏。尽管在达拉斯转机时碰到回西海岸的韦恩(John Wayne)和他的秘鲁女友皮拉(Pila),我还是觉得最后返回洛杉矶的旅程真是漫长啊。

回到帕萨迪纳,我又有很多时间不知如何打发。高兴的是,我获得了驾照,可以自己买第一辆车了。在科罗拉多大道的一个二手车行,我发现了一辆开了3年的白色敞篷"雪佛莱",很快就半带得意地将它停在了"雅典堂"附近。但是,当我看到邻居肖克利(William Shockley)的"美洲豹"停在旁边时,我有些嫉妒。他暂时离开贝尔实验室和他的妻子,来到加州理工学院,随后要去贝区成立一家公司以开发晶体管,这得益于他几年前的发明。与肖克利的交谈尚不能打破"雅典堂"夜间的沉闷,我只能盼望着被邀请外出与人共进晚餐。我常去里奇家,他们住在橡树林一所舒适的老房子里。简对精致的食物并没有什么兴趣,但她总能倾听我对帕萨迪纳单身生活的抱怨。这里60岁以上的妇女高度集中,比其他任何美国城市都多,而她所认识的看上去合适的女孩都住在3000英里（约4800公里）以外。当然，这些女孩的存在给了我在帕萨迪纳生活下去的希望。

那时，我知道已不可能再和雷切尔在一起，她是我到加州理工学院后在小咖啡馆认识的。在我从东海岸回来后不久，她就告诉我，我在她的生活中已不再重要了。这个消息让我失眠了好几夜。过后，我跑到里奇那里要安眠药。但他警告我，这些药都会产生依赖性，我应该尽量不吃。不过，当我收到彼得·鲍林的信并得知他在剑桥寻觅漂亮女孩未果时，我感觉舒服多了。暑假结束的时候，他从父母那里得到暗示，如果他找到一位称心如意的姑娘并与之结婚的话，他的生活状况将得以改善。莱纳斯摆在彼得面前的诱惑是给予更高的津贴。相反，莱纳斯的朋友、英国动物学家维克托·罗思柴尔德勋爵[Lord(Victor) Roth-schild]直截了当地问："他的性生活怎么样？"彼得的回答是："不存在。"

现在彼得想买我留在他那里的收音机，连带我的冬衣以及金西（Alfred Kinsey）1953年的报告《人类女性的性行为》(*Sexual Behavior of the Human Female*)。过了圣诞节，他将孤独地踏上去希腊的旅程，那里有他青春期尴尬的回忆。他刚刚发誓要将对方的最小年龄提高到21岁，就不知道这条规则是否适用于卡文迪什实验室新来的那个漂亮而新潮的技术员，她称呼实验室的每个人（包括佩鲁茨）时都只用名字。彼得还不能肯定他妹妹琳达是否要到英国来，也就是说她是否不与她的那个大学同学结婚，而对方父母一直不清楚他们的意思。

那年冬天下了很多场雨。看起来加州理工学院至少是适合室内工作的。在1月的大部分时间里，亚历克斯和我都受到RNA工作的鼓舞。从近来获得的RNA样品中，我们得到了比秋天那一批要好得多的X射线衍射图案。但我们高兴得太早了点，后来一直没有进展。尽管RNA的X射线图案确实很特殊，但与DNA的图案之间没有明显的关系，我们也不敢奢望有明确的RNA结构存在。更为糟糕的是，从碱基比例几乎互补的(A═U, G═C)RNA获得的衍射图案,与从碱基明显不配对的RNA获得的图案是一样的。长期以来,我相信RNA一定是单链的,认为具有双螺旋碱基组成的样品反映这样一个事实,即那些通过碱基配对RNA复制而产生的RNA是在细胞质中。但是,亚历克斯认为我的想法太过离奇,不能接受。

德尔布吕克夫妇试图帮助我,他们又安排了一次沙漠露营,邀请了安东尼(Doriot Anthony)——一位从波士顿来的青年长笛手,目前在洛杉矶短期学习。她经常光顾德尔布吕克在奥克戴尔大道的牧场式的家。但当我和她在一起的时候,她对我并不感兴趣。比德尔告诉我,加里·库珀(Gary Cooper)*的女儿玛丽亚(Maria)想成为一名生物化学家,并将与她的父母下周来加州理工学院看看,这个消息又给了我新的希望。这次"皇室访问"在午后开始,大多数生物学研究生和博士后在他们将要经过的克尔霍夫大楼翘首以待。突然,他们三人在比德尔带领下愉快地走了过来,并不像我们所期待的"正午"那样。加里留给我的印象还不如他那衣着得体的夫人来得深刻,他女儿则是一个纤瘦的女

图7.1　摄于帕萨迪纳里奇的房子外(1954年)。左起:杜尼茨(Jack Dunitz)、贾科梅蒂(Giovanni Giacometti)、作者、亚历克斯·里奇和简·里奇。

---

* 好莱坞影星,因主演电影《正午》获1952年奥斯卡影帝。——译者

054 / 基因·女郎·伽莫夫——发现双螺旋之后

孩子,不是格蕾斯·凯利(Grace Kelly)*那种类型的。他们离开的时候,我想这恐怕是加州理工学院带给我生命中唯一的一次好莱坞时光。

大约在1954年2月,乔·伽莫夫在去伯克利物理系做春季研究的火车上给我写了一封信(见251—254页)。他想更多地了解RNA,并困惑于RNA在某些病毒中所扮演的角色——为什么它们的遗传物质是RNA而不是DNA。当他拿到新车后,他计划开到帕萨迪纳来看看德尔布吕克。马克斯于30年代初在哥本哈根就认识他,当时他们都在玻尔的理论物理研究所。马克斯想要不嫉妒这位意气风发的苏联同事都难。伽莫夫在敖德萨的革命年代长大,曾在列宁格勒(现改回圣彼得堡)学习物理学。当他到哥本哈根时,已因其隧道理论而出名了。该理论用量子力学来解释不稳定的原子核。当时他在祖国被看成是一名英雄——一份苏联报纸写道"一个工人阶级的儿子已经解释了世界最精细部分的机制"。尽管《真理报》(Pravda)在伽莫夫1931年返回苏联之初就发表了歌颂他的诗歌,但他发现自己还是处于一种无法忍受的境遇之中。如同爱因斯坦的相对论一样,量子力学也被当作辩证唯物主义的敌人而受到批判。

结婚以后,乔想尽一切办法要回到西方。他想先穿越黑海,然后从摩尔曼斯克进入挪威,但逃亡没有成功。两次失败后,自由终于来临。他被邀请去参加在比利时召开的索尔维会议。他竟然能带着他那曾是物理学家的妻子罗(Rho)一道出走。伽莫夫的一去不复返,制造了一场骚动。斯大林(Stalin)下令苏联科学家不得再参加国际学术会议。就在索尔维会议上,不管是讲法语还是不讲法语的同行们都请求他不要再试图讲法语了。伽莫夫很想去美国。在他离开苏联不到一年的时间,机会终于降临——他收到了位于华盛顿特区的乔治·华盛顿大学的

_____

* 在《正午》一片中饰演新娘,后成为摩纳哥王妃。——译者

邀请信。然而，在发现自己将要住在东海岸之前，他已买了去西雅图的机票*。

到哪里他都要找乐子，即使他的许多同事抱怨他的乐趣可能有损高雅。在哥本哈根的时候，他的恶作剧在攻击《自然科学》(Naturwissen-schaften)（德国相当于《自然》杂志的学术刊物）的一位编辑时达到了极点。在读了一篇来自印度的沉闷而正统的文章之后，他撺掇几位欧洲物理学家给编辑写信，称该杂志受骗了，发表了别有用心的垃圾。可玻尔觉得伽莫夫的恶作剧一点也不好笑，于是逼他到柏林去向编辑当面道歉。

乔现在从写科普书中找到了乐趣，他自己为书配插图并填了许多打油诗。书的主题是汤普金斯先生的冒险经历，他的名字缩写为C（光速）、G（牛顿引力常量）和H（普朗克常量）。汤普金斯先生是一个银行出纳员，在他岳父—— 一位物理学家的讲座上睡着了，而他的梦境与讲座的主题意外地相遇。比如说，他所经历的相对论是驾驶一辆光速汽车，一小时却只走了几公里。遗憾的是，乔在双螺旋诞生之前决定转向生物学。我读了他最新的以英文写的关于生命基础的书，并没有他期望的那样好。当他成功地转到基因和染色体方面时，汤普金斯先生却陷入了我们血管的红细胞中，其梦境并没有超越大多数受过教育的人所熟知的想法。不像他前面几本书在学生和成年人中都很畅销，伽莫夫在生物学方面的努力惨遭败绩，剑桥大学出版社从未再版此书。

就在乘火车去西部的长途旅行之前，乔写下了有关遗传密码的细节，这在他投送《自然》杂志的短文中已有苗头。他已当选美国科学院院士，所以想向《美国科学院院报》(The Proceedings of the National Acad-emy of Sciences of the USA，简称PNAS)投送他的第一篇生物学论文，该

* 位于西雅图的是华盛顿大学(University of Washington)，与乔治·华盛顿大学(George Washington University)不同。——译者

论文题为"脱氧核糖核酸与蛋白质之间可能的数学关系"。乔把他的长期伙伴汤普金斯先生的名字作为合著者加上。因此,当 *PNAS* 的编辑、地球物理学家图夫(Merle Tuve)收到伽莫夫的稿件时,他觉得乔把玩笑开到了国家科学院头上。由于乔住得很近,图夫便将他叫到自己在华盛顿卡内基研究院地磁学部的办公室,隐晦地暗示他某些生物学家受到了冒犯,并警告他——尽管作为院士可以投送任何涉及物理学的稿件,但生物学除外。这篇稿件退给乔以后,他换了个新信封,寄到了丹麦皇家科学院,他也刚刚当选丹麦皇家科学院院士。为了文章能够发表而不是开玩笑,他删去了汤普金斯先生的名字。后来,他将这篇文章的抽印本题字后寄给了美国科学院的每一位生物学院士。当时,只有他的朋友尤里(Harold Urey)*(氘的发现者)知道审稿的事而担心引起什么风波。然而,乔此时已有了自娱自乐的其他法子。如果科学院感到有必要严肃一些,那是他们的事。乔的目的只是为了取乐,才不管对科学风气产生什么后果呢。

---

* 美国化学家,因发现氘(重氢)获 1934 年度诺贝尔化学奖,后又研究地球化学和天体物理学,对发展原子弹及地球和其他行星起源理论均有重要贡献。——译者

8. 帕萨迪纳：1954年2月

　　乔在1954年2月到达加州理工学院不久，我就带他去了马克斯·德尔布吕克的家。维基·韦斯科夫（Vicky Weisskoff）和我也一同被邀请。维基现在是麻省理工学院教授，他作为理论科学家和马克斯以及乔相识已久。他们在餐桌上的交谈首先集中在定居于瑞士的泡利（Wolf-gang Pauli）身上——他的粗鲁和智慧一样惊人。慢慢地，乔拿出汤普金斯先生的名字还在上面的那篇稿件，开始掌握了谈话的主动权。维基和马克斯起初还想努力跟上他的话题，但很快就放弃了。马克斯宣布，乔明天下午将作一个关于遗传密码的报告，在此之前我们正好可以读读他的论文，并就不甚明了之处准备讨论。

　　不一会儿，马克斯在加州理工学院的一大批朋友和同事都来品尝咖啡和点心，这给乔以机会来运用其娴熟的手法写打油诗或玩扑克牌魔术。只有维基没有参与娱乐，他已经多次看过乔在物理学家面前耍同样的把戏了。他可不想听着乔那欢快的尖叫声来结束这个彬彬有礼的夜晚。第二天下午，维基的求知欲还是战胜了情感，他和我们一起走进了马克斯在一楼办公室对面的一间小会议室。很快，我们就意识到只有明年新出现的氨基酸序列可以证实或否定乔的方案。

　　伽莫夫动脑筋的结果是重叠密码，其中某个碱基对可以用于确定一个以上的氨基酸。这并不是无的放矢，因为沿多肽链延伸的氨基酸

图8.1　作者于加利福尼亚长滩（1954年2月，乔治·伽莫夫摄）。*

的重复距离（3.6Å）与沿双螺旋的碱基对之间的重复距离（3.4Å）如此相近。可以想象，多肽链包含的氨基酸数目与它们的DNA模板中所包含的碱基对数目是相同的。但由于许多氨基酸（如果不是全部的话）至少需要3个碱基对编码，所以蛋白质中的氨基酸序列不可能是一个随机组合，相反，每个氨基酸将会以某些限定的氨基酸作为其邻居。然而，到目前为止，已知多肽链序列的蛋白质太少了，还不足以说明某些氨基酸排列是否真会被禁止。

　　第二天，伽莫夫去了位于圣莫尼卡的兰德公司，这是一个为五角大楼提供未来战争技术的思想库。乔仍然与绝密的军备界保持着密切的联系。他当初在洛斯阿拉莫斯国家实验室参与工作，开始是原子弹，接着是氢弹，并与匈牙利裔的物理学家特勒（Edward Teller）成为长期朋友。对乔来说，能与将军们及其幕僚聊天的确是件有趣的事，而且还可

　　* 照片上方的题词为"感觉像是一个在海边捡鹅卵石的小男孩——开尔文勋爵"。——译者

获得占收入1/3的报酬,还有1/3是售书所得。因此,尽管他在乔治·华盛顿大学的薪水与其知识水平极不相称,但他还是可以将追求智力上的刺激作为头等大事。

星期天,乔和我想找一处可以坐下来看看漂亮面孔的海滩。他开着那辆新买的白色敞篷"墨丘利"(他称为"丽达"),选择长滩作为目的地,希望能见到蜿蜒的白色海滩。但到了那里,我们都很失望,油井占据了我们所能看得见的沙滩和邻近的水体。乔竭力想让我高兴,他说我使他想起了20年前在苏联的朋友、理论物理学家朗道。他还为我拍照留念。

在他第二天回伯克利后,我还是很高兴我的生活不必像契诃夫(Chekov)小说中被放逐到缺乏文化和格调的城市之中的英雄。一场场冬雨一扫城市的雾气,让我欣赏到圣加布里埃尔山脉,它雄伟屹立于帕萨迪纳北部。马克斯·德尔布吕克和莱纳斯·鲍林不断吸引更多的学者加入加州理工学院,这给后来去约书亚树国家公园露营平添了许多活力。这些新来的学者中有几位是物理学家,他们在研究马克斯建立的模式生物须霉(*Phycomyces*)对光的反应。马克斯为什么现在转向光反应研究呢? 这让我们这些仅仅对基因及其功能感兴趣的人困惑不解。当然,马克斯只不过是对某个问题感兴趣,而这个问题适宜于那些闭门造车式的、仅通过数学方法研究剂量反应曲线形状的物理学家。相反,鲍林周围的化学家则研究明确的分子。

因此,新从牛津大学来的理论化学家莱斯利·奥格尔很快就加入到亚历克斯和我的RNA研究中。作为马格达伦奖研究员,莱斯利的主要成就是分析了新发现的有机分子,这些分子用笼状结构来捕获铁。尽管明显还有其他新的分子需要被发现和认识,但莱斯利让我们了解到鲍林的前期工作以及他的主要对手——芝加哥大学的罗伯特·马利肯(Robert Mulliken)可能也没有什么新的理论可资借鉴。大概一名纯粹的化学家更喜欢复杂的工作,而不是证明那些还有待发现的小宝石吧。因此,他们转到分子生物学和像RNA之类的大分子感觉更像是继续从事那种为了生计的理论计算。1954年2月,莱斯利和亚历克斯还有我一起做了很多份RNA样品,我们希望从中获得一份可以解释的X射线图案。虽然1月时的尝试并没有取得多少进展,我们自己也不太满意,但是似乎也没有充分的理由不发表我们的结果。因此,我们撰写了一篇有关RNA的X射线图案基本特性的短文,通过佩鲁茨投送到《自然》杂志。

令人高兴的是,还有理查德·费曼(Richard Feynman)来分担我们的忧愁。作为加州理工学院最聪明的人,时年35岁的迪克(Dick)*从不隐瞒他在物理学上的创新有多么困难。对他而言,在脑力活动之余必须彻底地放松。在我们首次会面之前,我就知道他在邦戈鼓方面的名气。战争刚刚结束,他年轻的妻子(布鲁克林人)在洛斯阿拉莫斯死于结核病。在度过很长一段单身生活后,他最近才再婚。传言他的新夫人玛丽·罗(Mary Luo)是一位酷似琼·哈洛(Jean Harlow)**的金发美女,也是他从邦戈鼓演艺圈中挑选出来的。他们住在阿尔塔迪纳山麓。里奇夫妇和我一起开车去他家吃饭,一路上大家都很兴奋。然而,那天晚上比我们期望的要沉默多了,因为玛丽·罗很担心自己的厨艺。不过,她可不是一位空有外貌的女子。她大约30多岁,有关艺术史方面的知识极为丰富。平时的午餐休息时间,迪克常常坐在他物理系办公室外的长凳上看《星期六晚邮报》(Saturday Evening Post)。我一直瞧不上这本周刊——其中的故事就如迪克所希望的,没有什么要动脑筋的悬念,却总有一个预料之中的大团圆结局。

---

* 理查德的昵称。——译者

** 好莱坞影星,因《红尘》一片成为性感明星。——译者那时,我正在读格林(Graham Greene)* 的《事情的真相》(*The Heart of the Matter*)。这是一个发生在非洲、与以往完全不同的故事。前些日子我读过他另一本同样阴郁的、以伦敦为中心的小说——《爱情的尽头》(*The End of the Affair*)。对他书中的主人公来说,爱情的痛苦总是多于甜蜜。从他们的挣扎中,我很容易找到自己的影子。我几乎一口气读完了这两本书,然后就感到很不舒服。我真担心自己得了单核细胞增多症。尽管加州理工学院的校医否定了这种疑虑,我仍在"雅典堂"的房间里躺了将近一个星期。

当我觉得自己基本正常以后,马里耶特·罗伯逊(Mariette Robertson)到"雅典堂"来邀请我去她家参加一个晚会。来的人并非都是学者和他们的妻子,而是一些女孩子。马里耶特住在塞拉马德雷山脚一条狭窄车道的尽头,途中要经过鲍林家。这是她父母的豪华木质房,有一只警觉的长卷毛狗站岗,外人很难进去。几个星期前,当我散步经过思鲁普会堂时,马里耶特走上前来自我介绍说她是彼得·鲍林在加州理工学院的前任女友。和彼得一样,她也是加州理工学院的子弟。她的父亲鲍勃(Bob)是一位极聪明的天体物理学家,同莱纳斯一样,也是加州理工学院在20世纪20年代早期的首批研究生。她的母亲、匈牙利人安杰拉(Angela)来自布达佩斯一个杰出的知识分子家庭。普林斯顿大学的著名数学家冯·诺伊曼(John von Neumann)是她家的朋友。马里耶特心里还有彼得,尽管她知道彼得最近与年轻的尼娜关系密切,尼娜是丹麦人,在佩鲁茨家帮工。我不能否认尼娜比马里耶特漂亮。但得知尼娜已回哥本哈根后,马里耶特感到舒服了一些。

在马里耶特家的周六晚会上,出现了许多非加州理工学院的人。

---

*英国小说家,作品以引人入胜的情节揭露人间的卑劣和丑恶,主要作品有间谍小说《斯坦布尔列车》。——译者

晚会一直持续到第二天清晨。最引人注目的是一位娇小的黑发姑娘，她在脸颊上画了另一张红唇。我们相约星期一下午她在帕萨迪纳城市学院上完课后见面。但到了约定的时间，她没有出现。一小时之后，我觉得自己等得够久了。后来，我感觉与马里耶特周末晚上约会总比她与母亲待在家里而我又去打扰已婚朋友要有意思一些。但我猜想她该给彼得写信，我很想知道彼得又会跟我说些什么。

9. 帕萨迪纳、伯克利、厄巴纳、加特林堡和东海岸：1954年3—4月

　　乔·伽莫夫已经回到伯克利，正在用两箱费希尔球和塑料碱基来构建他的双螺旋模型。但他在沿螺旋轴心的两条链的间隔到底有多远这个问题上被卡住了，他请我尽快给他正确的坐标。有了这些坐标，他就可以在我和他以及斯滕特一家开车去北边度周末之前完成他的模型（见255—256页）。然而，正式的密码方案才是他的真爱。他还在考虑一种采用三联体的新方案，希望能适合单链RNA模板。

　　一周以前，我驾着新车从"雅典堂"搬到德尔马大街一套简朴的三房公寓。从这里可以很快走到莱克大街的"温切尔"去吃有橘子汁、巧克力甜面圈和咖啡的早餐。回到加州理工学院的路程更短，只要走5分钟。一路上不时可以听到嘲鸫的鸣叫，它们相当于在南加州的知更鸟。在芝加哥的童年时代，知更鸟经常光顾我家的草坪。现在，军队已不在我脑海中了，因为我已正式获知将加入公共卫生部门。但我是否真的会去NIH还没确定，因为要等到总统评议团做出决定。如果他们不要我，这倒是一个留在加州理工学院的好理由，尤其是报答乔治·比德尔为我所做的努力。同时，春天也已到来，而阴冷潮湿的空气到达东海岸时，那里出现了一些半晴半阴的天气。

　　加州理工学院的生物学部也随着一批访问者的到来换了新气象。最让人激动的是劲头十足的雅克·莫诺（Jacques Monod）从法国来访问。

他先去了伯克利,斯滕特接待了他。到了帕萨迪纳,德尔布吕克一家就带他去荒漠攀岩,此前还从未有人成功过。雅克在战前曾到过加州理工学院,那时他还不确定自己是想成为生物学家还是音乐家。毫无疑问,雅克现在已经明确了自己追寻的人生目标。在弄清细菌在其食物分子突然变化时如何通过调控来适应这一问题之前,他不可能休息。不过,我不清楚他是否能在我们知道 RNA 如何参与基因信息转移之前在巴黎获得正确的答案。

我们还为比尔·海斯(Bill Hayes)夫妇举行了一次告别会,他们在德尔布吕克这里待了6个月,即将返回伦敦。我感到很尴尬,因为是我的主意马克斯才邀请比尔来和我一起做大肠杆菌的遗传学实验,于是我们在1953年9月一同到达这里。但是,当弗朗西斯和我发现双螺旋后,比尔所做的工作就让我觉得没劲。两天以后,我的这种罪恶感在我带着奥格尔开始伯克利之行时才消失。作为一名理论科学家,莱斯利并不回避实验室工作,而且让他妻子独处也没什么问题,他妻子艾丽斯(Alice)正在做实习医生。很快,我们就过了蒂洪山口,并改道向西去金城,以避开5号公路上的大卡车。莱斯利一向对周围的事情满不在乎,但这天是个例外。他"幸运地"注意到我的敞篷"雪佛莱"要和一辆货运列车相撞,因为我没有注意到它的运行轨道。

冈瑟·斯滕特的房子在伯克利钱宁道,离学校很近。它和周六晚与乔共进晚餐的地方一样,都是消磨夜间时光的好去处。我们先去了乔的办公室,在那里他向我们展示了一个未完成的双螺旋模型,但他将脱氧核糖的结构搞错了。我指出乔的错误后,他一点都没有不高兴,后来还很自豪地寄给我一张他和看上去合理得多的双螺旋模型的合影。

后来,我向乔提议,请他帮助莱斯利和我成立一个"RNA 领带俱乐部",这才将他的注意力从过多的餐前纸牌游戏中转移出来。俱乐部成员将与他们的领带相统一,并能理解 RNA 在蛋白质合成中所扮演的角

图9.1　摄于加利福尼亚州伯克利（1954年）。左起：作者、因
加·斯滕特（Inga Stent）、奥格尔和冈瑟·斯滕特。

色。吃饭的时候，我们都觉得将俱乐部成员限制在20人才有意义，每
人代表一个氨基酸，不多也不少。乔认为领带、别针和信纸的设计工作
非他莫属。用甜点时，乔就开始画领带草图，我说应该将RNA画成单
链分子。我们都同意"RNA领带俱乐部"是一个小宗派，但不应该是秘
密社团。幸运的话，公共资金将会不断增加，使成员更为团结。显然，
乔、冈瑟、莱斯利以及我、弗朗西斯和里奇都应该是俱乐部创建者。其
他成员有待进一步发展。

　　我已得知夏季乔和我将在鳕鱼岬的伍兹霍尔海洋生物实验室共

图9.2　乔·伽莫夫与DNA模型（1954年春天，伯克利）。

事。乔将住在阿尔伯特·圣捷尔吉（Albert Szent-Györgyi）——一位杰出的匈牙利裔生物化学家的家中，而我将是那里生理学课程的讲师。当时，伍兹霍尔实验室还没有重视基因研究，他们的重点一直是胚胎学和生理学。梅齐亚（Dan Mazia）是伯克利的细胞生理学家，当时负责夏季课程，他对双螺旋非常感兴趣，觉得在导论部分讲讲DNA，将为后续的关于受精卵如何发育成多细胞生物的讨论提供话题。

　　尽管离开了缺乏姑娘的加州理工学院，但夏季访问冷泉港并不是一次短暂的休息。只要迈尔一家去那里，我就有可能遇见克丽斯塔。当然，她更有可能在波士顿附近，因为她家在新罕布什尔州有了农场。即使克丽斯塔到别处，可能伍兹霍尔的社交圈也足够大，希望那里真不是另一个社交荒漠。起初，我原以为马戈特·舒特不会和我那么疏远，她是我去年夏天在轮船上的旅伴，认为我是亨利·詹姆斯式的人物。秋天的时候她给我回过信，但她信中提及的大部分是我们在大西洋上结交的朋友，而且她告诉我她考虑要回英国。我知道我将去华盛顿参加一个美国科学院召开的学术会议，因此我提议会议结束后我到瓦萨学院看她。但直到一个多月后我去了伊利诺伊和东海岸，她都没有回信。

在这段日子里，马里耶特·罗伯逊常和我一起去看电影，免得彼此都寂寞。有一次，我们还去了洛杉矶观赏比阿特丽斯·利利（Beatrice Lillie）的音乐会，但非常枯燥。马里耶特不禁要问我为什么依然对英国的东西这么痴迷。不久，她将离开帕萨迪纳，和父母一起去巴黎。她父亲鲍勃将担任驻欧美军的首席科学顾问。我们始终保持着柏拉图式的友谊，这得归功于她母亲的那条长毛狮子狗——每当马里耶特和我躺在她家起居室的地板上聊天时，一旦靠得太近，它就会扑到我的身上。

飞回芝加哥后，我父母开车送我去位于厄巴纳的伊利诺伊大学。在我获得博士学位后不久，卢里亚就到了这里。他离开布卢明顿对印第安纳大学的科学研究来说是一个巨大的打击。主要是因为他的左倾政治活动，加上教授中保守势力的因素，校方竟没有试图挽留他。在厄巴纳，斯滕特和我加入了去田纳西州斯莫基山加特林堡的团队。由霍兰德组织的一个遗传学会议于4月中旬在加特林堡召开。克里克和德尔布吕克也将出席。我们8个人从厄巴纳开了一辆黑色的灵柩般的大车去开会，这辆车是埃德·伦诺克斯（Ed Lennox）——一位出生于亚特兰大的物理学家，现在也在研究噬菌体——用来接送他一大堆孩子上学的。在向南穿越肯塔基州时，爱德华让卢里亚驾驶。不料卢里亚在转弯时玩起了"俄罗斯轮盘赌"，让我们差点遭遇了一场迎面撞车。卢里亚拒绝坐后排，宣称他从来没出过事。但是我们有预感——在他一生中将只会发生一次事故。

7天的会议没出现什么大的惊喜，但能见到我在欧洲看不到的朋友也是件快乐的事。这次，马克斯和弗朗西斯又有机会争论DNA复制过程中缠绕在一起的双螺旋的两条链是否会分开。会议结束时，弗朗西斯和我坐朋友的车沿地平线大道去弗吉尼亚州，然后乘巴士去华盛顿特区。我们要在一个有关"蛋白质与核酸"的会议开始前先讨论一下，会议是由莱纳斯·鲍林安排的，他将致开幕词。麦卡锡主义的气氛还笼罩着美国科学院，只有宪法大街对面的公共绿地才给人们带来几许葱绿。弗朗西斯在会上谈了双螺旋，我则讲了亚历克斯和我对RNA的了解，并推测它作为一种信息载体分子在DNA及其蛋白质产物之间发挥作用。后来，我上楼去见国家研究理事会的一名工作人员，他同时也是选拔征兵总统评议委员会的成员。令我高兴的是，他告诉我军队不久就将宣布不再征募24岁以上的人入伍。我已经过了26岁，而现行制度还逼我入伍。

当我赶到斯沃思莫尔学院去看克丽斯塔时，生活看样子还没有乱套。随后的两天时间里，我们在树木繁茂的斯沃思莫尔学院中无忧无虑地散步，身边围满了第一波迁徙的刺嘴莺。其余时间我们就听收音机中有关参议院听证会的报道，麦卡锡（Joseph McCarthy）参议员终于碰到了对手——来自波士顿的韦尔奇（Joseph Welch）律师。第二天晚上，我们去费城和一个朋友一起吃晚饭，他以前曾经和我们一起待在冷泉港。那天晚上的话题始终是麦卡锡的倒台，我很高兴克丽斯塔毫不费力地一直参加这严肃的讨论。

在这两天田园般的日子里，克丽斯塔从未倒在我臂弯里，在我即将去纽黑文的那个清晨，我明白我对克丽斯塔的需要超过了她对我的需要。在纽黑文，见到了阿夫林·米奇森，这一年来他在巴尔港研究老鼠相当出色。他的母亲内奥米（Naomi）[诺（Nou）]已经越过大西洋，来将缅因州的生活与她20世纪30年代中期参观过的密西西比河佃农的生活进行比较。同她的兄弟杰克*一样，诺一直都是左派明星。在她飞回苏格兰过新年之前，她还和阿夫林参观了纽约市的社会主义世界，发

---

* 见第5章中的 J. B. S. 霍尔丹。——译者

现其成员过于逃避政治现实。阿夫林的妹妹瓦尔也将离职一个月来访问缅因州，她当时的工作是为《每日镜报》(*The Daily Mirror*)作关于皇室家族的报道。

　　3天时间中，阿夫林和我去了纽黑文的许多地方。我在芝加哥长大，总认为耶鲁的礼貌太女人气。而这次我婶婶带我所到之处，我们都得到了真诚的温暖和美味的食物。阿夫林非常高兴地告诉陌生人，他在巴尔港和一个我在印第安纳大学认识的漂亮女孩一起工作。让我不舒服的是，他透露她可能还是爱我的。但我知道，曾经的迷恋不会再回来。我希望阿夫林以后能告诉她，我的新爱是一个斯沃思莫尔学院的女孩。

10. 帕萨迪纳：1954年5月

　　一回到加州理工学院，我就接受乔治·比德尔的建议，作了6场关于细菌遗传学的讲座。第一场很糟糕。以此为鉴，我考虑后几场即使不能很精彩，也要具有连贯性。我同时也在为到伍兹霍尔的实验室作准备。在那里，学生要做近两年才有的赫尔希–蔡斯实验（Hershey–Chase experiment），以证明是噬菌体的DNA而非蛋白质携带了其遗传信息。我说服了布鲁斯（Victor Bruce）来帮助我。他是曼尼·德尔布吕克的兄弟，由工程师变成了生物学家。他应该知道伍兹霍尔是怎样与冷泉港竞争的。马特·梅塞尔森（Matt Meselson）在莱纳斯·鲍林的指导下完成博士论文后也来了。他也没有结婚，几个星期前曾邀我开车到克莱尔蒙特的斯克里普斯女子学院去寻找未来的女朋友。但我们一无所获，在回加州理工学院的路上谈论的都是科学。

　　春天将至的时候，我看到比德尔坚持要搬进克尔霍夫生物楼，以发现自己能为教授们做些什么。他觉得我不应该再依靠德尔布吕克，而应当自主沉浮。军队一不来找我，比德尔就给我提供了一个生物学高级研究员的位置，可以从7月1日开始工作。这个位置使我每年的津贴从3600美元涨到5000美元。比德尔做这件事得到了马克斯的支持。马克斯从未对我在过去9个月中在加州理工学院的工作表示过不满。几乎没怎么考虑，我就接受了比德尔的聘任，部分原因是多亏他的努力我才摆脱了军队的掌控。但我也知道如果我有一个加利福尼亚女朋友，那么加州理工学院将是一个让我专心从事科学研究的好地方。当我告诉里奇我的决定时，他对我不能和他一起去贝塞斯达感到很失望。然而，他也知道NIH和公共卫生部门都不可能具有加州理工学院那样的学术声望。

比德尔为保持加州理工学院良好公众声誉的努力让我获得了《时尚》(*Vogue*)杂志的采访，他们想将我的照片刊登在8月的那一期上。他们计划用几页版面来介绍一些在美国有杰出成就的青年才俊，我也因发现双螺旋而名列其中。我想宣传的结果只是让美国女孩更希望了解我，而伦敦国王学院的人或剑桥做生化研究的人都不会看美国的《时尚》。事实上，我所知道的看英国版《时尚》的科学家只有克里克，因为奥迪勒会定期购买，给他们的茶几增添一些品位。一个星期以后，一位经常为《时尚》杂志拍照的好莱坞摄影师和威尔逊山天文台一位天文学家的漂亮妻子一道来了。和这位女士聊天给我脸上带来了活泼的笑容，当然他们也得到了所需要的照片。

那时，我正在为亚历克斯和我关于RNA的第二篇文章写初稿。我们的第一篇文章即将刊登在5月22日的《自然》杂志上。现在这篇是准备提交给《美国科学院院报》为上个月华盛顿会议所出的专辑。在我们和德尔布吕克一家去约书亚树国家公园露营的路上，亚历克斯和我讨论了这篇文章的结构。这是里奇一家在回到东海岸之前最后一次去荒漠旅行，因为亚历克斯已经接受了NIH的新工作。为了避免周末塞车，我们星期一才返回。中途在棕榈泉停留时，去了几家时装店寻找游园会时穿的衣服。简试了好几套衣服——当我谈到将在伍兹霍尔附近的鳕鱼岬夏季公寓前的大草坪上举行游园会时，她很难保持平静。

起初我只打算在伍兹霍尔过半个夏天，但现在觉得过整个夏天也挺有意思的。乔治·伽莫夫8月才会来。他在5月末的信中还表示他依然对"RNA领带俱乐部"感兴趣。他觉得每个成员都应该有一个领带别针,上面刻有每个人所代表的氨基酸缩写,如GLU(谷氨酸)或VAL(缬氨酸)(见257页)。显然,在弗朗西斯回英国之前,我必须在伍兹霍尔劝说他加入,这样我们就可以在那儿召开俱乐部首次会议。

由于要离开3个月,我决定将我的公寓转给奥格尔夫妇。在最后一个周末,马里耶特和我沿高速公路开车去了好莱坞。电影开映前,我们在并不浪漫的好莱坞大道上闲逛。后来,我们回到德尔马大街的公寓去收拾行李。说再见的时候我们紧紧拥抱在一起,依依不舍。在地板上,我们差一点就让日后的关系变得很尴尬,但突然都克制住了,因为我们知道彼此需要的是另一个人。

在我开车回帕萨迪纳的路上,我就担心马里耶特即使去了欧洲也达不到彼得·鲍林的要求。他在给我的上一封信中还抱怨他仍在寻找剑桥出名的富有、漂亮又聪明的女孩,尽管他只认识一些符合以上三条标准之一或一条都不符合的女孩。但是如果他想与女孩子相处有所进展的话,那他可就开错车了——他的哥哥小莱纳斯最近给了他一辆1930年的"奔驰"敞篷游览车,足有18英尺长(约5.5米),但大部分是引擎,每加仑汽油开3英里(约5公里),故只能用于某些特定场合,这令彼得成不了剑桥的风云人物。他最近担心的是在"彼得屋"开五月舞会花了那么多钱却没有卖出足够的门票。当然,至少他新添了一个漂亮女孩来为他的汽车增色。

如今,彼得生活中的女孩们让肯德鲁极为头疼。他再次给我写信表达了他作为彼得的博士导师的矛盾心情。个人魅力不能帮助彼得测量肌红蛋白晶体中几个关键X射线反射的绝对强度。这项工作最多只要花1个月的时间,但彼得几乎是在反复抱怨了9个月之后才完成的。给莱纳斯·鲍林的儿子下工作的最后通牒或者干脆让他走人,都是不可能的。每个人都欣赏彼得在上午喝咖啡时那些轻松的玩笑,况且研究组本来人就不多,彼得的离去会让大家都感到难过。而且,肯德鲁更担心这个组不久就要被踢出卡文迪什实验室,因为劳伦斯·布拉格爵士将去伦敦。布拉格已辞去教授职位,去担任皇家研究所所长,他同样出名的父亲*以前就担任过这个职位。新来的卡文迪什教授莫特(Nevill Mott)**的第一个想法就是——想做生物学研究的晶体学家应该另找一个更合适的地方。当然,到目前为止,还没有比卡文迪什实验室更适合的地方。

弗朗西斯和奥迪勒又新添了一个女儿,让我失望的是他们决定给孩子取名为杰奎琳。为了坚定在布鲁克林受阻的观点,弗朗西斯一时热衷于为学术出版社写书,但肯德鲁确信,即使书出版了,在伦敦大学国王学院也买不到。国王学院的结构化学家们再次迁怒于弗朗西斯,因为他们认为这是窃取他们的知识产权。在读了国王学院一篇关于胶原结构的文章后,弗朗西斯认为考恩(Pauline Cowan)犯了个大错误,而且很激动地写信谈了自己新构思的模型的细节。国王学院对此感到极不愉快。怀特斯通教授兰德尔(John Randall)在给弗朗西斯的信中愤怒地写道"你将失去科学同仁的尊敬……"。而威尔金斯冲着肯德鲁发了4个多小时的火。然而,弗朗西斯是否找到了正确答案还不清楚。但对我来说好的方面是,威尔金斯告诉肯德鲁:"和弗朗西斯不同,吉姆***去年因为年轻气盛而被迫离开,但后来证明他并不是那么不能容忍。"

受到这个意外评价的鼓励,我最终决定去伍兹霍尔。我不想再独自驾车,因为奥格尔和简·里奇最后都决定和我一起走,我"利诱"他们说去芝加哥和纽约的汽油费将由我来付。莱斯利想看看芝加哥大学,

---

* 威廉·亨利·布拉格爵士(Sir William Henry Bragg, 1862—1942),与儿子共享1915年诺贝尔物理学奖。——译者

** 莫特为1977年度诺贝尔物理学奖得主。——译者

*** 吉姆为作者名字的昵称。——译者

而简在与亚历克斯一起去NIH之前还想和父母见个面。当我们一行三人沿着科罗拉多大街离开帕萨迪纳时,个个兴高采烈。天还很早,我们就上了高速公路,穿越莫哈韦沙漠向拉斯维加斯驶去。尽管天气十分闷热,但污浊的雾气从此将一去不复返。

11. 伍兹霍尔:1954年6月

　　沙漠的高温让我们一直担心水箱里的水会沸腾起来,直到我们穿过了宰恩和布莱斯峡谷国家公园才算放心。在布莱斯峡谷国家公园,我们下了高速公路,因为我们期望能有一条风光更美的路线。地图上有一条往东北方向的细长红线,莱斯利很想换上这条路,希望那里的原始风貌没有受到人为污染。一路上,多彩的大理石塔尖吸引了旅行的人们。我们毫不费力就到达了一座整洁的摩门教小镇埃斯卡兰特,但过了这个镇就没有好路了。

　　当山路向上延伸穿过一座阴沉沉的松树林时,我们陷入了困境。汽车的平均速度降到了每小时几公里,因为两边不时出现陡峭的悬崖。幸运的是,不停的拐弯使我没有机会向下看。天黑时,让我们感到有所安慰的是,一个小路标显示我们两小时内达到了海拔9200英尺(约2800米),比埃斯卡兰特高大约3000英尺(约900米)。我们乐观地认为最坏的路程已经过去,但后来当我们沿着一条被称为"地狱之脊"的狭窄山路下行时,月光没有了。一路上我们都战战兢兢,就这样提心吊胆地又行驶了两个多小时,终于到达一家牧场式的汽车旅馆。简不想付房钱,她决定就在外面的地上用睡袋过夜。莱斯利和我没她那么勇敢,不情愿地各付了5美元。我们想睡得舒服些,因为不希望明天开车时神志不清。简一点都不后悔她的决定,她睡得很好,以至于一个陌生人将她长而弯曲的睡袋当成了一头睡着的小牛。第二天她很高兴地买了份早餐,随后,我们换了一条对驾驶技术要求不高的路去汉克斯维尔,最终在绿河转上了高速公路。

剩下的山路与我们曾经走过的相比实在是"小儿科"。我们穿过了落基山脉,在天黑前进入了科罗拉多东部平原。穿越堪萨斯时,路边的喷泉让我们兴奋不已,有时像小旋风,但后来可看的风景越来越少,只剩下玉米地了。到达芝加哥后,莱斯利和我们分手,去见化学家马利肯。莱斯利想和他谈谈在莱纳斯·鲍林那里再待一年后,是否可以在芝加哥大学工作一年再回英国。90分钟以后,简和我驶过了南芝加哥和加里的钢铁厂,到达我父母在印第安纳沙丘州立公园旁边的家。我再次听到了霸鹟和红眼绿鹃那熟悉的鸣叫声。我希望能找到阿夫林和瓦尔兄妹,然后去参观印第安纳大学。但他们没时间,而简和我第二天一早就要去纽约了。第二天下午,我送简到她姐姐家中。第三天中午,我到达了伍兹霍尔。

对大多数人来说,伍兹霍尔只是马撒葡萄园岛和楠塔基特岛的渡口。但对科学家来说,这里有建于1888年的海洋生物实验室(MBL)。MBL位于一个通向葡萄园海峡的池塘周围,它以丰富的、可用于研究生理学和发育过程的海洋生物而闻名于世。伍兹霍尔曾经是一个小村庄,但现有人口在夏季激增——许多科学家涌入MBL,还有许多美国富有家庭来此度夏。给人印象特别深刻的是彭赞斯角,在这段狭窄的长约一英里(约1.6公里)的弯弯曲曲的陆地上建有一批木质豪宅,超过了MBL新建的大楼。

只有一位科学家的家在彭赞斯角,他就是匈牙利裔的生物化学家阿尔伯特·圣捷尔吉。乔·伽莫夫8月来就住在他这里。他家被称为"八面风",属于很现代化的房子,位于巴泽兹湾一侧,在半山腰上。阿尔伯特因分离和鉴定了维生素C而获得诺贝尔奖,他曾是匈牙利最著名的科学家,战后还考虑过从政。然而,在1947年匈牙利共产党掌权时,阿尔伯特和全家人出走了。他的政治观点是左倾的,但其自由思想与共产党正统思想不相容。开始他相信只要到了美国就能获得重要的学术地位。但美国大学的模式、他本人的转行以及以前的赞助者洛克菲勒基金会都不能够让他进入传统的学术界。因此,阿尔伯特在MBL建立了一个肌肉研究所,主要容纳从匈牙利逃出来的同事。那时,国立卫生研究院的年度预算迅速增长,这使阿尔伯特获得了大量研究经费资助,也给他提供了可以像名人那样生活的丰厚薪水——有那辆替代了摩托车的白色凯迪拉克为证。

我到伍兹霍尔的当天下午就第一次见到了阿尔伯特的家。在把行李搬入可以俯瞰鳝鱼塘的砖制宿舍后,我在还是半空的自助餐厅里吃了午饭。然后去了旧的主楼——跨世纪的实验楼,那里已讲授了将近半个世纪的生理学课程。其他的讲师都已来了,我被安置在一楼的一间实验室里。由于布鲁斯明天才到,我还有时间来感受彭赞斯角的壮观景色。我说服了一位年轻的动物学家丢下实验室的杂事和我一起去看那些当时还空荡荡的大房子。最大的那座房子属于匹兹堡的梅隆(Mellon)家族,在这座挂着白色百叶窗的房子的大阳台上,我们可以眺望巴泽兹湾。沿着主干道我们来到了"八面风",它的客房靠近岩石海滩,远处还系着一艘游泳用的橡皮艇。

我第一天住在"基德船长"宿舍,那里提供食物,但是大多数人到这里来是为了边喝啤酒,边眺望远处的鳝鱼塘。这里的生物学家并不认为遗传学比生物学的其他分支更为重要。我很快就感到这里缺乏冷泉港那样的知识密集度。但夏天开始的时候,我基本上已经习惯了缓慢的节奏,希望能拓宽自己对生理学基本知识的理解,尤其是与沿神经细胞传递的电信号有关的内容。

然而,没几天我就怀念起过去的生活,我开车两个小时去剑桥看望

图11.1 阿尔伯特·圣捷尔吉和他的摩托车(1957年,伍兹霍尔)。

克丽斯塔,她刚从斯沃思莫尔学院回家,在哈佛打一份暑期工。布鲁斯和妻子南希(Nancy)以及他们一岁的儿子刚从加州来,还没有从旅行的疲倦中恢复过来。在哈佛宏伟的、20世纪30年代初期由红砖砌成的生物学实验室二楼,我看见克丽斯塔正帮着做果蝇实验。新来的助理教授莱文(Paul Levine)希望凭此可以获得终身教授职位。和大多数暑期工一样,克丽斯塔对此没什么热情,我们都觉得不需要抓紧干。就在她刚说想到伍兹霍尔过周末时,下班时间到了。我们决定去保罗·多蒂(Paul Doty)在附近的化学实验室,便迅速下了楼,不到两分钟时间,我们就将对生物系的厌倦变成了对化学系的赞赏。

尽管多蒂的实验室也在19世纪建造的吉布斯大楼中,但与那些散发着20世纪30年代霉味的生物学实验室相比要现代化许多。多蒂热心地向我们展示了在A-T和G-C碱基对之间的氢键被切断时双螺旋可以分成完整而独立的单链。这位自信的保罗,当时只有34岁,已是终身教授了。他来哈佛已有6年时间,以前在圣母大学教聚合体化学。对保罗来说到这里来非常有利,因为哈佛的化学系在全美无可比拟。年复一年,他招收的研究生都非常优秀,事实证明尤其是黑尔佳·伯德克(Helga Boedtker)最为重要。保罗离婚后和她结了婚。他们住在一座20世纪20年代的公寓顶楼,保罗带我们去那里吃午餐三明治。我们认为哈佛及其化学系充满了明星,并不亚于莱纳斯·鲍林这种教皇般的人物。相反,我认为哈佛的生物系在过去的日子里举步维艰,除了少数几个杰出教授如恩斯特·迈尔和沃尔德(George Wald)外,全都是碌碌无为之辈。但保罗认为邦迪(McGeorge Bundy)这位年轻的文理学院院长非常睿智,不会让哈佛的生物学走上末路。

当我驾车返回鳕鱼岬时,哈佛在我的脑海中依然很宏大。如果在那里做教授的话,不仅可以有共同研究DNA的化学系同事,而且有机会在克丽斯塔身边。即使没有她,哈佛校园里的女孩子也让我眼花缭乱。随着这一念头逐渐消失,5天后我去了波士顿,再次拜访李·韦克菲尔德,并了解她以及她在瓦萨学院的室友马戈特·舒特毕业后的打算。但她们都不愿意在波士顿附近度夏。李也不愿意去她母亲在伍兹霍尔附近的瑙松岛上的家,因为她已选择暑假到怀俄明去体验野外生活。看来,我暑假的乐趣只能到科学世界中去获得了。

12. 伍兹霍尔：1954年7月

最初，伍兹霍尔的生理学课程占据了我的所有时间——上午是讲座，下午则要做实验。哈佛的沃尔德作了最为精彩的报告，内容是视觉化学。除了他后来无所顾忌地在家里给我们讲笑话外，完全看不出他出生于布鲁克林。相反，更为温文尔雅的库夫勒(Steve Kuffler)所作的关于神经细胞的报告中几乎没有掀起什么大的高潮。我也不好意思对他们说我依然不知道电信号是怎样沿神经纤维传递的。后来，阿尔伯特·圣捷尔吉作了近乎戏剧性的表演，他不知道肌肉蛋白如何工作，以为是魔法分子阻止癌细胞的分裂，这是一个真正的笑话。然而，阿尔伯特实验室的人都知道他的热情常常超过其真实水平，而且目前也没有像变戏法似的找到解决方法。另一个极端是劳弗(Max Lauffer)关于携氧蛋白的冗长演讲。他的下午实验也同样沉闷。结果有一次，我们几个人带着做实验用的龙虾偷偷溜走了。

我们这些闹剧受到阿尔伯特一个远房堂弟安德鲁·圣捷尔吉(Andrew Szent-Györgyi)和他"超级"迷人的妻子伊夫(Eve)的鼓励。和阿尔伯特一样，他们也是在苏联接管匈牙利时逃出来的，现在都在阿尔伯特手下工作。作为伍兹霍尔的常年住户，他们让我知道了不少当地琐闻以及和几对烦人的已婚夫妇一起吃饭时会听到的事。这里还有一条常规——最迷人的女孩总是选无脊椎动物学课程，因为它比生理学更强调解剖和绘图。

从有利的方面看，那些选我的噬菌体课程的学生知道如何做实验并获得正确的答案——是噬菌体的DNA而非蛋白质携带了遗传特性。先前，我曾感到被人拒绝的滋味。当时斯塔尔（Frank Stahl）正以噬菌体作为他在罗切斯特大学的博士课题，但他没选择到我的实验室来，因为他不想再浪费时间重复他已经精通的技术。然而，他选择的实验室并不能使他产生灵感。大多数的傍晚，他都坐在老主楼前喝杜松子马提尼酒。他经常和马特·梅塞尔森在一起。马特刚从加州理工学院过来，第一次将非基因主导的生物学作为研究方向。

在我的建议下，马特带来一些RNA做滴定实验，目的是显示RNA的碱基是否由氢键牢固地结合。然而，并不需要很多个下午来做这个实验。马特用这个暑假的大部分时间来讨论他在莱纳斯·鲍林指导下完成博士学位后该做些什么。他可能的方向是设法将新生的DNA链与其母链模板区分开来。理论上，它们可以根据超速离心时的不同沉降速率来加以区分，其中母链和子链分别用稳定的碳同位素和氮同位素来标记。然而，它们之间的差别太小了，只有依靠非常灵敏的超速离心机才能得出明确的结果。因此，我建议马特考虑去瑞典做博士后，那里的超速离心机非常先进，而且据说那里的女子都没有性障碍。

课程开始以后，教师和他们的妻子都被邀请在周五晚餐后去主任家，品尝不含酒精的潘趣酒和甜点。这个场合比我所担心的还要隆重，我很快就离开了，去找布鲁斯一家，看看南希邀请我周六和他们去诺伯斯加海滩的大房子午餐是不是真的。他们受到南希在瓦萨学院的朋友母亲的邀请。这次午餐真有点像班级活动，人们多是礼节性地寒暄。女主人的孩子还没有回来过暑假，而聚会结束得比我希望的要早许多——我知道老主楼的实验室空无一人，而我还要消磨6个小时才能参加在德威尔斯道的特林考斯（J. P. Trinkaus）家的晚会。众所周知，特林考斯是实验室的胚胎学家,而且他似乎也认识每个人。没人会抱怨在他家畅饮啤酒时有些沉闷或者那些参加的夫妻总是同进同出。但那晚在逗留了很长时间以后,我意识到参加特林考斯家的聚会得不到什么。

工作日的时候,我们中的大部分人都努力表现出在伍兹霍尔主要是从事科学研究的样子。但是,我让一些前辈感到很不高兴,因为我在作讲座时穿不系鞋带的网球鞋,不管白天还是晚上总戴一顶软帽。我的玩具水枪也被认为不合时宜,尽管我一般只是将它对准一个从南方来的漂亮女孩,她做无脊椎动物学实验时太严肃了。但我觉得没必要在穿着或行为上表现得与以往在冷泉港有什么不同,因为装腔作势总是适得其反。

进入7月后,我越来越亲近那几位对遗传学感兴趣的访问学者,特别是鲍里斯·埃弗吕西(前年《自然》杂志上恶作剧的合作者)以及刚从巴黎来的哈丽特·泰勒(Harriet Taylor)。后来他们都去了哈佛大学,鲍里斯在秋季学期成为哈佛的访问教授。我们也常常与纽约来的遗传学家鲁思·塞杰(Ruth Sager)夫妇一起吃饭,她丈夫梅尔曼(Seymour Melman)是哥伦比亚大学的经济学家,似乎对妻子一被人称为"梅尔曼夫人"就发火也无可奈何。鲁思当时在洛克菲勒研究所,她也曾在哥伦比亚大学工作过,她对有争议的德国科学家默乌斯(Franz Moewus)颇有看法。默乌斯在海德堡的工作长期以来被人怀疑有造假之嫌。据称他和他妻子证明了单胞藻(*Chlamydomonas*)中基因是如何控制酶的合成的。为了证实默乌斯的清白,瑞安(Francis Ryan)让他在哥伦比亚大学重复某些关键的实验。现在,默乌斯和他妻子都参与了伍兹霍尔的植物学课程,而评判仍在进行之中。

除了给父母写过一封短信之外,在伍兹霍尔我就几乎没有动过笔,到7月中旬按道理也收不到什么信。但让我感到意外的是,我收到一封从帕萨迪纳转来的正式邀请信,是尊敬的詹姆斯·格里菲思先生及夫人邀请我参加一个婚礼。他们的女儿希拉几天后将在伦敦嫁给普赖斯——她在罗马的最后几天中结识的年轻历史学家。尽管从1952年夏天在意大利阿尔卑斯山和希拉见面之后,我已经很久没有想过她了,但这个邀请对我来说仍是一个打击。

下午的时候,马特·梅塞尔森和我经常跑到一个延伸到奎斯塞特港的大花园中,花园主人允许陌生人进入。两个夏季别墅的女招待经常和我们一起去那里,一个有着长长的金发,另一个则稍稍丰满。她们追求的生活方式是马特和我所不能给予的。我们并非无所事事,尤其是有时还要参加晚上的讨论。两英里(约3公里)外的法尔茅斯有一家汽车电影院,但我始终无法说服隔壁实验室上无脊椎动物学课程的那位娇小的金发美女和我一起去。因此,我只好自我安慰地认为自己的社交方式需要改进。乔治·伽莫夫快来了,弗朗西斯·克里克在布鲁克林的工作也即将结束,他在回英国之前还可以在这里过完8月。而克丽斯塔·迈尔将在7月的最后一个周末到达伍兹霍尔。

在克丽斯塔从波士顿坐巴士到来之前,我很担心她在哈佛工作时可能已经找了一位暑期男友,但她最近确认她要来玩时的热情让我知道还没有新人真正进入她的生活。星期六晚上我为她找了一个空闲的宿舍,她坐巴士一到,我就去接她。从那里,我们又走到了小圣捷尔吉的房子,因为我想让安德鲁和伊夫见见她。很快,克丽斯塔就加入了我们的一个恶作剧。这个玩笑将标志着伍兹霍尔夏天最快乐日子的来临。随着弗朗西斯和乔的到来,也该举行一场大型的夏季晚会了。为了让它有点特色,我们突然想到向伍兹霍尔所有的人发假的邀请函,即以乔本人的名义,邀请大家到圣捷尔吉家的别墅举行一个"威士忌–摇摆舞"RNA晚会以庆祝他的到来。阿尔伯特的妻子玛尔塔(Marta)不会欢迎要来的"乌合之众",但如果乔最终能接受我们的玩笑,她也很难阻止。玛尔塔的风格属于匈牙利女伯爵类型,在阿尔伯特主持的为一位年轻的匈牙利同事举行的烧烤野餐会上,我已经领教过她的无礼。我留给她的印象不会再坏了,所以我一点都不害怕以后被发现是这个恶作剧的始作俑者。

当克丽斯塔和我结束了在特林考斯家每周一次的啤酒和杜松子酒狂欢之后,我感觉真的非常需要一场聚会。让我烦恼的是,克丽斯塔对那里的一张新面孔很注意,而我当时正与他人交谈甚欢。不过,第二天当我们坐独木舟穿过霍尔去诺纳梅塞特岛时,我发现她又专注于我一个人了。诺纳梅塞特是伍兹霍尔附近伊丽莎白群岛中最近的一个岛屿,很快我们就穿过一片放羊的牧场,朝向连接瑙松岛的窄桥前进。瑙松岛是众多岛屿中最大的一个,建造了许多福布斯家族的夏季别墅。诺纳梅塞特岛现在成了绵羊的乐土,它们身上的虱子使我们不得不扯拽泳衣以遮住光腿。过了小桥,我们继续走向僻静的港口,途中经过卡梅伦·福布斯(Cameron Forbes)的多层木质宅第。卡梅伦是一位90岁的家族族长,多年前曾是菲律宾政府的将军。瑙松岛及所属地区不允许开车,人们以马和马车作为交通工具。尽管是擅自进入别人的领地,但我们相信没有人会介意,所以我们毫不犹豫地向路过的马车挥手致意,就像带着福布斯们赴各家的星期日午餐。

克丽斯塔回到剑桥后,我和哈佛的行为生物学家唐·格里芬(Don Griffin)一起去缅因州海岸附近一个荒岛上采集燕鸥。唐是生物系新聘任的教授,在知道我曾经想成为一名鸟类学家后邀我同行。燕鸥在佩戴环志并被带回100英里(约160公里)左右的内陆后再放飞,看它们是否能很快回到自己的家。我们要开很远的路去了解它们自己飞回缅因州燕鸥岛的概率。重要的是,我认为唐可能已经开始考虑我作为哈佛教授的未来人选了。

3天以后,当我返回伍兹霍尔时,周末出发的时间也到了。这时,我收到悉尼·布伦纳的一封信,说他不久将来伍兹霍尔访问。他离开牛津到冷泉港的德梅雷茨实验室已经做了两个月的实验,并学习细菌遗传学课程。他的妻子梅和他们的儿子乔纳森还在英国,主要是因为她厌恶美国的政治环境,而且悉尼作为研究生的津贴也不能携家眷同行。

弗朗西斯·克里克已经来了。由于住处不好找,他们就在夏季长住居民利特尔(Little)家租了一个小房间。利特尔家有7个孩子,人称"小利特尔"*。两天以后,乔和妻子罗以及他们稚气未脱的儿子伊戈尔(Igor)一起到来。星期六一大早,在安德鲁和伊夫的帮助下,我秘密油印了100多份参加乔的聚会的请柬(见258页)。星期天的午夜,我把这些请柬投入了伍兹霍尔各位科学家的家庭邮箱中。48小时以后,真正的好戏就要上演了。

---

* 利特尔的英文 Little 与小(little)是一样的。——译者

13. 伍兹霍尔：1954年8月

　　起初从"八面风"发出的请柬引发的喧闹,慢慢变成了寻找戏弄伍兹霍尔居民的罪魁祸首。弗朗西斯很兴奋地问我是否也被邀请,他期待着伽莫夫发起的狂欢之夜。沃尔德则很生气,他在"基德船长"宿舍前拦住我,质询当时的传言(很快就证明是事实)——伽莫夫否认了任何以他名义的邀请。尽管沃尔德没有直接指明我就是恶作剧者之一,但他的责难意味着我可能要考虑去另一所学校而不是哈佛。更严厉的责备来自年长的古特纳赫(Guternach)家,他们保留着前纳粹德国的传统,坚定地认为学生绝不应当同学术前辈开玩笑。

　　就在这时,罗·伽莫夫告诉每个人,她知道乔是这场恶作剧的同谋。在20多年的共同生活中,乔没有比参与恶作剧更开心的了。但是,我知道我仍处在被揪出的危险之中,所以穿好衣服,通过"基德船长"宿舍的一位常客(此人坚持认为DNA不是生物学的唯一方面)帮助,逃到鳝鱼塘那边去了。但我很快就脱离了困境——乔宣布大型晚会即将举行,欢迎所有收到假请柬的人前来参加。

　　我们这些了解乔的人都沉浸在聚会即将举行的氛围中,来回奔忙于"八面风"别墅和"基德船长"宿舍之间。乔知道他的打油诗和纸牌把戏又有新观众了。更可怕的是乔准备的饮料,他决定在高脚杯中倒满威士忌。只要可能,我打算自带饮料,免得到时候不得不溜到外面倒空酒杯。在此之前,悉尼·布伦纳已写来便函,他考虑中断冷泉港的工作,来这里见见弗朗西斯及乔。

离真正的聚会还有一周时间,弗朗西斯、悉尼和我每天都与乔一起在别墅临水的起居室里深入讨论乔的遗传密码。我缺乏数学头脑,这就意味着我在讨论中常常无法判断是支持还是反对乔的"钻石密码",或者另一个由乔及其密友、原子物理学家特勒一起策划的方案。我们非常需要大量新近测序的蛋白质中氨基酸相互关系的数据。我们有桑格(Fred Sanger)最近在剑桥完成的胰岛素序列以及多肽促肾上腺皮质激素(ACTH)序列。仅仅根据手边的数据,"钻石密码"理论看上去就很有风险,还不考虑说明氨基酸如何被碱基对三联体识别时所用的不合理的立体化学假设。

第三天下午讨论结束后,圣捷尔吉邀请我们在"八面风"喝点东西。我不得不面对玛尔塔沉默的怒气,因为有一群人将在一周以后骚扰她的领地。他们上大学的女儿厄休拉(Ursula)同样冷淡,让我恼火的是她只对弗朗西斯一个人微笑。我试图平息玛尔塔的怒火,但都是白费劲。第二天早晨,她往我的信箱里放了一个装满沙土的小信封,附上的纸条中请我将信封里的东西放到适当的地方。一定是我的金色网球鞋惹火了她,这双鞋曾在遭窃几天后再度出现,不过上面满是斑斑点点,她一定认为它们是弄脏她起居室地毯的沙土来源。

第五天之后,密码子会议变得有些动摇,因为我们都痛苦地明白如果没有更多的氨基酸序列数据,就不可能再进行更深入的讨论。不过,乔的士气依然高涨,他尤感骄傲的是别墅门外他所组装的双螺旋积木模型。它的底座用的是我的金色网球鞋,顶部则是我的软帽。那时,布伦纳已经离开,他要回冷泉港作星期五晚上的讲座,内容与他夏天分离出来的突变细菌有关。弗朗西斯来"八面风"倒是更频繁了,下午他骑着向一个"小利特尔"借来的女式自行车来这里,在别墅外面陪厄休拉游泳。

星期天,弗朗西斯和我应邀去多萝西·林奇(Dorothy Wrinch)在草莓道的夏季住所吃午饭。她是一位令人敬畏的英国数学家,当时在马萨诸塞北安普敦的史密斯学院。20世纪30年代后期,多萝西因为她的"cyclol"蛋白质模型而名声不佳。模型假设了一个互锁的笼状结构,这与当时人们普遍接受的模型——折叠的线性多肽链通过氢键和范德华力结合在一起——相对立。莱纳斯·鲍林认为cyclol模型是荒谬的,违反了化学规则。然而,几年后cyclol模型依然存在,因为多萝西有一个支持者,即通用电器公司的著名物理学家朗缪尔(Irving Langmuir)*。但现在,cyclol已经消亡,鲍林的α螺旋结构获胜,多萝西已经变得不再好斗,而是更风趣了。

多萝西的午餐会客人中大部分面孔都是在MBL熟悉的,只有一张光彩照人的面庞除外——埃伦(Ellen),一个迷人的、碧眼红发、二十出头的姑娘,我以前曾在法尔茅斯夏季剧场的票房里见过她。不一会儿,我们就开始交流彼此的情况,以及弗朗西斯、乔·伽莫夫和我是如何研究基因怎样为氨基酸装配成蛋白质提供信息的。很快,弗朗西斯就发现我就是那个伪造请柬的坏家伙,但那将成为一场夏季盛会,特别是如果我们新认识的这个红发美女能去一展芳容的话。当她毫不犹豫地接受弗朗西斯的邀请时,我不再担心8月12日的晚会是否会成功。尽管埃伦的左手戴着一个雅致的婚戒,但她没有说明不是独自前往。

直到最后一刻,我们都不清楚阿尔伯特和玛尔塔是否会抵制这个晚会而不从"八面风"到水边别墅来。乔和我决定分担费用——乔提供烈酒,我负责啤酒。所有的饮料都是在渡口终点附近的酒水商店里买的。事实上,被邀请的人除古特纳赫一家外都来了。沃尔德夫妇准时出席,塞杰也是,她曾假意邀请我参加"梅尔曼先生及夫人"的聚会而给

* 朗缪尔为1932年度诺贝尔化学奖得主。——译者

我吃过苦头。她和丈夫陪着埃弗吕西一起准点到达,刚好阿尔伯特和玛尔塔进来并与罗聊天。很快,大量的威士忌倒入了无数的高脚杯中,乔以主人的身份将它们分给所有的来宾。不一会儿,别墅内100多人发出的噪声让人无法进行交谈,因此许多人移到了别墅和水边岩石之间的草地上。在玛尔塔进来之后,我很快就出来了——我担心和她聊得时间太长,会使我被迫为她地毯上的沙土道歉。我也急于寻找我们的票房美女,她答应在晚会开始的时候来。

令人高兴的是,没等多久埃伦就从停在圣捷尔吉家墙外密密麻麻的汽车中走过来了。即使天色已暗,她看上去仍是个美女,马上就能引人注目。但如果不立刻打招呼,她可能会觉得在MBL世界中不受欢迎——长久没有接触美女的我似乎已经麻木了,我担心不能自如地眉目传情。我赶紧将一杯威士忌加可乐递到她的手中,并且耀武扬威地将她带到安德鲁和伊夫面前,表示除了克丽斯塔我还有别的女郎呢。瞥了弗朗西斯一眼我就放心了,他不会立刻过来主动搭讪。他愉快的笑容首先给了共事的科学家们,然后转向厄休拉,她和她母亲已一起进来了。

起初,厄休拉和伊戈尔·伽莫夫的谈话还是平淡的女孩子式的内容,然后就转到了芭蕾舞明星。在伽莫夫一家到来之前,阿尔伯特和玛尔塔曾希望伊戈尔的出现可以使厄休拉回到现实,让她和继父的同事在一起时不要再表现得似乎生活毫无意义。但是,伊戈尔的芭蕾漫谈开始5分钟之后,厄休拉就对此兴致索然。幸亏,她现在正羞涩地与弗朗西斯说笑。弗朗西斯知道好的聚会只是为了娱乐,而不是女性教育。

厄休拉曾以为她母亲在这种场合不会停留超过30分钟,但现在让她吃惊而后又有些恼火的是,玛尔塔已经愉快地和别人聊天超过1小时。后来交谈中的喧嚣中出现短暂的安静,使玛尔塔怀疑夜晚最美好的时光已经过去。对她来说,在周围还没有人注意之前宣布离开是最合适的。很快她就拉上阿尔伯特——总是在愉快地谈论着在"中间地带"钓鱼或者每天环绕彭赞斯角游泳——还有厄休拉,她知道这不是宣布她不依赖母亲的合适场合。

在和厄休拉交谈时,弗朗西斯喝了太多的烈性威士忌,现在他已有点神志不清,说话能力也已经开始衰退。他蹒跚地走到埃伦和我这里。此前,伊戈尔已加入我们的交谈中,他所炫耀的芭蕾舞在漂亮姑娘面前决不会没有意义。伊戈尔不需要任何酒精就很有活力,当他谈及他已成为著名的苏联芭蕾舞演员和编舞福金(Michel Fokine)之子开办的芭蕾舞班的学生时,他那俄罗斯式的长发落到了埃伦的脸上。伊戈尔打趣地说,他担心遗传会使他继承父亲的舞蹈才能以及母亲(曾经在圣彼得堡受过芭蕾舞训练)当二流物理学家的天赋。和他父亲一样,伊戈尔喜欢享受好时光。但现在,别墅已不再是这样的地方——啤酒和威士忌都喝完了,那些还想喝的人都赶在"基德船长"关门前去了那里。

意识到我可能不必让我的美人儿回到她自己沉闷的车里,我赶紧将沉醉未醒的弗朗西斯送上一辆车让他回"小利特尔"家。伊戈尔、埃伦和我迅速清理了散落在别墅各个角落里的塑料杯子和啤酒瓶。工作完成后,伊戈尔又自告奋勇地帮助安德鲁和伊夫整理依旧混乱的别墅。半醉的埃伦和我在外面手拉手散步,一直走到彭赞斯角尽头的一座大房子那里。坐在沙滩的尽头,我们看着潮水涨过洞穴。她谈起她在波士顿的丈夫。她说他们相处得不算很好,她到法尔茅斯度假为的是理清思路,不考虑现存的婚姻,而是享受轻松的生活。

为了让这晚过得有趣,我们去了"八面风"隔壁一间无人的木屋,从后面厨房一扇未锁上的窗户进入其中。房子的主人因为税务原因并未将它租出去,而是用来存放法尔茅斯另一座夏季别墅中多余的家具。我曾经在黎明前爬进来过几次。今晚,厨房的窗户依然没锁。埃伦也毫不犹豫地爬了进来。我提醒她不要弄乱厨房里的器具,以免主人觉得他们的房子不安全。在楼下朝向水面的大窗子前我们无需担心,但在楼上我们手牵手走过一间间卧室时得小心观察。当我们再次舒服地坐在楼下沙发上的时候,我们从牵手变成了拥抱。

遗憾的是,我的酒劲过去了,我觉得漂亮而且自愿的埃伦似乎是一笔不可置信的财富,然而现在离我开车去迈尔家在新罕布什尔的农场还有不到10个小时的时间。我身体上短暂的犹豫让埃伦有时间表示她的担心,害怕我们将会走向一条不归路。反过来,我也尴尬地表明我长期以来想娶一位哈佛教授女儿的打算。我们收拾了沙发坐垫,又从厨房的窗户爬了出去,在天将破晓之前回到了她的车里。她走了,可能再也无法挽回——我拒绝了一块唾手可得但可能永远都不属于我的美玉。

14. 伍兹霍尔、新罕布什尔和马萨诸塞的剑桥：1954年8月

当我醒来的时候，已经是星期五上午了，半空的生理学实验室表明我不是唯一睡过头的人，工作的人也不怎么认真。我觉得昨晚空前成功地将不可能在一起的人聚到了一起。喝完咖啡，伊夫再次告诉我这是她在匈牙利做学生以来参加过的最好的聚会，而且她认为沃尔德没有理由反对我去哈佛任教。

在从伍兹霍尔开车去新罕布什尔的路上，我满脑子想的都是如果我的学术道路受阻，或许可以凭我的才智成为一名经纪人。在哈佛停留并与多蒂夫妇共进午餐后，我开车去了迈尔家的农场。在那里，我发现恩斯特和格蕾特尔很高兴他们有这样的好运而拥有一片度假的田园，宁静的夏日更有助于恩斯特今后写作进化方面的论著。然而首先根据巴伐利亚传统，他们认为农场要打扫得干净整洁。按恩斯特的想法，农舍要漆成红色。我一到就提出要帮忙。恩斯特笑着坚决拒绝了，但他告诉我明天可以漆一整天。随后，克丽斯塔和妹妹祖西带我参观了周围大片的林地和一个小池塘，此前他们已经提醒过我要带一套游泳衣来。

晚饭后，我们开玩笑说看恩斯特是否有足够的权力让我进哈佛。那一晚我睡得很好，感觉克丽斯塔似乎和她的父母一样希望我成为他们社交圈中的一员。第二天，我一直都在为房子刷油漆，直到下午的时

候才以看鸟为借口，和克丽斯塔直奔附近的一座小山。也仅是第二天我们才在池塘中游泳。池塘太小了，我们踩水的时候身体很自然就碰到了一起。不久，恩斯特和格雷特尔也过来聊天。

然后我们都离开农场，去了剑桥。两个小时以后，我就从剑桥回到了伍兹霍尔。乔·伽莫夫还要在这里停几天，但他的风光已经过去。现在所有人的注意力都集中在德国遗传学家默乌斯身上——他最终被认定为伪造实验结果。最早对默乌斯提出反对意见是在15年前，当时阿夫林·米奇森的舅舅J. B. S.霍尔丹发表了一篇短文，指出默乌斯的实验结果没有反映孟德尔型遗传杂交中预期的随机变异。默乌斯反驳说他在发表论文时下意识地选择了那些与孟德尔期望值最接近的数据。还有一个疑问是论文涉及的实验量似乎远远超过了一位科学家和他妻子所能付出的最大科研时间。另一方面，如果正确的话，默乌斯对这种绿藻——单胞藻——的基本性行为（underlying sexuality）的分子遗传学研究，将居于已完成的重大遗传学成就之列。

检查是否可能造假的最直接方法就是让一位独立调查人去重复实验。这就是为什么要求默乌斯来MBL帮助讲授植物学课程的原因。在这种情况下，其他人可以得到他的单胞藻品系以便重复那些关键性实验。但是一旦出现故障，默乌斯就责怪他的同事不会正确培养他的藻类细胞。然后，默乌斯亲自在几个MBL观察员面前做了一个关键性实验。后来，观察员们认为他使用了氰化物来固定关键细胞。此外，默乌斯在享有盛名的星期五晚讲座时间也反复说结果不可重复。

最希望弄清默乌斯诚实度的是特蕾西·索恩本，她从20世纪40年代中期就开始支持默乌斯的工作。一个星期以前，特蕾西已从印第安纳来到这里，在和我、塞杰以及埃弗吕西夫妇共进午餐时情绪低落。在我们眼中，默乌斯已经无可挽回地失去了证明自己清白的最后机会。特蕾西只是奇怪自己怎么会受蒙蔽这么久，甚至在默乌斯身边的德国同事丧失对他的信任并且眼看着他在海德堡的学术地位丧失也有很多年了。他们感受尤为强烈的是，一位德国科学家在默乌斯的周五讲座结束后站出来坦率地说，那些了解默乌斯的德国科学家都不会相信他所报告的结果。

我原本也有理由对上述结论感到失落，因为5年前我曾写了一篇有关默乌斯观点重要性的学期论文交给特蕾西。但相反，我正陶醉于自己在8月《时尚》杂志上的露面。我和理查德·伯顿（Richard Burton）*登在同一页上，被形容为具有"英国诗人般茫然的表情"。克里克重提我以前厌恶宣传的态度，但他看上去并不是很生气。毕竟，他在英国的朋友们都不会看到这份杂志。然而，巴尔港的人们很快注意到了，我在印第安纳大学最后一年的女朋友利用这个机会给我写信，她刚嫁给一位银行家并搬到新罕布什尔的一个小镇。信中热情的语气让我感觉非常之好，因为我曾为从她生活中离开的那种尴尬方式而难堪。

随着MBL的夏季访问学者陆续回去，我也开始盼望着8月底在冷泉港召开的噬菌体会议。弗朗西斯和我一起去，因为在这种场合他可能会发现如何用噬菌体来探讨DNA功能。会议的热点是悉尼·布伦纳——他代表正在阿姆斯特丹而不能到会的西摩·本泽（Seymour Ben-zer）发言。西摩用来定位噬菌体突变的遗传学技术具有很高的分辨率。会后，弗朗西斯去北方参加关于核酸和蛋白质的戈登年会。我没有被邀请，但我并不介意，因为我急于回到迈尔家的农场。现在，克丽斯塔的暑期工作已经结束，她在劳工节**前将在农场住一个星期。

悉尼和我一起去新罕布什尔。我们在纽黑文停了一会，我婶婶贝蒂招待我们吃了早饭，然后我们去剑桥。埃弗吕西给了我们一把钥匙，

* 美国影星，在百老汇上演的《卡米洛特》和《哈姆雷特》中一举成名。伯顿一生共获6次奥斯卡奖提名。——译者
** 美国劳工节为每年9月的第一个星期一。——译者

图 14.1　"一个具有英国诗人般茫然表情的科学家"——
1954年8月《时尚》杂志刊登的作者照片，时年26岁。

可以进入位于特里布里奇大街的一间公寓，这里正在翻修，以备他到哈佛时之用。我们发现房子有些摇晃，但还是准备在明天清晨工人们进来之前好好睡一觉。清晨，暴雨从天而降，飓风"卡洛尔"来临了。我们从未经历过这些，冒险走进风雨中想找一个咖啡店吃早餐。随后，我开车绕过了倒下的树枝以及连根拔起的大树。多蒂的实验室也断了电，不能做任何实验，我们只能讨论科学问题等待暴风雨停止。下午的时候风不再那么猛烈，我们开车沿着交通顺畅的公路驶向迈尔家的农场。

　　第二天，为了让克丽斯塔再次见到弗朗西斯，我们驱车北行了大约60英里（约100公里），到达新罕布什尔学校，戈登会议就在那里举行。在经过新波士顿小镇时，我们去了引力研究基金会——源于富有的投资顾问罗杰·巴布森（Roger Babson）的一个奇怪想法。罗杰因为预言了1929年的股票狂跌而出名。在基金会19世纪式的办公室里，我们了解到巴布森对引力的困惑来自他童年时大姐因游泳溺水而死的经历。他现在希望能用自己的财富找到将人类与有害引力隔绝的方法,并且每年用1000美元来奖励最优秀的1500字论文,只要内容与减少引力强度有关即可。他的愿望违背了每一个严肃的物理学家对自然引力的认识,但他并不在乎,甚至他选择新波士顿镇作为基金会所在地也是以防万一有原子弹在他位于波士顿的巴布森经济研究所爆炸,这里也不至于被毁。

当我们读到那些标题稀奇古怪的小册子——诸如《静脉曲张与引力》(Varicose Veins and Gravity)和《汽车运输成本与引力》(Trucking Costs and Gravity)——时,都忍不住笑出声来。我们到达新罕布什尔的时候依然很兴奋。我们听弗朗西斯讲,许多化学家因为在没有他们参与的情况下发现双螺旋而感到不快。事实上,在弗朗西斯背后确有一些公然讥讽他的人通过施压来审查他。相反,克丽斯塔被弗朗西斯健谈的魅力所吸引,并在我们回去吃晚餐时告诉了她的父母。

在农场吃完晚饭,我发现克丽斯塔并不急于睡觉。我们在他们房子旁边的乡间小路上来回走了很久之后,开始在她房间外黑暗的墙角处接吻。当她回到房间后,我才回过神来,很快就进入了梦乡。第二天,我们又变成安静的一对。她接受了我的邀请,将在下个周末去伍兹霍尔,因为在库纳奈塞特附近有一个音乐节。

她在旅途中所见到的鳕鱼岬已经与她在仲夏时节见到的大不相同——所有的草都因飓风"卡洛尔"所带盐分的袭击而枯死了。大量翻倒的小艇被丢弃在彭赞斯角的内港。MBL的所有超速离心机都不能用了,因为几英尺高的海水从鳝角塘倒灌到地下室。祸不单行的是,MBL将遭遇一场新的飓风,可能明天就要登陆伍兹霍尔。在安德鲁和伊夫家别墅吃晚餐时,我一直想着这场飓风,因为克丽斯塔要在这里度过两个晚上。"卡洛尔"袭击之后的别墅刚刚恢复原状,他们不希望再遭水淹。那天晚上,我发现克丽斯塔与她在农场最后一晚的激情相比有些

退缩。第二天,只有狂风,没有雨水。而格鲁克(Gluck)的歌剧真是无
与伦比。星期天下午,克丽斯塔又变得无拘无束,她满怀激情地欣赏德
沃夏克(Dvoák)的钢琴五重奏——它将音乐节推向了顶峰。

　　第二天回剑桥的时候,悉尼·布伦纳从纽黑文来与我们同行。他在
纽黑文与他在航行时结识的朋友过了一个星期。在剑桥,迈尔一家向
我们挥手告别,目送我们向西海岸出发,悉尼将到西海岸访问一个月,
然后回英国,再回南非家中。临行前,我不可能与克丽斯塔吻别,因而
当我从车窗向她投去最后的目光时,心中涌上一种空荡荡的感觉。

15. 北印第安纳和帕萨迪纳:1954年9月

1954年8月底,当悉尼·布伦纳和我驾车飞速穿越北俄亥俄平原驶向印第安纳时,我愈发思念我的父母。母亲去年就开始为外婆的健康担忧。外婆已经93岁,确实已经衰老了,但母亲愈发觉得无法应付她时而发作的狂躁,因而外婆住在离家一小时车程的疗养院里已有将近一年的时间。当我得知外婆刚刚去世并将于第二天安葬时,感到一丝解脱。频繁地去疗养院探望已使我的父母精疲力竭,而且一年来的花费也使他们入不敷出。幸好我的薪水自己只用了一部分,能够承担丧葬费用。

第二天从墓地回来后,在父母家里,我和格利森(Gleason)家族的亲戚一起回忆外婆。他们住在密执安城,靠近迈克尔·格利森(Michael Gleason)经营的农场,迈克尔就是在大饥荒时从爱尔兰迁来的。他们是母亲仅有的亲戚,而我的外公独自去了苏格兰,后来在一个圣诞平安夜被一匹失控的马撞死,那时母亲只有7岁。

在家的那晚,我终于向父母表达了我对克丽斯塔的爱恋。他们马上觉得要一直等到她3年以后毕业没那么容易。谈到我的妹妹贝蒂就轻松多了,她刚在日本生了一个健康的儿子,名叫蒂莫西(Timothy)。他的照片已贴满了家里的起居室。由于不想这么早睡觉,悉尼和我就沿着通向印第安纳沙丘州立公园的乡间小路散步。仅仅几分钟后,我们就被一名巡警注意上了，他对在天黑以后走路的人都表示怀疑。悉尼告诉他在英国天黑后散步是很平常的事。

休息两天后，我们出发去帕萨迪纳。中途在伊利诺伊大学停留，悉尼要见见卢里亚。午餐时和卢里亚实验室的成员谈论了两个小时科学问题后，我们又回到高速公路上，感受着密苏里中部的炎热和潮湿。第二天在堪萨斯平原行驶了700英里（约1100公里）到达科罗拉多泉时，我们看上去已和僵尸差不多了。我们疲倦地挤在一群退休的旅行者中间，不久后这帮人就去照看一批学生了。由于派克斯峰肯定没有马特峰有意思，落基山脉一点都不让我们觉得兴奋，直到我们穿过了甘尼森。路标指示我们已在"百万美元"高速公路上*，将进入美国的"瑞士"。我们还怕这是当地人戏弄人的把戏，但很快发现自己正处在壮观的锯齿形红色砂岩山峰间，而斜坡上满目都是白杨树叶反射出的耀眼金光。然而，那天最激动人心的地方是迷人的19世纪城镇锡尔弗顿和乌雷，它们依然保留了当年生产价值百万美元白银的繁荣时代的氛围。

在科特斯过了一夜以后，我们驱车经过国家纪念谷巨大的平顶孤山，它位于亚利桑那州、新墨西哥州、科罗拉多州和犹他州交界之处。考虑到路途艰难，我们准备了大量的食物和水，但我们后来穿越独立的纳瓦霍印第安人部落时并没有遇到任何困难。因为比行程安排提前，我们绕道去了大峡谷。然而，它并没有给我们留下强烈的印象，可能是因为我们已经看了太多的美景或者是峡谷太过宽广了，欲识其真面目必须下到谷底才行。但我们想早点回到帕萨迪纳，因而在黄昏前越过了普雷斯科特，又穿过了闷热的沙漠，在第二天下午到达加州理工学院。

首先，我们去"雅典堂"为悉尼安排住处，他打算在此停留一个星

---

* 美国550号公路的别称。——译者

期,然后去伯克利拜访冈瑟·斯滕特。我也只能住在这儿,因为奥格尔夫妇仍然住在我位于德马大街的公寓里,他们要到新年才搬到芝加哥去。我怀着紧张的心情直奔生物楼,希望能发现克丽斯塔的来信。起初,我的心沉到了底,因为在我离开的3个月内堆积在信箱里的垃圾邮件中,没有一封像是克丽斯塔给我的。突然,我意识到信封上印着引力研究基金会的信实际上是她寄来的,顿时觉得轻松了许多。我告诉莱斯利,悉尼住在"雅典堂"。莱斯利也并不欣赏迂腐气,他说整个夏天他都无聊极了——什么都没意思。艾丽斯已去洛杉矶做实习医生,于是,悉尼、莱斯利和我立刻去科罗拉多大街吃晚餐——那里不像"雅典堂",没有不许喝酒的限制。

第二天当悉尼急于了解科学的时候,我开车去科罗拉多大街寻找一家男性服饰用品店来制作"RNA领带俱乐部"的第一条领带。乔·伽莫夫已来信,并附了一份设计图。有图在手,我轻而易举地找到了一家男性用品商店,它承诺每条领带4美元,且第一条领带在一星期内就可完工。

悉尼对加州理工学院那纯净科学氛围仅感受了一天半,面对现实生活,他还无法应付自如。为了让他更多地感受美国人的热情,我们星期四下午去了"森林草地",就是伊夫林·沃(Evelyn Waugh)* 在《被爱的人》(The Loved one)中所赞美的那个俗丽的公墓。那部小说描写了洛杉矶的葬礼,可惜,我们很少有这方面的经验。公墓中的雕塑也不是我们智慧的眼光所能接受的,这些雕塑无拘无束,有些被雕成坦然迎接最终命运到来的样子,有些则在对上帝的召唤做出反应。黄色的烟雾依然

---

* 英国小说家,被认为是他这一代的最伟大讽刺家,著有长篇小说《衰落与瓦解》《邪恶的肉体》《旧地重游》,以及取材于第二次世界大战的《荣誉之剑》三部曲等。——译者

笼罩着周围的群山。

尽管以噬菌体为方向的德尔布吕克和杜尔贝科(Renato Dulbecco)实验室的动物病毒小组刚经过休假,人人都充满了活力,但我不想再附属于德尔布吕克小组。我在楼上有一间自己的大办公室,就在比德尔的对面,它为我提供了构建模型的空间。现在里奇在国立卫生研究院,我也不能再利用莱纳斯·鲍林的化学系。尽管莱斯利要在圣诞节之后才离开,我还是担心自己在化学方面的不足。在1953年,这种不足也许可以轻松地让弗朗西斯和我付出失去发现双螺旋的代价。如果加州理工学院培养的化学家多诺霍不在卡文迪什实验室度休假年的话,我们可能就不是第一个获知查加夫(Erwin Chargaff)碱基对的结构意义之人。现在了解一些真正的化学非常有用。因此,在周末之前,我就要莱纳斯的秘书安排了下周一早晨与莱纳斯见面。

由于担心暴露自己在化学方面的缺陷,我诚惶诚恐地走进了莱纳斯在克里林实验室的大办公室。但莱纳斯让我觉得很放松,就好像我们处在平等的位置。很快我们从DNA聊到RNA,我感到只有解决了RNA的结构问题才能了解在蛋白质合成过程中RNA模板是如何调控氨基酸的。麻烦的是,我们现有的X射线照片太杂乱了,无法找到合理的螺旋参数来构建模型。看到我似乎放松了一些之后,莱纳斯提醒我不要试图在短期内能有另一个重大突破。相反,他要求我在今后的一年中扩充我在统计力学和量子力学方面的知识。不清楚莱纳斯是否了解鸟类学家对物理学知之甚少,但我很快接受了他的另一个提议,就是参加他秋季学期开设的"化学键的本质"讲座课程。第一讲在明天上午9点,在离开他的办公室时我知道我会去的。

克里克从英国来信说剑桥有多么好,还说如果我想回去的话还有位置。在回忆戈登会议后,他问道:"克丽斯塔好吗?"我要回答这个问题,恐怕需要花比解决RNA结构更多的时间。我感到愉快的是马戈特·舒特——在船上认识的瓦萨学院女生——依然记得我。她最近写来的一封信表示明天她就离开了,到华盛顿西部猎狐区一所我认为专给漂亮女孩开设的学校去教历史。

悉尼还在,在他走以前莱斯利和我都不可能很认真。我们还知道罗莎琳德·富兰克林最近也要来,但我们担心这个访问可能很容易陷入尴尬。她在8月底从英国来后就到了伍兹霍尔。了解到她要去西部的打算后,我问她是否愿意和悉尼还有我一起去帕萨迪纳,然而她6个星期的访问日程已经安排好了,她拒绝了我们,但表示将和我们在加州理工学院碰面。让我欣慰的是,她改变了以往不讨人喜欢的态度,急切地告诉我她在烟草花叶病毒(TMV)的X射线衍射研究方面的新进展。令人高兴的是,他们的结果验证并拓展了我1952年在剑桥时的构想,那就是TMV的蛋白亚基是螺旋排列的。莱斯利只见到她近来的友善,就把我们叫到一边表示不太相信罗莎琳德过去不易相处的坏名声。他认为,她在研究DNA时受到了不公正的评价。悉尼和我只能表示同意,但依然怀疑如果罗莎琳德这次和我们同行的话,我们的西部之旅是否还能像现在这样愉快。

在罗莎琳德去伯克利之前,她和我一起在鲍林有足球场那么大的家里吃晚饭。房子周围依然是大片的沙漠植物,在起居室的玻璃门外倒有一片精心修剪的草坪。当罗莎琳德和我去鲍林家时,6000英尺(约1800米)高的圣加布里埃尔山就像巨人一样耸立在我们面前。到鲍林家之前,我也不知道该和阿瓦·海伦说什么好。其实,我的担心是多余的,她和莱纳斯看上去都愿意多了解我一些。同时,我也想更多地了解彼得的妹妹琳达,她已到欧洲彼得那里,就像1951年我妹妹跟随我到欧洲一样。

后来,我们的话题转到了弗朗西斯和他最近在10月的《科学美国人》(Scientific American)上发表的文章。开始我还嫉妒弗朗西斯,气愤为什么是约他而不是约我来写双螺旋。但后来一想,是我而不是他已出现在《时尚》杂志上。《时尚》杂志的读者群是时尚女性,她们不可能读《科学美国人》。弗朗西斯的文笔清晰而简练。只是在描述碱基对时跑了题,他写道,希望有一天某个热情的生物学家能给他的双胞胎起名为腺嘌呤和胸腺嘧啶。当查加夫读到克里克的文章时,他认为这种事有可能发生,但提出疑问——"热情的"是一个恰当的形容词吗?

16. 帕萨迪纳：1954年10月

由天气预报得知塞拉高地即将降雪后，莱斯利·奥格尔和我在10月的第一个周末开车向北去隆派恩，然后从那里去惠特尼山脚下一处松树环绕的露营地，此处距山顶有8000英尺（约2400米）。惠特尼山是加利福尼亚最高的山峰。第二天晚上，我们在睡袋里都没睡好，不仅因为露营地的海拔为12 000英尺（约3600米），还因为那些糟糕的肉汤使我们的胃像灌了铅一样。天边刚露出一缕晨曦，我们就开始向上攀登，只有最后200英尺（约60米）是最困难的。睡眠不足，再加上氧气稀薄，我们都有些头晕。峰顶布满岩石，海拔为14 496英尺（约4349米）。我们从峰顶俯瞰了山下壮观的风景后就匆匆折返，回来时觉得呼吸舒畅多了。

下山的13英里（约21公里）用了不到4个小时。我们到达隆派恩时，正好赶上去一家咖啡店吃午餐。在回程的车上，我们谈到富兰克林最新的X射线数据，它对我们烟草花叶病毒（TMV）RNA形成一个三维立体圆柱状核心的简化图形提出了质疑。从罗莎琳德的谈话，结合她后来从耶鲁写来的信中更有说服力的X射线数据来看，显然TMV的中心充满了水而不是RNA。而且，由于在一个TMV微粒中没有足够的RNA可以形成外壳，所以TMV微粒中的RNA链必定被紧密交织在呈螺旋状排列的蛋白质组分（分子量约为17 000道尔顿）内。

回到帕萨迪纳后,莱斯利和我开始建立分子模型来探讨双链DNA分子作为单链RNA分子的模板在化学上的可能性。我们期望,是否单个碱基对可以作为模板,吸引特定的单个RNA碱基以形成碱基三联体。如果是这样的话,我们就可以用鲍林-科里的空间填充模型来构建一个漂亮的三螺旋,即一条DNA双螺旋通过氢键结合了一个单链RNA分子。很快我们就集中研究一个方案,即腺嘌呤-胸腺嘧啶(A-T)碱基对吸引腺嘌呤,T-A碱基对结合尿嘧啶(U),鸟嘌呤-胞嘧啶(G-C)碱基对结合鸟嘌呤,C-G则吸引胞嘧啶(C)。可以想象,选择特定RNA碱基的单个氢键足够强大,可以准确形成RNA,我们将不再为此而困扰。晚饭后为了庆祝,我们走了好几个街区到莱克大街吃圣代冰淇淋。随后,我给克丽斯塔·迈尔写了一封简短的进展报告,第二天一早寄了出去。让我感到莫大幸福的是,她从斯沃思莫尔的来信以"我爱你"结尾。同样,我在回信中也这样写了。

我已经给迪克·费曼讲了我们关于RNA的三联体方案,但是后来在午餐讨论中我感到他要的是坚实的事实而不是梦想。因此,我们的话题就换到了引力研究基金会。让我惊讶的是,迪克对此竟然非常熟悉。这个基金会就是让物理学家研究不寻常的反引力方案,虽然大家都认为他们不会有结果。迪克的一些朋友也提交了评奖文章。很快,迪克就有了一个方案,当然他知道这只不过是胡扯,不会给他带来荣誉。我们认为,如果莱斯利和我参与其中,可能会有一些有趣的事情发生。在我们刚刚讨论奖金的时候,就得知同样的想法在几年前已经获奖了。

不想在帕萨迪纳再过一个沉闷的周末,于是星期五晚我又重返塞拉,这次是和杜尔贝科及他十几岁的儿子彼得罗(Pietro)一起去的。从米纳勒尔金出发,一路上我们只遇到几个猎鹿人,他们惊异于我们到那里只是为了散步。在高原开阔草地上那两个晚上所感受的清新空气和我们返回洛杉矶盆地时令人生厌的浓雾形成了强烈反差。当然,更让我难受的是我无法提出不可能没有任何密切原子联系的RNA骨架模型。带着这种挫折感,莱斯利和我以及一位瑞士化学家朋友在一个下午驱车向北去了圣加布里埃尔山,一直到7000英尺(约2100米)以上,雾气才消散。在路边的桌上,当我们的瑞士朋友在看量子力学方面的书时,莱斯利和我写了三联体论文的前言部分,虽然我们知道这篇文章也许不能发表。

第二天早晨我依然想不出新方案的解决方法,吃午饭时也闷闷不乐。似乎就没有办法让构成RNA骨架的原子在半径为7.5Å的限定范围内彼此分开。我独自一人返回办公室后,突然想到了一个解决难题的巧妙办法——如果新生的RNA链以磷酸酐基团为基础,通过将糖-磷酸基团中的水分子去除,产生的三酯化的糖-磷酸骨架就形成了一个非常紧密的RNA螺旋,这就完全适合DNA双螺旋了。RNA可能是以酐的形式合成的想法似乎有些极端,不过,化学上倒是可能的,因为三酯化有机合成物虽然不稳定,但是可以被合成并进行研究。实际上,在与模板结合时,骨架固有的不稳定性可能是有利的。一旦环键打开,结合碱基三联体的氢键也将打开,完整的RNA链就可以从模板DNA上脱离。

莱斯利同样被这个结构的美丽所震惊。像我一样,他也觉得有必要解释为什么环键总是打开以形成3′–5′键而不是2′–5′键。虽然一些2′–3′环状核苷酸也是在酶作用下以此种方式打开的,但他并不关心。我相信自己的智慧仍然可以胜任一次巨大的飞跃,也就不再需要离开帕萨迪纳去度周末。突然间发现有许多事要做,我决定不和莱斯利夫妇一起去塞拉旅行,这样我就有时间搞清楚酐骨架的坐标,完成莱斯利和我在上周末于晴朗无雾的"天使之羽"高速公路上草率动笔的那篇论文。

图 16.1 特斯和维克托·罗思柴尔德夫妇。

与此同时,第一条RNA领带已经完工。那天晚上,我泰然自若地戴着它去"雅典堂"吃晚饭。当时,维克托·罗思柴尔德和他的妻子特斯(Tess)刚从英国来,住在贵宾套房。维克托是英国银行业巨子罗思柴尔德家族中的一员,但他本人是动物学家,这次到加州理工学院来一个月是与海胆专家阿尔伯特·泰勒(Albert Tyler)一起做实验。在剑桥,维克托和阿夫林·米奇森的哥哥默多克一起工作,我第一次见到维克托就是在他们的动物学实验室。但愿那晚他和特斯将我们的RNA领带看作是有思想的头脑对沉闷的学术气氛的一种反应。也许由于时差的缘故,他们没有对到美国表现出任何欣喜。

到星期天晚上,我已写完了文章的第一稿,希望第二天下午能打出来,这样莱斯利和我就能赶在莱纳斯·鲍林星期一早上结束化学键讲座后给他一份。莱纳斯一读完稿子就告诫我们,除非有更多的证据,否则不要发表。就像后来我们给费曼看,他的第一反应也是完全不相信,但在我们做了充分解释之后,莱纳斯逐渐接受了,觉得也不妨一试。他看到模板及其产物结合的不稳定性之美,而产物能自动从合成的表面脱落。当我们觉得也许有些走极端时,莱纳斯倒说恰到好处,尤其是他回

图 16.2 乔治·伽莫夫为 "RNA 领带俱乐部"所做的原始设计纸样。

忆了几年前他自己提出的酶促反应中的中间体过渡态性质理论。尽管有些人反对，但莱纳斯认为这是他在化学上最大的贡献。然而，在见过莱纳斯后，我依然担心我们的酐 RNA 骨架是否真的存在，也不知道是以 OW（Orgel-Watson 的缩写）命名还是以 WO（Watson-Orgel 的缩写）来命名这个结构更让人信服呢？

那个星期的剩下几天，我主要是与冈瑟·斯滕特交流，他当时刚从伯克利过来，话题围绕着他最近用 ^{32}P 标记细菌噬菌体微粒，来检测双螺旋的两条链在 DNA 复制过程中是否分开。由于他的结果并不容易解释，莱斯利和我就利用星期天研究双螺旋的两条链在不分开的情况下，作为双链碱基配对子产物之模板的可能性。根据这个假说，就要存在让 4 种碱基根据特定的氢键彼此结合的可能性。我们之所以无法构建一个完美的四链 DNA 螺旋，实际上可能是因为其固有的不稳定性使得子代双螺旋从亲代双螺旋上脱落了。不过，当我们得知冈瑟的实验尚处于起步阶段之时，我们的热情一下子就低落下来。

一天前，加州理工学院刚举行了秋季的首次社交集会，鲍林邀请了 150 人到他家中参加大型茶会。会上，我和安德烈·利沃夫夫妇讨论了很久。他们刚从巴黎来，想用杜尔贝科实验室新近发展的动物病毒噬菌斑技术开展研究。安德烈察觉我对帕萨迪纳缺乏激情，于是建议我和他们一起去巴斯德研究所待一年。那天晚上，在德尔布吕克家的起居室里还举行了一场小型舞会，安德烈问我为什么不参加——一年前我在冷泉港时非常热衷于舞会。然后,他又问我一年前的那个棕发的缪斯女神到哪里去了,暗示他知道我为什么没有兴趣跳舞。

我依然坚持一早去听莱纳斯的讲座,但因为头脑中过于关注RNA,以至于没有时间阅读课外参考资料,因而后面的讲座我能听懂的越来越少。更难以理解的是费曼关于量子力学以及物理现象是否是偶然事件的讲座。由于迪克不可抵挡的个人魅力,这场在物理系举行的讲座非常精彩,开场之前就赢得了满堂喝彩——这在加州理工学院以前的讲座中不曾出现过。在和乔治·伽莫夫进行了一次成功的交流后,物理学也进入了我的生活。令人高兴的是,他显然为"RNA领带俱乐部"找到了一位富有的赞助人(见259—260页)。我不会选择美国陆军军需部作为我们的赞助者,但决不会忽视他们赞助俱乐部两年一次聚会的承诺。

10月的一个星期五上午,传闻莱纳斯将被授予1954年度的诺贝尔化学奖。这些传闻对其他人而言最终常常证明是假的,但那天下午莱纳斯接到了正式的祝贺。他的秘书告诉我去他家参加一个庆祝鸡尾酒会。当我还在英国剑桥时,彼得·鲍林就对我说过鲍林一家一直关注着每年诺贝尔奖的归属。从莱纳斯用量子力学解释化学键的本质到现在已有20多年了,最具开创性的是他1931年在碳原子以四面体形式形成化学键方面的突破。尽管他曾得过许多其他奖项,但瑞典皇家科学院不认可他的工作愈益使他耿耿于怀。

在第二天晚上的酒会上,香槟无限畅饮,从鲍林一家身上完全看不出过去遭受的挫折。莱纳斯和阿瓦·海伦已经决定飞越北极到哥本哈根,然后去斯德哥尔摩,他们全家将在瑞典会合。然后,莱纳斯和阿瓦·海伦将环游世界,中途会在印度和日本停留并作报告。参加酒会的大部分客人都和莱纳斯同龄,我觉得我在那里有些不合时宜,因为我比其他人至少年轻10岁。维克托·罗思柴尔德也是一个人在那里,因为特斯已回英国和孩子们在一起，这样我也算找到聊天的人了。后来，利沃夫夫妇也走了过来，我们一起推测莱纳斯的生活在获奖后将发生怎样的变化。

我已经想到了阿瓦·海伦将被莱纳斯化学系同事的妻子们环绕的景象，但她们并不会使她不安。我们也谈到彼得的研究长期没有一个明确方向的危机。阿瓦·海伦也许感到我还不善于交际，她突然说与洛杉矶好莱坞的某些政治场合的活跃相比，她已非常厌倦加州理工学院沉闷的社交生活。很快，她就转向了旁边的一对夫妻，而我们的坦诚——也许太过于直率了——瞬时淹没在那晚流连已久的香槟之中。

17. 帕萨迪纳和伯克利:1954年11—12月

尽管饮酒过量和睡眠不足使我昏昏沉沉,但曼尼·德尔布吕克、杜尔贝科和我仍然在第二天一大早就驱车向东沿着圣加布里埃尔山下的公路到了鲍尔迪山麓。我们想赶在冬雪覆盖山坡使这里变成滑雪场之前攀登上去。在它10 000英尺(约3000米)高的峰顶,阳光明媚,我们都穿着毛衣,所以不至于觉得太冷,还吃了橘子和芝士三明治。我尽量不去想如果克丽斯塔和我在一起该有多么快乐。在这样的场合,我也没心情去考虑刚收到的哈佛生物系的来信,他们邀请我去作一个申请工作的学术报告。我已经回信告诉他们,我将在圣诞节探望父母以后去剑桥。这样,莱斯利和我就得限期澄清我们关于蛋白质合成的想法。即使我们目前那由双链DNA模板合成RNA的模型是正确的,余下的更大问题是RNA自身在氨基酸排序中的功能。

接下来的一周先是拔智齿。为了掩饰自己的不舒服,我浏览了长达900多页的《罗伯特·奥本海默事件》(*In the Matter of J. Robert Oppen-heimer*),这是原子能委员会(AEC)听证会的全文,这次会议最终导致了解除对奥本海默的安全调查。在领导制造出第一枚原子弹的洛斯阿拉莫斯小组之前,奥本海默曾执教于加州理工学院和伯克利,目前在加州理工学院还有许多朋友。听证会的中心是奥本海默不愿参与研制更强大的氢弹是否反映了一个暗藏的亲苏计划。20世纪30年代时奥本海默的政治倾向就极左,随之而来的问题是他到洛斯阿拉莫斯后与美国共产党朋友的几次简短会面,是否已向苏联传递了关于原子弹计划的重要信息。尽管他的许多物理学家同事都极力证明他的忠诚,但仍有一些人认为他有共产主义者的意味,尤其是乔治·伽莫夫的密友特勒声讨了奥本海默反对制造原子弹的行为。相反,伽莫夫的另一个密友贝特坚信奥本海默的忠诚,表示"超级(武器)"将会轻易地摧毁现代文明。

因为审判奥本海默而在加州理工学院弥漫的不快后来又加深了,我们从乔治·比德尔那里得知加州理工学院的两位科学家因为莫须有的共产主义倾向而被国立卫生研究院(NIH)拒绝资助他们非机密的研究。乔治深感政治问题的干扰,认为加州理工学院应该公开表明立场,拒绝NIH的其他资助,直到卫生和福利部长霍比(Oveta Culp Hobby)改变其决定为止。加州理工学院第一个陷入困境的是莱纳斯·鲍林的申请。这一点都不奇怪,他对核武器持极为明确的反对态度,而且出席"共产主义阵线和平联盟"(Communist Front Peace Rallies),这些都深深刺痛了加州理工学院那些有军事倾向的人。更甚者,生物学教授布尔索克(Henry Boorsok)的申请也遇到麻烦,而此前没有人认为他有政治问题。

在这场政治癌症进一步扩散以前,比德尔希望教授们团结一致,让霍比夫人明白自己的短视,那些事情太容易让人想起纳粹时代对德国教授进行的政治可靠性测试。莱纳斯也许担心政府对他依然不信任,就以他的合作者科里(Robert Corey)的名义再次提交了申请。这样,很快就获得了资助。但布尔索克没有采用这种方式。所幸的是,霍比部长很快就改变了决定,政治上的"石蕊试纸"终于在NIH申请中消失了。比德尔强有力的干预得到了德高望重的哈佛蛋白质化学家埃兹尔(John Edsall)公开宣言的呼应,他宣布如果布尔索克的申请不被批准,他将退还NIH的经费。

在11月后3周内,莱斯利和我回到了RNA分子是如何针对特定氨基酸侧基形成空穴的问题上。我们所考虑的单链RNA分子所有可能的螺旋折叠方式,都不能形成有效的空穴供特定的氨基酸侧基结合。即使费曼每天都来到我们的建模工作台前,我们还是一筹莫展。他盯着可能的氨基酸结合表面看了一个小时左右,还是放弃了,又回到他的介子理论挫折中去。一周以前,迪克和我都收到一封来自加州的一位犹太教士的信,询问我们关于宗教启示和精神指导方面的看法。作为一个逃避天主教的人,我回信说我对宗教不感兴趣。但迪克的回信更激烈,他相信"说废话",按布鲁克林人的说法废话连篇,能使你在世界上出名。

那时,伽莫夫是拥有唯一一条RNA领带的教授。那个星期的早些时候,他给我发来一封急电,让我用特快专递将领带送到华盛顿。他想戴着这条领带出席周末召开的美国科学院会议(见261页),他将谈谈破译密码的工作。然后他会将领带转交给伯克利的化学家卡尔文(Melvin Calvin),卡尔文几天后要在NIH作报告。

到星期四晚上,我感到心力交瘁,于是到"雅典堂"想尽快吃点东西,但发现维克托·罗思柴尔德也是独自一人在用餐。他解释说身边的人都只关注于自己的工作、校季橄榄球赛和新车,特斯回英国了,他只好将大部分时间都用在实验室。然而,今晚他想从加州理工学院的生活中解脱出来。因此,我们开车沿着帕萨迪纳高速公路去了洛杉矶市中心,然后又上了威尔士大道去观看一部新上映的、吉娜·劳洛勃丽吉达(Gina Lollobrigida)* 主演的意大利影片《面包、欲望和梦想》(Bread, Desire, and Dreams)。我们的幻想得以满足,返回帕萨迪纳时士气高昂。

---

* 意大利著名影星,以美丽性感著称,曾获1961年金球奖,20世纪50—60年代是众多男性心中的偶像。她的代表作品有《巴黎圣母院》《同床异梦》《战胜恶魔》等。——译者

下一周的星期二晚上,莱斯利、维克托和我又畅饮了一回。对维克托来说,这实际上是一场告别晚宴。让我惊奇的是,他谈起了他在英国的哲学家朋友汉普希尔(Stuart Hampshire),特斯在返回伦敦的途中曾在纽约与他共进晚餐。而那天早上收到的克丽斯塔的来信中也提到她去听了汉普希尔在斯沃思莫尔的讲座但是没听懂。在莱斯利的公寓喝了许多法国白兰地后,我们谈得更多的是英国剑桥。令莱斯利高兴的是,他已经获得了剑桥化学系的讲师职位。这完全出人意料,因为剑桥几乎从不给牛津的毕业生提供职位,反之亦然。在返回"雅典堂"的路上,维克托鼓励我尽快返回剑桥。后来,我把维克托的建议告诉比德尔时,发现他也赞同我再次和弗朗西斯在一起。

乔·伽莫夫在一星期内连来好几封信,其中一封激动地告诉我,他获得了洛斯阿拉莫斯的计算机高手迈特罗波利斯(Nic Metropolis)的帮助。通过迈特罗波利斯的努力,功能强大、用于制造核弹的Maniac电子计算机也将用于遗传密码的工作。与此同时,乔与罗的家庭生活却变得一团糟,他临时住到了华盛顿的"波斯菊俱乐部"。为了转移自己的注意力,他发了一封连锁信,让"RNA领带俱乐部"现有的17名成员分别选择一个氨基酸,并将其缩写刻在各自的领带夹上。乔自己挑了丙氨酸(Alanine),因此他的缩写为ALA,而我选的是脯氨酸(Proline),我就成了PRO。手上已有设计图,于是很快就在华盛顿制成了领带夹。这又给了乔戏弄新朋友的机会——他们老问他为什么将领带上名字缩写的首字母都弄错了。后来,他成了自己玩笑的受害者——芝加哥一家旅馆的出纳注意到ALA与乔治·伽莫夫不相符后,拒收他的支票。

乔也有比较严肃的时候,他一直试图通过检查新获得的165个氨基酸长的多肽激素促肾上腺皮质激素序列来支持他原创的"钻石"密码。结果并不理想,两个双字母序列Lys—Lys—Arg—Arg不符合他心爱的"钻石"。因此,他转向了一个更为疯狂的三角密码,它能从单一

DNA序列上同时产生两条多肽链。这样,他希望能解释胰岛素A、B两条链之间的相似性。这是一个错误的想法,几乎在诞生之初就注定了死亡。乔继续构建不同相邻氨基酸数目和已测序氨基酸数目之间关系的经验曲线,希望Maniac计算出来的新结果将说明任何氨基酸只能有一定数目的相邻氨基酸(见262—268页)。如果没有限制存在,那么完全不同的碱基对组合肯定被用于后续的多肽链上氨基酸的编码。乔不喜欢这种可能性,因为如果真是如此的话,人们将无法通过检查氨基酸序列来猜测遗传密码的本质——这是他唯一可用的方法。

乔也为DNA→RNA→蛋白质的关系所困扰。他给我寄了一个卡通短信,询问为什么具有富含AT碱基对的DNA的细胞中包含GC碱基占主导的RNA(见269—270页)。这是众所周知的事实,对我来说没什么困难。我解释说可能是G和C含量高的基因比A和T含量高的基因表达更普遍。为什么会这样,我也不是很清楚,但我觉得没有理由怀疑在蛋白质合成中RNA分子是氨基酸排列的模板。

在见到维克托·罗思柴尔德——他为了重返"文明世界"而穿着一套得体的黑色细条纹西服——离开这里去机场之后,莱斯利提出了一个奇怪的想法——是双链DNA,而不是RNA,提供了氨基酸侧基结合的表面。莱斯利认为如果将两条DNA链弄松,再将它们结合在一起,氨基酸侧基也许可以不通过氢键而是通过二价离子桥相结合。但在星期六晚上杜尔贝科的妻子为利沃夫夫妇准备的意大利风味晚餐期间,莱斯利怀疑他的想法是一次不成功的尝试,于是他的主意一个接一个,完全背离了我的初衷。第二天,利沃夫夫妇和我走过亨廷顿图书馆旁那昂贵的意大利风格的地面,偷偷瞧了一眼馆内收藏的两幅主要的艺术瑰宝——庚斯博罗(Thomas Gainsborough)*的名画《蓝衣少年》(The

---

* 英国肖像画家和风景画家,作品中常具有梦幻式的自然气息。著名作品有《蓝衣少年》《格雷厄姆夫人》《晨间漫步》等。——译者

Blue Boy）和《小手指》（Pinkie）。安德烈微笑着承认它们确实可以与卢浮宫的收藏媲美。

3天后，当莱斯利和我穿越蒂洪山口进入多雾的中谷地区时，便感受不到南加州的温暖了。我们去伯克利和斯滕特夫妇一起过感恩节。第二天我们去了病毒实验室，希望威廉姆斯（Robley Williams）的电子显微镜能给出一些有关 TMV RNA 分子以及我从加州理工学院带来的 RNA 分子形状的重要线索。但两类样品都产生了扁平的胶土状团块，我们对此毫无办法。那天晚上，我们在冈瑟热情推荐的旧金山最刺激的夜总会里也没有得到预期的快乐。

回到加州理工学院后，我就必须在一个月内准备好我去哈佛的报告。我不确定能有什么新想法可以讲。日子一天天过去，莱斯利和我对一个月以前看上去如此完美的磷酸酐 RNA 模型越来越失去信心。尽管莱斯利从不怀疑他作为一个理论无机化学家的敏锐，但他对有机化学及生物化学知之甚少。无法预料我们的 DNA→RNA 方案是否能有机会通过专家审查，尤其是我们只用了一个氢键来将一个 RNA 碱基与它相对应的 DNA 碱基对相结合，这很容易让人质疑我们的方案是否具有 RNA 合成所必需的准确性。我们决定推迟向《自然》杂志投送我们的文章，直到我们找到坚实证据为止。我们在实验上毫无头绪，而且一直无法依据真实的模板特性将一条 RNA 链扭曲成任何形状。

当我去"雅典堂"参加教师招待宴会时，心情还比较郁闷。这次宴会是为了欢送莱纳斯和阿瓦·海伦飞赴瑞典。前几天莱纳斯和我简短地聊了聊，他当时穿的粗花呢西服很适合当地寒冷的天气。他对自己目前的状况非常满意。由莱纳斯命名为"斯德哥尔摩之路"的幽默短剧使宴会更加出彩，它轻快的音乐让人们沉浸在一种轻松的氛围中，尤其是莱纳斯本人，他说这是他一生中最愉快的夜晚。

迪克·费曼和我坐在一起。尽管我们彼此心照不宣，但都能感觉到我们可能是加州理工学院今后诺贝尔奖的候选者。在第二天下午的私下场合,迪克告诉我,他对物理学的贡献相比于玻尔-海森伯时代的伟大思想是微不足道的(见271页)。尽管目前还没有一个理论家能超越他,但他希望在去斯德哥尔摩以前能对物理学做出意义更为深远的贡献。同样,我也觉得在获得诺贝尔奖之前应该有比双螺旋更杰出的成就,我不希望因为难度不大的科学研究而获得过高的评价。

第二天晚上,我开车去了斯图尔特·哈里森(Stuart Harrison)在阿尔塔迪纳的家,他是一位英国出生的医生,在加州理工学院有许多朋友。在20世纪30年代中期,他协助建立学生卫生服务体系,但现在他专心研究放射学,可以供得起自己时髦的庄园式住宅。几个月前在马里耶特·罗伯逊家,我们谈得很愉快。在鲍林的宴会上他又邀请我尽快去他和妻子在山麓的家。得知他们第二天晚上没有安排,我说:"为什么不明天呢?"于是,我获得了邀请。我急切地需要与一位真正的医生聊聊。近来,我对克丽斯塔有些担忧,而且这种担忧随着她来信的语调变化和次数减少而不断增加,这影响了我集中精力构建模型或是准备即将来临的哈佛报告。入睡成了每天晚上的难题。没有药物帮助,我担心自己会得神经衰弱,这会使我不但得不到哈佛的工作,而且让克丽斯塔认为我感情脆弱。

我一到斯图尔特家,他就觉察到我的不舒服,他给了我两杯威士忌苏打,我马上就不再感到焦虑,也不觉得我的处境有什么不妥。他谈起20世纪30年代中期的加州理工学院,及其变成一个与众不同的明星后其生活风格已变得放浪不羁,而不是首任校长密立根倡导的自我约束下的严肃。许多彼此十分了解的夫妻都有非常担心的理由,特别是斯图尔特那左倾的第一任妻子基蒂(Kitty)的事件带来了混乱。此事与罗伯特·奥本海默有关——基蒂就在奥本海默领导洛斯阿拉莫斯原子弹实验室之前改嫁给了奥本海默。

　　我的精神状况逐渐恢复平静。一个星期以后我又到哈里森家吃晚餐,这次是为了欢迎一对来自意大利的夫妇。这个星期的早些时候,我高兴地收到了克丽斯塔的来信,这让我又能安然入睡了。没有迹象显示有其他人进入她的生活,而且她也渴望在圣诞节之后见到我。我现在不再感到不安了,看着RNA模型也不再觉得思维凝固。我又提出了一个新的单链RNA模型,即螺旋每隔12Å重复一次。磷酸基团在外侧,而碱基以45度角在垂直面上堆叠。这个模型暂时看来有可能提供一些适合的氨基酸结合空穴。但奥格尔一家已去死亡谷露营,他没有机会在这个周末见到新模型了。莱斯利回来之后,我们意识到在我去过圣诞节之前已没有足够的时间来证实这个模型是否真正具有模板特性。后来,乔很快做出反应,我很欣赏乔在来信中将我的可能的模板空穴比作老虎嘴(见272—273页)。

　　当然,莱斯利和我依然关注着模型。当时我还收到弗朗西斯·克里克寄来的一封很厚的信,其中有一篇他和我很久以前就计划写的植物病毒结构的论文初稿。文中充满了克里克式的语句,我觉得有必要将它最终定稿。与此同时,我也很欣赏马里耶特·罗伯逊从巴黎写来的信,她现在还与父母住在那里。初秋的时候,她曾和琳达·鲍林去法国南部旅游了几周。最近,琳达不能理解为什么马里耶特还不因为她父亲的获奖而向她和彼得表示祝贺。而马里耶特觉得莱纳斯获奖是因为他对化学做出的贡献,有什么理由让琳达笼罩在她父亲的个人魅力所带来的荣耀之中呢? 马里耶特还提醒我,过去我总是让她小心魅力的诱惑,她却表示出对我的担心——我可能有一天会为琳达金发碧眼的魅力所倾倒。但她又说她们近来旅行时,那些围绕在琳达周围的欧洲学生们都对她没有了兴趣,反之亦然。所以,她认为我以后也不可能会被琳达迷住。那天晚上我再不能安然入睡了。

◇————

18. 北印第安纳、马萨诸塞的剑桥和华盛顿：
1954年12月—1955年1月

　　西摩·本泽邀请我去普度大学讲演，这让我在芝加哥过完圣诞节之后有机会预演一下在哈佛的报告。我开着父母的车——他们自大萧条之后拥有的第一辆车——去拉斐特。旅程约90分钟，大部分时间我都在想着克丽斯塔，还有不到一周的时间就可以见到她了。在我讲演之前，西摩兴奋地向我讲述了他们用于确定T4噬菌体基因中突变位点的最新遗传学技术的细节。根据观察，T4 *r2* 突变体不在含有λ噬菌体的大肠杆菌品系中生长，在过去的一年中他已经证实了几百个不同 *r2* 突变体呈严格的线性顺序，他相信每个突变体都代表了DNA分子上的碱基对变化。

　　西摩每天都工作到很晚，不过午餐之前一般不到实验室。但在我到的那天，他上午11：30以前就到了实验室，然后带我回家吃他快乐的小妻子多蒂（Dottie）做的午餐。由于那天是圣诞节假期前最后一天上课，所以西摩提醒我听众可能会比较少。因此，当我看到会议室坐满了人时，感到非常惊喜。开始讲演的时候，我因双螺旋的美丽以及它的互补碱基序列提供了DNA复制的结构基础而再度兴奋。我继续讲到RNA应该是将染色体DNA上的遗传信息传递到合成蛋白质的细胞质位点的信息载体分子。

　　在讲座的大部分时间中，我讲了单链RNA链是如何可能在DNA模板上合成的,以及它们又是如何作为模板来排列肽链上的氨基酸的。然后,我明确表示现在还没有实验能支持我们的RNA三联体模型,该模型中单链RNA可以依据双螺旋DNA的碱基配对原则由单链DNA模板合成。我略提了一下可以通过两个氢键将平行的二价基团联合起来形成碱基四联体。在谈及DNA如何复制时,我说我们不应该机械地排除完整的双螺旋DNA作为子代DNA双螺旋模板的可能。另一方面,所产生的四螺旋并不是一个具有产生DNA序列的准确构型的正常结构。结束时,我强调了建模在研究这些备择模型机制中的正面作用。提问开始了,我担心一些真正的化学家会认为我论文中的化学内容不值得公开发表。但听众席中没有一个人让我感到不快。在开车回家的途中,我愉快地憧憬着到哈佛的首次露面。

圣诞平安夜是我母亲55岁生日,晚餐我们按惯例吃了炖牡蛎。外婆已去世,妹妹贝蒂也远嫁日本,那一晚大家都沉默寡言。父母亲知道我在担心即将来临的讲演以及克丽斯塔是否已经做好结婚的准备。我们的圣诞大餐是用调料和酸果酱烹制的火鸡,在此之前,父亲和我打算漫步到密执安湖,希望可以看到许多鸟。然而,那天的鸟非常之少,只听到灯芯草雀、山雀、北美歌雀的声音。因此,我们临时决定不去寒风凛冽的湖边了。

两天以后,迈尔一家去波士顿机场接我,然后带我去他们在华盛顿大街的公寓。第二天晚上,迈尔家举行了一个小型的晚餐会欢送埃弗吕西夫妇,他们明天将去纽约,然后坐船回法国。埃弗吕西坦率地评价了他们和哈佛生物学家共度的几个月。玉米遗传学家曼格尔斯多夫(Paul Mangelsdorf)即将退休,埃弗吕西想知道自己是否被考察过来接任他。这个问题很复杂的一个因素就是正在教遗传学的莱文(Paul Levine)是否会提升为终身教授,当时他只对果蝇进行过一般研究。然而,埃弗吕西觉得他谈论哈佛并不完全是出自个人目的,莱文如果到别处去,得益的是他自己。

第二天迈尔一家急于想看看他们新罕布什尔农庄的雪景,而且那里的木材火炉也足够取暖,因此我们开车去那里玩了一天。到达不久,克丽斯塔和我就绕了一大圈去散步,这样就让我们有了期盼已久的单独空间。一离开众人的视线,克丽斯塔和我就迫不及待地接吻,然后拥抱在一起,倒在白皑皑的雪地上。当我们回到已经烧暖的厨房时,我才感到刚才在雪地里太过放肆,有些后悔。两天之后,当我们最后再次单独驱车去圣捷尔吉的匈牙利新年晚会时,除了我们自己外,我们什么都聊。即使在午夜钟声响起,我们吃完了阿尔伯特最喜欢的烤乳猪之时,克丽斯塔也只是想让我牵她的手而已。但在回波士顿的路上,她表达了下个星期想从斯沃思莫尔到华盛顿去的愿望——我将在华盛顿和里奇夫妇一起度过我在东部的最后一个周末。

克丽斯塔打算回学校,我就搬到了"达纳·帕尔默馆",这是一座漂亮的联邦住所,接待哈佛的正式访问者。当我在住客登记本上签名之后,多蒂将它翻回到有温斯顿·丘吉尔签名的那一页。他还指着本子上面的一些名字,表示他们都在哈佛获得了一席之地。第二天在教师会所吃午饭时,我决定尝试一下马排,从二战结束以后这道菜已在菜单上保留了10年。

在后面的几天中,我走访了生物系大部分教授的办公室,一直将良好的状态保持到那天下午5点的报告开始前。我原本指望讲演能滔滔不绝,但却越发紧张,以至于说话声音很小,几乎传不到演讲厅的后排。所幸的是,生物学教授们都听到了我的讲话,因为他们知道这里糟糕的音响效果,所以总是坐在前几排。这个演讲厅对一座1934年修建的大楼来说,真是画蛇添足。这座楼由洛克菲勒基金会的公众教育董事会资助,用于促进生物学领域的重要研究。大萧条时期,哈佛无力按照捐助人的意愿将更多的钱用在这座楼上,因而留下整个北侧楼没有完工。

当时分子生物学在哈佛生物系还处于不重要的地位，这一状况倒使我找工作较为容易。事实上，没有一个教授具有判断我关于RNA的想法是否合理的知识背景。只有听众席上几个真正的化学家能根据他们曾受过的教育发现哪些是胡言乱语。但无论是布洛克(Konrad Block)还是韦斯特海默(Frank Westheimer)(他们刚从芝加哥大学招聘过来)都没有使我难堪，他们没有通过提问来暗示我过去4个月中在加州理工学院的工作只是纯粹的推理。因此，会后在教师会所举行的礼貌但有些枯燥的晚宴上，我真正地放松下来。我希望离开加州理工学院的可能性不会突然破灭，早餐时多蒂夫妇也让我确信我的讲演非常精彩，因而那天晚上我睡得很好。

火车载着我在克丽斯塔抵达的前一天到达华盛顿，这让我有时间向里奇夫妇表达我的情感忧虑。他们在切萨皮克运河附近租了一套小房子。简说克丽斯塔和我一定会喜欢这里的乔治敦。我去火车站接到克丽斯塔之后，我们去威斯康星大街的咖啡店吃午餐。吃饭时她表示越来越想去慕尼黑大学读三年级，在那里能够掌握她父母的母语。她不想步母亲年轻时的后尘。恩斯特在20岁刚出头时是一个浪漫的冒险家，在新几内亚附近的所罗门群岛上搜集鸟类标本，而此时格蕾特尔在另一个国家，用大萧条时一个博物馆管理员的微薄薪水照顾两个年幼的女儿。克丽斯塔每说一句话，我都担心她会脱口而出说我们的感情应该降温，最好在她完成欧洲的学业前不再见面。但在午餐结束时，她明确表示希望能在国外见到我。她特别想看看老剑桥是否绝对比它在新大陆的同名地更美丽*。

当我们乘有轨电车在里奇家附近下车时，乔治·伽莫夫已经到了。前两个星期他一直在佛罗里达讲课，后来到圣奥古斯丁晒太阳。现在

---

*哈佛大学与剑桥大学所在地的英文名相同，均为剑桥。——译者

他和亚历克斯正在琢磨他们着手写的题为"从核酸到蛋白质的信息编码问题"的长文。这是一篇特约综述，尽管是推断性的，但大部分讨论还是基础的，因而不太可能受到审稿者的批评。文章已经写了一半，其中包含了我们在伍兹霍尔讨论密码时所做的许多猜测以及近来发表的氨基酸数据的分析。毫无疑问，现在的三联体密码已经摒弃了乔的"钻石密码"。

此外，研究发现，来自牛、猪和人的密切相关的胰岛素形式，只在单一氨基酸位点上存在差异。这一事实排除了任何DNA重叠密码子的可能性——在重叠密码子中单一碱基对协助确定一种以上的氨基酸。乔对这样的结论不太高兴，但它获得了来自洛斯阿拉莫斯的巨型计算机的数据支持。这就告诉乔，所观察到的氨基酸"邻居"的有限数目，是多肽链中氨基酸完全随机分布的期望值。很可能每种氨基酸由它自己的一套非重叠碱基来决定，所有特定的排列源于每次由A、G、T和C这4个碱基中的3个构成一组（如AAA、AAG、AAC等）。

饭后的谈话就不再那么严肃了。我们都很好奇，克里克目前在干什么。肯德鲁在11月给我的来信中说，非常需要我到卡文迪什实验室去让弗朗西斯保持正常。如果他的才智能集中在RNA上，就不可能有太多时间去发表演说。肯德鲁说，现在弗朗西斯整天都在大谈特谈生命的奥秘以及他是如何写畅销书出名的。显然，他还是对我去年拒绝在BBC宣传双螺旋不满。弗朗西斯现在主持了一个类似"里思论坛"的广播系列节目，名称为"生命的意义"。

那天晚上，我们都参加了华盛顿卡内基研究所的物理学家罗伯茨（Dick Roberts）举办的一个聚会。尽管他曾经完成了重要的中子实验从而帮助启动了原子弹计划，但他却在1948年带着高尔夫球棒和背包到冷泉港去听噬菌体课程。此外，他对超感官知觉极感兴趣，还作过一个晚间报告以试图展示他能猜出盖着的扑克牌。今晚在自家草地上，他就没有那么糊涂了,他只是想用同位素来研究DNA和RNA的代谢稳定性。意料之中的是,乔试图用他的扑克牌魔术给晚会带来生气,但太多的客人以前见识过了,所以感觉有些无聊。那些不了解情况的人认为克丽斯塔和我是真正的一对,但自己心中那空荡荡的感觉告诉我不是这么回事。另一张迷人的脸庞让这个夜晚还算过得去,但这种场合只有美酒而不是美女可以克服我学术上的挫折感。

当我送克丽斯塔登上回斯沃思莫尔的火车时,她许诺一从父母那里听到哈佛对我的反应就给我写信。第二天下午,我在NIH一群没有热情也不提问的生物化学家面前作了报告,第三天就乘飞机回了洛杉矶。登机时我后悔没有安排一天去"狐狸圃",那是华盛顿西部位于米德伯理"马匹国度"的一所漂亮女孩寄宿学校。马戈特·舒特——那个在从英国回来的船上吸引了我的目光的瓦萨女生——现在就在这所学校教历史。想到"狐狸圃"那些出名的赛马,我猜她可能需要一些人间的温暖。

19. 帕萨迪纳和伯克利：1955年2—3月

回到帕萨迪纳后，我不得不鼓起勇气面对奥格尔夫妇的离去。新年到来时，莱斯利离开了莱纳斯·鲍林小组转到芝加哥大学的罗伯特·马利肯那里，罗伯特在化学键理论方面有一定优势。再没有人可以让我毫无保留地倾诉心声。有一个人除外，他就是唐·卡斯珀（Don Caspar），但我也只和他聊RNA。

唐刚从耶鲁来，正式做德尔布吕克的博士后。在做博士论文期间，他利用X射线衍射技术在细长的、铅笔形的、包含RNA的烟草花叶病毒（TMV）中心构建了空穴。他很想对植物病毒做进一步的X射线衍射研究，但发现加州理工学院的晶体学设备不能胜任这项工作。我们开始共同使用属于植物生理学家的"斯平科"分析离心机。利用这一设备，我们能够测出加州大学洛杉矶分校西蒙斯（Norman Simmons）为我们制备的TMV样品中RNA分子的大小。这个样品中的RNA经纯化后可能会提供比亚历克斯·里奇和我去年的那些样品更好的衍射图案。唐总是到处吃晚饭，因为他没有本地女朋友，而我们交谈的话题也是工作多于放松。通常我们不在"雅典堂"而是在加州理工学院东边的"范·德·坎普餐馆"吃晚饭。

我的士气并未因看一部刚上映的日本电影《地狱门》（Gates of Hell）而高涨，影片讲述的是一个日本武士在爱上一个已婚女子后发疯的故事。每个人冒着暴雨走回自己的汽车时依然延续着在观众席上的情绪，而我却感到很轻松，因为我不用回到"雅典堂"那鬼地方了——我回到了自己的小屋。自从我去年6月去伍兹霍尔之后，奥格尔夫妇就一直住在那里。现在，一尊雕塑为房间增色不少，它完成于1840年的牛津学院教堂，是维克托和特斯送的新年礼物。同样使我欣慰的是，乔·伽莫夫最近用专递送来亚历克斯和简的消息，提到亚历克斯"高度认可吉姆交的小女友"。

仅仅几天以后，我的双重担忧都消除了。克丽斯塔终于来信，让我不再心神不宁。她在信中说哈佛的聘任前景乐观，尽管生物系还要几个月后才付诸行动。恩斯特正在说服他系里的同事，使他们确信我实际上是一名生物学家，而不是一名生物化学家，这样就不用再总是提及我对鸟类具有浓厚的兴趣。然而，无论他们做何决定，我知道我在帕萨迪纳终将一事无成，并应该在加州理工学院得出同样结论之前就离开。秋天的时候，我已经给在华盛顿的国家科学基金会（NSF）写信，询问他们是否可以给我提供高级研究基金，让我可以与弗朗西斯再次合作。幸运的是，他们表示有这种可能性，我就很快向他们递交了一份正式申请书，这将给我一份与当时加州理工学院一样多的年薪。

比德尔知道找女朋友这件事已弄得我喜怒无常，只好带着遗憾的笑容接受了我离开的决定。比德尔还是鼓励我去爱本地女孩，在1月的时候，我曾企盼和一个来自堪萨斯学术家庭、漂亮而小巧的浅黑型女孩在一起会很有趣，但我们的晚餐约会一点都不愉快，很快她就频繁地和一位年轻的物理学家一起喝咖啡了。唯一能使我恢复活力的社交活动就是接待访问学者。我和德尼斯·威尔金森（Denys Wilkinson）一起驾车外出时发生了许多趣事，他是剑桥的核物理学家，也是热心的鸟类观察家。我们开车穿越墨西哥边界去下加利福尼亚，沿蒂华纳的海岸线呈现出蔚蓝色。刚过中午，我们就觉得可能离海很近了，于是在沿着恩塞纳达、靠近圣西蒙的由许多小土坯房组成的小村庄停车，然后向西步行到海边。不幸的是，那里已经退潮了，大部分滨鸟离我们很远。第二天早上，我们惊恐地发现电池不能发动车子。我们不得不步行几公里向两个墨西哥农场工求助，他们推动汽车让电池启动。德尼斯期盼着那天晚上能享用帕萨迪纳的教授晚餐，因而我们冒着车轴和轮胎出问题的危险，在离加州理工学院最后100多公里由砂砾铺成的道路上飞驰。

1月底，乔·伽莫夫再次访问加州理工学院。他让美军军需部资助"RNA领带俱乐部"会议的努力失败了，但他现在认为NSF可能会资助6月中旬在波士顿召开小型的RNA和蛋白质合成会议（见274—275页）。我帮他准备了将送往华盛顿的名单。起初，加州理工学院的生物学家们很欢迎乔的来访，但4天后他离开时唐和我都觉得轻松了许多——这次来访消耗了大约4夸脱（约4.4升）的威士忌，这还不包括在哈里森家的星期六晚宴上喝掉的。

那天早上我和乔谈到了奥本海默事件。当我听到乔说特勒有权利表达他对奥本海默的看法时，我感到很失望。但乔认为特勒试图独占氢弹成果的行为很糟糕，因为关键技术来自波兰裔数学家乌拉姆（Stan Ulam）。当我认为奥本海默受到不公正对待时，乔回答说政治就是肮脏的，全都是这么回事。星期六半夜，当我开车送乔回"雅典堂"时，他才收起他的傲慢，对我说他的人生正处于艰难的转折期。他没有提及和罗的婚姻问题，但毫无疑问这困扰着他。

我开车送乔去圣莫尼卡参加兰德公司关于星际航行的会议。车上，我们谈起为什么病毒——例如烟草花叶病毒（TMV）和脊髓灰质炎病毒——包含RNA却没有DNA。这是否意味着RNA也具有主要遗传分子那可以精确地自我复制的功能？如果是这样，是存在两种形式的RNA，还是只有一种RNA分子但能既作为基因又作为蛋白质合成中的模板？这可能就是为什么来自TMV的RNA和来自蛋白质合成的核糖体颗粒的RNA具有相同X射线衍射图案的原因。车中尽管没有苏格兰威士忌，但乔对上述问题的回答还是可以抓住要害，这再次显示了他有超人的思维，因而才会那么快进入顶级物理学家的行列。

从圣莫尼卡开车到西蒙斯在加州大学洛杉矶分校的实验室不到半小时。我从他的实验室得到了一份新的RNA样品。起初，我对它的高负双折射过于激动，因为这暗示碱基强烈趋向于与假想的螺旋轴垂直的方向。然而，它们产生的X射线图案不比亚历克斯·里奇一年前所获得的图案更好。我愈来愈希望能通过电子显微镜发现TMV的RNA分子到底是什么样子的。去年11月在伯克利，我和威廉姆斯试图观察TMV的RNA，但在自来水中只出现了纤维状的杂质。使用蒸馏水以及更好的RNA可能会获得答案。

在去郁郁葱葱的伯克利校园之前，乔治·沃尔德的一封来信让我心头一紧。他在假期中对我说，如果哈佛有什么事他会给我写信。因此，拆信时我很惶恐，但这封信只是想问我一个关于DNA的简单问题，后面附了一句话："沃森的事情进展很好，请耐心等待。"第二天下午，物理系礼堂挤满了人，因为迪克·费曼在作最近东海岸会议的报告，内容有关正在不断被发现的大量基本粒子。它们固有的复杂性使我们模棱两可的RNA理论看起来就像是小孩子的游戏。迪克希望能完成一个重大的核作用力理论，就像1926年提出的原子间作用力一样。

唐·卡斯珀和我要在伯克利合作一个关于TMV的报告，为此斯坦利将付给我们50美元。我们不想在99号高速公路上飞车，转向西去塔夫脱。不料，我们在茫茫荒野中竟由于车速达每小时65英里（约104公里）而被罚款。在穿过伽比兰山脉到达尖峰国家纪念碑的途中，那出人意料的美景让我们觉得罚金倒也值得。接下来4天，我感受到了伯克利的春天，英国式的细雨时断时续。我一直高度紧张，生怕在病毒实验室的电子显微镜下看不到真实的RNA纤维。在回去的路上,我对自己的车技有足够的信心,在大瑟尔过夜之后敢于冒险行驶在沿海岸高速公路的陡峭山路上。

回到帕萨迪纳,沮丧感令我遭遇到不可避免的打击。两天后,需要在一群包括物理学家、化学家和生物学家的各色听众面前作一场乏味的Sigma Xi讲座,这对我的沮丧感毫无帮助。只讲DNA将降低我的水平,因此我以发现病毒以RNA作为其遗传物质结题。关键是找出是否每个TMV颗粒只包含一个RNA分子,这个RNA分子的长度相应确定了感染期TMV颗粒那2800Å的长度。不幸的是,测出来的TMV中RNA的分子量表明每个TMV微粒可能包含10—20个独立的RNA分子。如果真是这样,我想知道TMV中的基本RNA单位是否可能为两条RNA链。后来,当我在公寓里信手涂鸦时,我异想天开地假定这样的两条链可能通过P—O—P磷酸酯键结合在一起。这确实是一个古怪的想法,因为这只能使RNA分子复制的问题复杂化。但在我们分析RNA的种种途径失败之后,孤注一掷又有何妨。因而,第二天一早我就去了实验室,看看是否能用"鲍林–科里空间填充模型"构建出一个双链RNA结构。

立刻,我就发现自己构建了一个看上去非常完美的结构,所有的原子按照适当的原子间距紧密地匹配在一起。幸运的是,在一篇文献中也指出不稳定的TMV结构中有一种迹象,就是当它被打断时酸性增强。尽管这只是1937年发表的粗糙数据,但我可以通过从溶于^{18}O标记的水中的TMV中分离RNA来验证新模型是否正确。如果磷酸酯之间存在连锁,那么纯化后的RNA中将发现^{18}O分子。然而,我意识到要获得结果可能需要几个月到几年的时间。

我先将这个美丽的双链模型拿到化学系实验室,给莱纳斯·鲍林的长期合作者罗伯特·科里看。他不得不承认它确实相当漂亮,但美观的

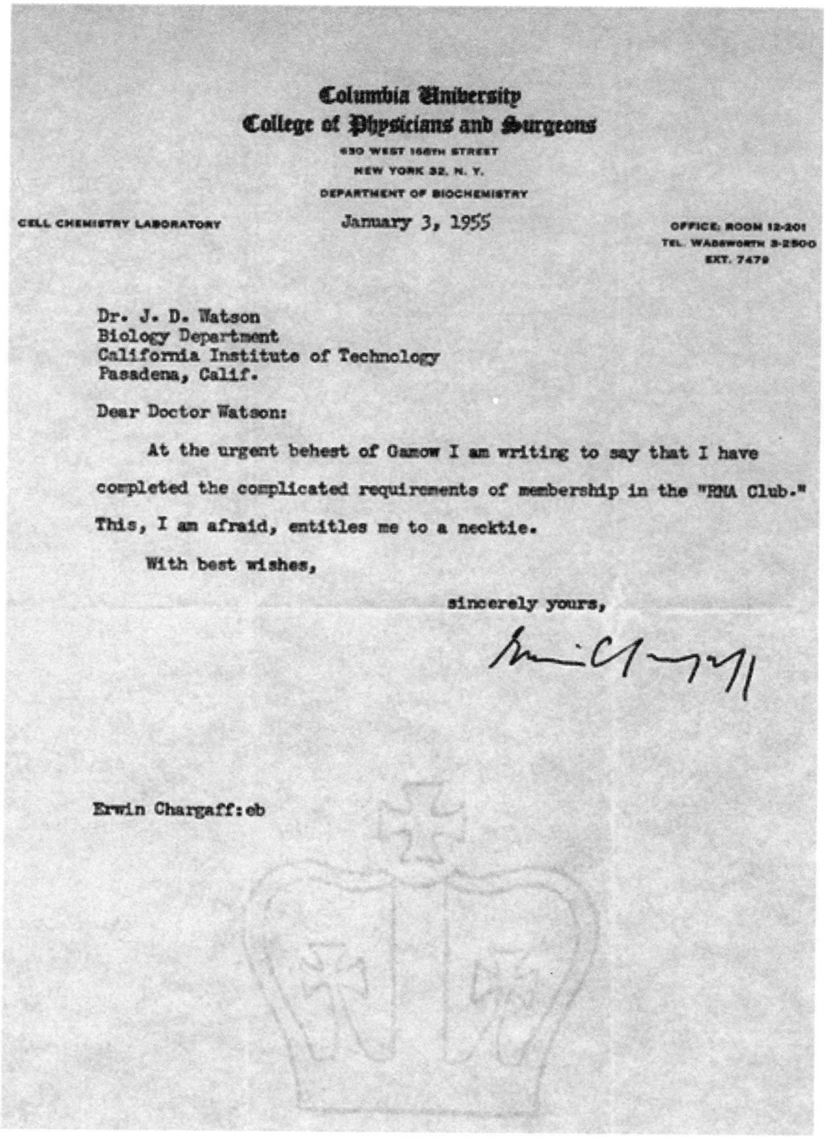

Columbia University
College of Physicians and Surgeons
630 WEST 168TH STREET
NEW YORK 32, N. Y.
DEPARTMENT OF BIOCHEMISTRY

CELL CHEMISTRY LABORATORY

January 3, 1955

OFFICE: ROOM 12-201
TEL. WADSWORTH 3-2500
EXT. 7479

Dr. J. D. Watson
Biology Department
California Institute of Technology
Pasadena, Calif.

Dear Doctor Watson:

At the urgent behest of Gamow I am writing to say that I have completed the complicated requirements of membership in the "RNA Club." This, I am afraid, entitles me to a necktie.

With best wishes,

sincerely yours,

Erwin Chargaff:eb

图 19.1　哥伦比亚大学生物化学系查加夫教授1955年1月3日给作者的信。*

---

* 信文如下:沃森博士:遵伽莫夫之紧急指示,兹告本人已完成加入"RNA俱乐部"之复杂申请手续。乞盼为本人领带赋名。致以良好祝愿。您诚挚的埃尔文·查加夫。——译者

就是正确的吗？科里的"美国哥特式"作风使他长期处于从属莱纳斯的位置,但让我吃惊的是,这次他竟然坦率地表示当时还在印度旅行的莱纳斯平时与他的实验人员接触太少了。

介子理论受挫使得迪克·费曼经常在下午跑到我的办公室来。近来,他已经熬了一个通宵试图理解那些看上去没有意义的数据。他起初出乎意料地收到了去莫斯科参加"量子力学电动力学联合会议"的邀请,直到他意识到美国国务院并不希望他到"铁幕"的另一边去之前,他还是很高兴的。在临近启程的时候,他的护照被扣留了。

我的情绪转瞬即变。克丽斯塔又有一个多星期没给我写信,我头脑中固有的不稳定性就愈加凸现出来,但我仍然竭力保持头脑清醒来准备一个病毒学进展报告,我将于3月17日飞赴东部的巴尔的摩,到生物物理学会年会上作这个报告。无法预计当我以后遇到克丽斯塔会发生什么情况,我写了一封信给"狐狸圃"学校的马戈特·舒特,希望她能和我在华盛顿会面。那里的樱桃花即将绽放,这是一次绝好机会,可以让品位优雅的马戈特看到我所追寻的远不止分子。然而,这些愿望都未能实现。我在巴尔的摩讲演的那天,她要到纽约为她父母送行,他们将去意大利度春假,然后她再去波士顿,考虑读研究生还是到出版业发展。

当我抵达东部后,我的旅途完全呈现出一种崭新的面貌。我得到消息,哈佛生物系的教授们已经投票决定聘任我为助理教授,聘任期从7月1日开始。在他们做出决定之前,他们曾写信给一些杰出科学家,征询关于某些方面的意见,诸如我在工作例会上那样低沉的说话声以后是否会影响哈佛学生听课等。有一封信到了弗里茨·李普曼(Fritz Lipmann)*那里(众所周知哈佛化学系竟然委派布洛克而不是他给本科生介绍生物化学课程),在回复植物学家雷珀(John Raper)的信中,弗里

---

*李普曼为1953年度诺贝尔生理学医学奖得主。——译者

茨写道："如果他有什么重要的内容要讲,学生们会听到的。"一收到生物系系主任卡彭特(Frank Carpenter)的信,我马上就告诉他,我将在结束东海岸之行前拜访哈佛,去看看实验室及设备——当然,我将接受他的聘任。

20. 东海岸、帕萨迪纳和伍兹霍尔：
1955年3—6月

　　当我抵达巴尔的摩参加生物物理学会的会议时，我发现乔·伽莫夫热衷于谈论克里克寄给我们的一份新文稿。在那份题为"论简并模板和接合体假说——献给RNA领带俱乐部"的17页油印稿中，弗朗西斯提出了一种关于遗传密码作用的新思想。这篇文章并非为了正式发表，只是反映了弗朗西斯的观点，即无论DNA还是RNA都不具有能使它们作为直接模板将氨基酸有序合成为多肽链的结构特征。相反，他将核酸看作能形成氢键的分子，但不必具有能区别缬氨酸或者亮氨酸之类氨基酸疏水侧链的疏水相互作用。

　　弗朗西斯首次注意这种难题是在1954年9月初，他在驱车从核酸戈登会议（新罕布什尔）到纽约再乘船回英国的旅途中，突然蹦出一个大胆的想法，即在结合成一个蛋白质之前，每个氨基酸从化学上看应该是一种较小的、很可能类似于RNA的分子，这种分子具有特定的氢键结合表面，并且只能结合特定的RNA碱基。悉尼·布伦纳在12月获悉这一观点时，将其称为"接合体假说"，因为它假设每个氨基酸都是和一个接合体匹配而接合到模板上的。在其最简单的形式中，可能存在着20个不同类型的接合体分子以及20种特定的酶将氨基酸与它们各自的接合体相连接。尽管还未发现这么小的接合体，但弗朗西斯认为这些接合体很可能数量较少，容易被忽略。此外，结合氨基酸形成肽键的

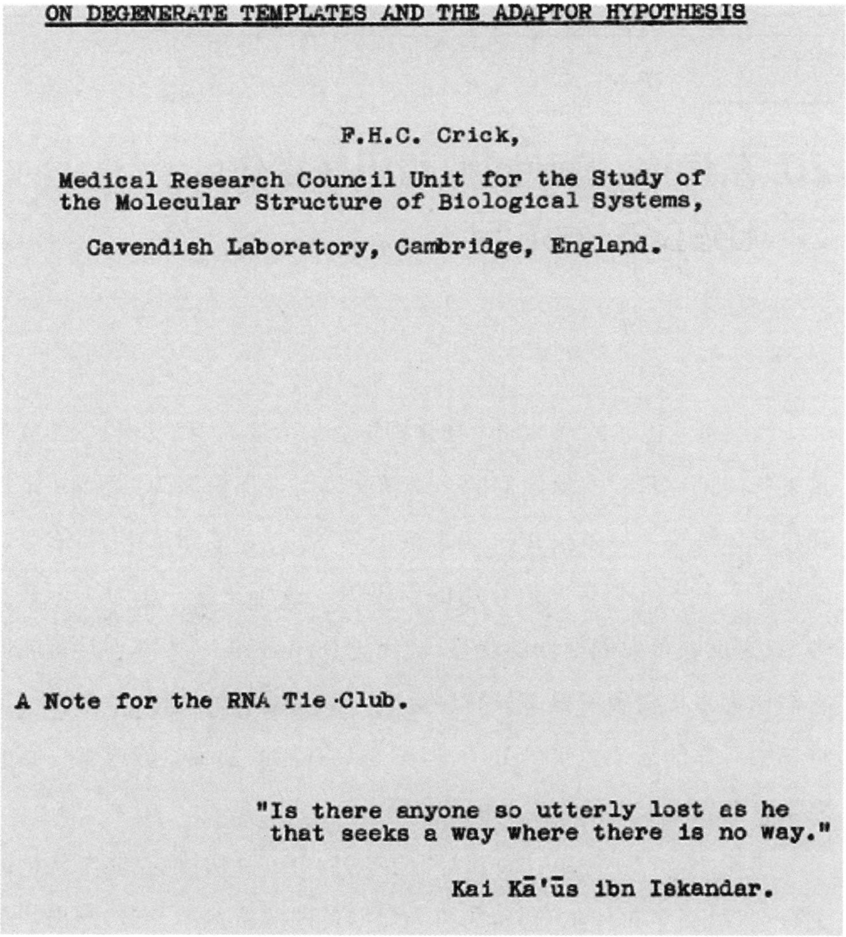

ON DEGENERATE TEMPLATES AND THE ADAPTOR HYPOTHESIS

F.H.C. Crick,

Medical Research Council Unit for the Study of
the Molecular Structure of Biological Systems,

Cavendish Laboratory, Cambridge, England.

A Note for the RNA Tie·Club.

"Is there anyone so utterly lost as he
that seeks a way where there is no way."

Kai Kā'ūs ibn Iskandar.

图20.1　克里克的"论简并模板和接合体假说"文稿封面。

必备能量可以由连接接合体和氨基酸的化学键来提供。

　　尽管乔没有什么理由去接受弗朗西斯的理论,但他也不排斥去思考它——思考一种未经检验的新观点总比一个没有进展的老观点要好。我一点都不喜欢这个想法。如果弗朗西斯的观点正确的话,那就意味着奥格尔和我是多么幼稚的化学家。我们曾尝试用与疏水氨基酸侧链互补的疏水空穴将RNA链折叠成螺旋结构,但并未成功。此外,

In this note I propose to put on to paper some of
the ideas which have been under discussion for the last year or
so, if only to subject them to the silent scrutiny of cold print.
It is convenient to start with some criticisms of Gamow's
paper (Dan.Biol.Medd.22, No.3 (1954)) as they lead naturally
to the further points I wish to make.

Some straightforward criticisms first. The list
of amino acids in Table I of the paper clearly needs reconsider-
ation, and this brings us to the very interesting question as to
which amino acids should be on the list, and which should be
regarded as local exceptions. We first remove norvaline which
we now know has never been found in proteins. Nor, as far as
I know, is there at present any evidence for hydroxy glutamic
and cannine. On the other hand asparagine and glutamine
certainly occur, and indeed are probably quite common. We now
come to the "local exceptions". These are:

    { hydroxyproline
    { hydroxylysine

    { tryosine derivatives, i.e. diiodotyrosine,
    {   dibromotyrosine
    { thryoxine, etc.

    diaminopimelic
    phosphoserine.

The first two occur only in gelatin. The tyrosine derivatives
are found only in the thyroid (the iodo ones) and in certain
corals (and in other marine organisms?). Diaminopimelic
occurs only in certain algae and bacteria and has not yet been
shown unambiguously to occur in an ordinary protein.
Phosphorous occurs in casein, ovalbumin and pepin, and may be
present as phosphoserine.

There are, in addition, amino acids which occur in
small peptides, such as ornithine, diaminobutiric,etc. - see
Table I of Bricas and Fromageot, Ad.Prot.Chem.(1953) Vol.VIII
for a comprehensive list. Under this heading one should also
include the D isomers of common amino acids, and ethanolamine,
which occurs in gramicidin.

-1-

图20.2 克里克的"论简并模板和接合体假说"文稿的第一页。

接合体机制在我看来太复杂以至于无法形成生命起源。

另一方面，我不得不承认我们从未构建出一个由嘌呤和嘧啶碱基的疏水侧链形成最简单空穴的螺旋模型，这个模型里丙氨酸的甲基可以匹配得很好。因此，"RNA领带俱乐部"第一次会议也许应该讨论接合体假说，但现在俱乐部获得国家科学基金会（NSF）的资助有问题。主办者希望被邀请者必须能到波士顿。更糟糕的是，主办者还要求会议结束后，要上交账本以证明我们的3500美元预算用于旅费和常规开销。常识告诉我们，为这样的资助而经历的麻烦比所获得的快乐要多得多。

我一直担心其后克丽斯塔会给我带来什么。当我得知她将于星期六早上来，而不是在星期五下午斯沃思莫尔的课程结束后就来时，感到事情可能不妙。我和乔一起返回华盛顿，晚上住在里奇家里。真不知是什么使得克丽斯塔让我夜不能寐。当她背着过夜的行李走下月台时，我仍然在担心她。我们尴尬的拥抱让我想给她的吻消失得无影无踪。当我们乘电车去乔治敦时，我尽量以中立的态度讲述乔对弗朗西斯的接合体理论的反应。

我在乔治敦找到一家艺术书店。进去后，我注视着一幅巨大的仿高更（Gauguin）的《塔希提妇女》。在此之前，我一直觉得克丽斯塔的面容酷似雷诺阿（Renoir）的油画，但此时此刻，我看她更像一位塔希提美女。虽然这么说了，可是并没有意料之中的效果。在附近的一家咖啡馆吃午饭时，我们都感到有点紧张，便到外面沿着威斯康星街漫步。我们很快就到了约翰小屋，速度之快超出里奇夫妇的预想，又沿切萨皮克运河的纤路尴尬地走了好几公里。显然，每周两次给克丽斯塔的信都产生了适得其反的效果，我最好还是轻松地报告我的各项活动，而不是倾诉她不在时的不开心。

晚饭时，亚历克斯和简察觉到我们的周末活动可能无法按计划进行了，尤其是克丽斯塔告诉他们因为要交一份意外的作业，她必须在周日晚饭前回到斯沃思莫尔。第二天早上,当克丽斯塔说她可以自己去联合车站时,我的情绪又受到打击。这时,亚历克斯成了我的救星,他提议开车送我们到联合车站,这样我们还可以不紧不慢地吃一顿午饭。当我们沿着月台走向车厢时,我才感觉到克丽斯塔的快乐。意外的是,克丽斯塔说她下周末可以按计划去纽黑文。我们将去耶鲁大学校园附近我叔叔婶婶的家。由于贝蒂婶婶一直沉浸在先人逝世的痛苦之中,我和克丽斯塔的这次拜访将不带任何感情色彩。

第二天上午,我想我给NSF的生物学部主任布林克斯(Lawrence Blinks)留下了很好的印象,对他来说最重要的就是我将很快得到哈佛的职位,他们可以给哈佛教授项目资助,这样我就有资金可以回英国剑桥。我还必须说服哈佛生物系将我的学术聘任从NSF资助算起,如同让我学术休假一年。一周后,我就得知生物系主任卡彭特同意我聘任期的第一年可以在海外。当我在英国时,哈佛就会将我的经费存起来,留待以后常规学术休假时使用。

因此系里只给了我很少的经费供我的实验室一年的配备和运行。但我期望能从NSF获得更多的资助让我全速开展科学研究。哈佛能给我提供生物系助理教授应有的实验室空间。由于有几位主要的教授即将退休,因而即使除未完工的北侧楼外也还有一些空间。几个大的、方形的、拐角处的办公室都是给正教授的,但我被带到了三楼贝利(Federick Bailey)即将腾出来的一间也算大的办公室。贝利长期以来一直是美国最优秀的植物解剖学家,他配备的显微镜实验室中没有化学通风橱,但我还是看到了接管简陋设备的很大好处。办公室面西,越过大片的树木和草地可以看到建筑精美的19世纪神学院宿舍。此外,办公室就在入口的正上方,入口处两侧各有一个实物大小的铜制犀牛,那是1934年由即将卸任的洛厄尔(Lowell)校长挑选的生物学研究标志。

在纽黑文与克丽斯塔在一起时,似乎上周末的事不曾发生过。我感觉很好,没有问她为什么一点都不紧张,并且在我姐姐满是报纸的沙发上那么自然地挽着我的胳膊。我叔叔马上夸奖克丽斯塔天生丽质,姐姐则满意地向朋友报告我的女朋友是一位享有盛誉的哈佛教授的女儿。克丽斯塔愉快地告诉我,她将从斯沃思莫尔寄一件礼物来庆贺我即将到来的4月6日生日,这让我心头一热。

想着她的礼物就使我在返回加州理工学院的疲惫旅途中情绪高涨。因为要在芝加哥换飞机,我匆匆探望了一下奥格尔夫妇——莱斯利又重新成为一名纯化学家,和罗伯特·马利肯一起工作。我的生日都过了还没收到克丽斯塔的礼物,我又变得焦虑不安。当我看见一个长圆柱状包裹上她的字迹时,立即回家愉快地拆封,发现是我在乔治敦书店非常欣赏的那幅仿高更作品,画中3名塔希提女子的面孔看上去非常恬静,我将它挂在我书桌上方墙面的显著位置。

随后,带着无忧无虑的心情,我和德尔布吕克一家、杜尔贝科一家以及他们的德裔朋友玛格丽特·沃格特(Marguerite Vogt)(当时正与雷纳托·杜尔贝科一起研究脊髓灰质炎)一起进行复活节露营旅行。我们的目的地是下加州东面的沙漠荒丘,就在圣费利佩墨西哥渔村的南边。这里的热度虽然不及烈日炎炎的夏天,但银汉鱼游弋的水中已经温热。曼尼·德尔布吕克已36岁,却依然保持着少女的羞涩,觉得没什么理由下水游泳。起初,出于礼貌,我大部分时间都将头浸在水里,但其他人都没有这般拘谨,尤其是玛格丽特,我总觉得在近距离看她非常尴尬。但到黄昏时,所有人都可以从我晒伤的皮肤上明显看出,我并没有彻底地保持风度。一周后,我晒红的脸颊才慢慢恢复。

现在,我已正式接受了哈佛的职位,可以开心地期待乔治·沃尔德的一次短暂访问。然而,这次访问很快就被德尔布吕克给打断了,他以非常不礼貌的态度当众嘲笑了乔治关于眼睛是如何适应光线的新理论中的数学内容。尽管我在加州理工学院还剩下很短的时间,我仍然想要完成一篇严谨的论文来体现今年的学术研究进展。然而,莱斯利和我感到我们关于RNA合成的三联体方案太过于投机而无法发表,而且我知道公布我们近期的RNA带状结构也存在同样的风险,除非是对^{18}O-水做进一步的实验以显示RNA磷酸三酯键的存在。那时,我对先前和唐·卡斯珀一起撰写的关于烟草花叶病毒中RNA的理论文章也觉得不是很满意。通过论证蛋白质亚基二聚体存在的对称性,我认为首先存在某种含12条RNA双链的带状物环绕全长2800Å的TMV微粒。但这就意味着,RNA单链的分子质量只有西蒙斯上个月的测量值(200 000道尔顿)的一半。因此,我们还是写不出一篇好文章。

斯滕特夫妇劝我在离开加州前至少再去一次伯克利,我便挑了4月末的一天,正好我妹妹贝蒂和她的丈夫鲍勃乘远洋客轮从日本到达旧金山。妹妹和妹夫为他们差不多一岁的儿子蒂莫西而骄傲,我则为去哈佛任教之前能和弗朗西斯一起在英国待一年而兴奋。贝蒂和鲍勃作为美国政府机构在日本的常驻人员,日子过得不错。他们有两套非常时髦的住宅——一套是东京国际会馆附近为三井家族建造的,另一套则在镰仓大佛附近,面向南面海滩。至于鲍勃在横滨海军基地的办公室中为什么人做事,我明白贝蒂并不想我多问。

将他们送上飞往芝加哥的飞机后,我穿过海湾大桥去伯克利作一个报告。我首先讲了RNA带状物,接着试探性地讲了遗传重组时可能产生的DNA结构。那天晚上,冈瑟说传闻最近纽约的西班牙裔生物化学家奥乔亚(Severo Ochoa)的实验室通过酶合成了RNA。来自巴黎的博士后格伦贝格-马纳戈(Marianne Grunberg-Manago)声称已发现了一种细菌酶,可以用核苷二磷酸作为前体合成RNA链。在这个反应中,DNA不起任何作用,而是通过4种不同核苷酸构件的随机顺序产生RNA链。DNA的或缺使冈瑟和我怀疑这种酶真正的细胞作用是分解RNA而不是合成RNA。无论如何,我们都非常希望亚历克斯·里奇能够尽快着手研究这种酶产物,来看看它的X射线衍射图案是否与我们在病毒和细胞中已发现的RNA图案相同。

回到加州理工学院后的最后几周过得很快。即使是肮脏的烟雾散发出来的臭气也不能使我情绪低落。有一个周末,我和马特·梅塞尔森一起开车进入莫哈韦沙漠,他富有的父亲刚给他一辆"雷鸟",我们轻而易举地以100英里(约160公里)时速飞驰。几天后,奥本海默在加州理工学院作了两场关于介子理论的报告,在校园中掀起了讨论热潮。我毫不犹豫地加入到好奇的人群中,聚集在物理系报告厅。就像大部分人一样,我并不能完全理解奥本海默的论点,但他那思路清晰的风格使大部分人一时相信自己理解了他所要阐明的理论。演讲前一天,他戴着馅饼式帽子的侧影突然出现在我去"雅典堂"的路上,他的容貌是如此熟悉,让我感觉他似乎已在我的世界中存在了很久。

谈到查加夫就没什么意思了。他5月首次访问了加州理工学院。他始终不承认长期以来对弗朗西斯和我的尖刻态度。费曼也学着查加夫讽刺我们为"思想者"。研究DNA的新人可能已经开始怀疑,也许正是查加夫的这种坏脾气导致他没有第一个意识到他的A═T和G═C碱基比例的重要性。我还记得我们发现双螺旋之前的那个暑假,查加夫在肯德鲁的"彼得屋"中对弗朗西斯和我的粗暴态度。

在加州的最后两个周末,我和朋友一起去了加州理工学院东边的山区,我们首先攀登了11 500英尺(约3450米)高的圣戈尔戈尼奥山,一周之后,又攀登了帕姆·斯普林斯之上的更高一些的圣哈辛托峰。两座山峰仍有积雪,但不足以扰乱我们的路线,只期望回程安全。我没办什么正式手续就离开了帕萨迪纳。和乔治·比德尔说再见时我非常难过,因为几乎在任何时候,比德尔都站在我这边。即使知道我决定依个人兴趣到哈佛,在我离开时他还是那么亲切。20世纪30年代,对他那内布拉斯加瓦胡人的思想而言哈佛的一年胜过一切,但如今他却希望我不要把在哈佛看得过于重要。

进入6月后,我动身去芝加哥。3天后,搭车的一位生物系研究生在北岸市郊他的父母家下车。我则和父母轻松地过了一周。在去哈佛之前,我到冷泉港讨论了一周的遗传学。到哈佛的第一天夜晚,我住在迈尔家位于华盛顿大街的寓所中。克丽斯塔已经去了欧洲,她打算先和一位朋友逛逛法国,然后在大学课程开始之前花些时间使自己的德语更为流利。因此,恩斯特给了我克丽斯塔叔叔在弗里堡的地址,7月中旬之前她都会住在那里。等我参加完在法国的核酸会议之后,也许可以在那里找到她。

下午,我去伍兹霍尔拜访乔·伽莫夫,要待到第二天。乔·伽莫夫独自在鳝鱼塘的一座小别墅中度夏,这样他可以逃避与罗不愉快的婚姻问题,也可以安静地着手写一本有关宇宙论以及"RNA领带俱乐部"趣事的书(见276—278页)。马蒂纳斯·伊卡斯(Martynas Ycas)也已从波士顿过来,讨论他们关于A、G、C、U的64种三碱基排列对应排布氨基酸的尝试性理论。今年早些时候,他们已利用烟草花叶病毒和芜菁黄化病毒的核苷酸碱基以及氨基酸组成来研究20种不同氨基酸的比例与4个RNA碱基比例之间的相关性。最近,马蒂纳斯又从伯克利获得了番茄丛矮病毒的相关数据,看上去似乎支持他们以前提出的密码子方案。

我一走进乔的房子,他就递给我一杯苏格兰威士忌,他自己已经在喝一大杯。但得知我俩餐后都将参加沃尔德家的聚会后,我拒绝再喝。我在安德鲁和伊夫夫妇家吃晚餐,又听到不少当地趣闻。在我们去乔治·沃尔德家的路上,乔威胁要用打油诗来占据乔治准备讲布鲁克林笑话的场合,那些笑话最好是他妻子在厨房时讲。来客大都和上个夏季一样,他们时常与乔治保持接触。乔喝了很多威士忌,充足的啤酒也让其他客人感到满意。临近午夜时,乔治妻子甚至乔治本人对将我们赶出去都不觉得有什么过意不去。

　　离开乔治家后,我不想一个人醉意朦胧地走,就说服一位活泼、身材匀称的哥伦比亚大学学生和我一起开车去诺布斯卡海滩,我们静静地停在白色沙滩上,她既渴望我那在去年夏天未曾展露的感情,又非常漂亮,让我无法立刻明白去年夏天就很没意思的事情现在就更没意思了。幸运的是,她知道36个小时后我将飞赴伦敦,这让我有借口在必须做出尴尬的道歉前发动汽车。当我的车轮在沙地里打转时,我心中有片刻的慌乱,担心需要救援人员将我的车推上公路。还好,后轮控制得很好,我们很快就到了她租住的房子门口。她对我的激情消退一点也不介意,只希望我给她一个告别拥抱,我觉得没有理由让她失望。

21. 剑桥(英国):1955年7月

　　1955年6月,从回到剑桥的那一刻起,我的大脑重新活跃起来。加州理工学院那种言辞精妙而有条不紊的节奏已经离我而去,取而代之的是弗朗西斯·克里克喋喋不休地向我细述他在卡文迪什实验室的种种情况。我与他一起吃完我回来后的第一顿午餐,他就带我去见莫特—— 一位来自布里斯托尔的聪明的固态物理学家。一年前,他接替劳伦斯·布拉格爵士成为卡文迪什教授。到目前为止的大约一年时间里,莫特一直错误地以为弗朗西斯的姓是沃森-克里克。

　　弗朗西斯想向莫特引荐他的美国合作者——我们将再次共用发现双螺旋的一楼实验室,该实验室位于奥斯汀侧楼。介绍完毕后,弗朗西斯解释说由于医学研究理事会(MRC)小组的研究提高了实验室的名望,我们狭小的空间将会挤满前来参观的科学家们,而对我们今后几个月中将要进行的RNA模型工作而言,哪怕是很小的空间都是极为宝贵的。莫特洞悉了弗朗西斯的意图,直接问我们需要多大的空间。他知道我们明白他希望生物方向的MRC研究小组腾出在卡文迪什实验室的位置,而让实验室尽快全部回到物理学研究,重新树立起J. J.汤姆孙(J. J. Thomson)以及卢瑟福(Ernest Rutherford)领导时期所建立的卓越地位。但莫特也清楚地知道,目前学校没有令人满意的地方供MRC研究小组搬入,所以只能听任生物学家们在他的管辖下过一两年。

　　我比亚历克斯·里奇早到几天。他带来了由奥乔亚和格兰贝格-马纳戈在纽约合成的RNA分子样品。亚历克斯得知奥乔亚和格兰贝格-马纳戈的发现后，很快劝说奥乔亚寄些酶合成的RNA样品到他所在的NIH实验室。但这些样品所获得的X射线图像只是勉强可以接受，表明他们所合成的RNA具有与我和亚历克斯在18个月前在加州理工学院发现的相同结构。但亚历克斯不能百分之百地确定这一点，他认为最好用卡文迪什实验室的旋转阳极X射线设备做一下实验，因而以此为由到剑桥做一次短期访问。临来之前，亚历克斯告诉他在NIH的上司说，这将是最终解决RNA结构的好机会。

　　几周以前，有关RNA的消息在伦敦的报纸上很是热闹了一阵。当时报纸刊登了一则来自伯克利的消息——弗伦克尔-康拉特（Heinz Fraenkel-Conrat）和威廉姆斯（Robley Williams）利用纯化的TMV蛋白质和RNA这两种本身并不具有侵染性的物质，重组成具侵染性的TMV微粒。在加州大学宣传部门的帮助下，他们的发现被吹捧为迈向人工合成生命的一个伟大进步。《泰晤士报》打电话向弗朗西斯求证这一消息。弗朗西斯很高兴他曾预言的由病毒蛋白质和核酸成分成功重组病毒得以验证，但这并不是迈向创造生命的一步。然而，如果不这么说就无法产生伯克利所期望的振奋人心的效果。

　　我在到达后的几天时间中都与肯德鲁夫妇待在网球场路12号他们的"彼得屋"里。肯德鲁对肌红蛋白（一种携氧肌肉蛋白）工作以及美国中西部来的博士后帕里什（Bob Parrish）和洛杉矶来的丹茨西斯（Howard Dintzsis）的大力帮助很是乐观。当肯德鲁去年转向鲸和海豹的肌红蛋白晶体研究后，以前研究马的肌红蛋白晶体的失败历史终于结束。现在，他和丹茨西斯正在寻找合适的重金属来验证佩鲁茨1953年用同形置换法揭示蛋白质中原子三维排列的突破性工作。

　　肯德鲁现在热衷于来一次更像样的阿尔派恩之旅——就像1952

年的夏天我们去都灵北部的大帕拉迪索山一样。我们将这次探险的时间定在8月的第一个星期,也就是在我刚参加完在米兰北部马焦雷湖边的帕兰扎(韦尔巴尼亚)召开的"生物大分子"会议之后。最初是弗朗西斯而不是我被邀请在这个会议上作一个报告。这次会议旨在给大家一点智力启发。弗朗西斯开始还怀疑这是不是我的意大利朋友们搞的恶作剧,因而需要重新确认一下这次会议是否真能帮助意大利的生物学研究跟上DNA的时代步伐。但与亚历克斯·里奇同在马萨诸塞的剑桥,弗朗西斯觉得耗费一周时间去参加一个以食物和风景而非科学为主要吸引力的会议没有什么意思。如果我能去,弗朗西斯就可以脱身。我也乐于接受邀请,因为这样我就有理由穿过瑞士进入德国去看克丽斯塔·迈尔。

克莱尔学院的导师批准我在秋季开学之初就搬进临近剑河的"古庭"的顶楼房间。透过它那具有17世纪后期风格的窗子,我饱览了克莱尔学院和国王学院教堂的绚丽风光。我的床像岩石般坚硬,附近没有洗衣房,打扫房间的人又异常沉默寡言,这些都没有什么关系。我每天只需3分钟就能步行到三一大街,买一份《泰晤士报》,踱入咖啡店吃早餐。然后,我可以溜达到国王检阅大道,经过评议会大厅,2分钟后就到了卡文迪什实验室。

这次,我重新以研究生的身份回来完成我的博士学位论文——上次因征兵局催我返回美国而未能完成。我就以这种方式留在克莱尔学院,经费则来自国家科学基金会发放的微薄实验费,这笔钱已由哈佛转给佩鲁茨以支付我在卡文迪什实验室的研究费用。余下的875美元给了加州理工学院,用于购买一套鲍林-科里空间填充原子模型。这套模型运来后,弗朗西斯和我就可以开始评价所选择的RNA结构。到那时,我们打算完成一篇关于植物病毒结构的理论文章。该文将诸如芜菁黄花叶病毒(TYMV)和番茄丛矮病毒(TBSV)之类的球状病毒的立体对称性与烟草花叶病毒(TMV)的螺旋对称性相比较,重点是推断由较小的蛋白质构件组成的病毒蛋白外壳的结构。不久,唐·卡斯珀加入了我们的研究,他刚刚获得一笔资助,允许他在去耶鲁工作之前在卡文迪什实验室待上一年。他到剑桥的目的就是利用这里的X射线设备来建立TBSV蛋白外壳的立体对称结构。

我希望常能与休·赫胥黎一起用餐,但他的实验使他没时间参与晚间的社交活动。他从麻省理工学院(MIT)回来已将近一年,还一直沉浸于他在MIT时用电子显微镜观察结果所构建的肌肉收缩"纤丝滑动模型"。他在博士论文完成后已被聘任为医学研究理事会研究小组成员,现在完全独立了。休回来后,肯德鲁先是希望彼得·鲍林能从休的新发现中获得启发,从而将自己的研究方向由肌红蛋白转向肌肉研究,但彼得并没有这样做。在我回来之后,肯德鲁已对彼得的研究听之任之,彼得如果不是情绪起伏不定,大可继续保持自己的生活方式。

肯德鲁不可能让彼得在肌红蛋白研究中担任重要角色,因为他不能冒险让整个项目依赖于彼得的进展。他从不能确定彼得是否真的在剑桥——虽然可以看到彼得在"彼得屋"出出进进,但他的注意力并非一直在科学研究上。我回来的时候,彼得正开着他哥哥那辆大的敞篷旅行轿车去斯图加特的梅赛德斯工厂进行引擎检修。经过一番大修,彼得的手头拮据起来。为了减少汽油消耗,他只能带着精挑细选过的吉顿和纽纳姆女郎坐他的车在剑桥的大街上招摇。

我回来的几天中,彼得脸上灿烂的笑容十分短暂。他找女朋友的情况也不太好。他的前任女友马里耶特现在就在巴黎,与她恢复在帕萨迪纳时的亲密关系实在是太容易了,但喜欢马里耶特并不妨碍彼得想与其他被其魅力吸引的女孩保持一样的距离。然而,彼得近来不愉快的原因并不是太多的女孩使他无从选择,而是他担心让尼娜离开他回到丹麦可能铸成大错。尼娜曾是佩鲁茨家的帮工,她纤细柔美,一头金发。

鲍林家的魅力也让彼得的妹妹琳达的生活非同寻常,她去年秋天到了欧洲,常住剑桥。她在俄勒冈的里德学院时曾与小斯坦利(Wendell Stanley, Jr.)关系密切,而小斯坦利的父亲曾获诺贝尔奖,在伯克利极有名。这种亲密关系让琳达的父母很是担忧,他们觉得自己的女儿在卷入感情纠葛之前还需要好好成长。不过,琳达在毕业时已发现去欧洲比早早嫁给一个未来的理科研究生更为有趣。令她开心的是,她父母给予的资助比原先同意的还多。

琳达的新生活一直很顺利,直到春天她与美国小伙子乔纳森·米尔斯基(Jonathan Mirsky)相恋。乔纳森·米尔斯基是纽约洛克菲勒研究所著名的生物化学家阿尔弗雷德·米尔斯基(Alfred Mirsky)的儿子,当时是国王学院的研究生,攻读中国文化与历史。就算不是让琳达极度震惊,起码也是出乎她意料的是,莱纳斯和阿瓦·海伦强烈反对女儿在信中告知的他们将于晚春去西班牙旅行的计划。对琳达而言,父母的反对不啻晴天霹雳,因为在此之前他们并不反对年轻人在婚前相互深入地了解。特别令人尴尬的是,双方的父母互相认识。在20世纪30年代末,米尔斯基一家曾在加州理工学院待过几年,就是阿尔弗雷德将莱纳斯带入蛋白质化学研究的。

由于这两位卓越人物分别是基督教和犹太教全国理事会的加州委员,琳达从中嗅出了一丝反犹太主义的味道。因此,被激怒的琳达向她在剑桥的熟人们揭发她父母的虚伪,但那些了解阿尔弗雷德·米尔斯基的人并不认同,他们认为很可能是莱纳斯和阿瓦·海伦不希望他们的女儿与一个自命不凡、自我意识过度膨胀并远远超过他实际贡献的科学家的儿子在一起。就在我们发现双螺旋之前,米尔斯基已在与同事埃弗里(Oswald Avery)*的争论中败下阵来,埃弗里宣称是DNA而非蛋白

---

*美国细菌学家,发现肺炎双球菌病原性的转变由具遗传性的菌体因子所致,进而确定该遗传物质为DNA。这是首次表明基因的本质为DNA,对分子生物学的发展有重大意义。——译者

质携带遗传信息。

西班牙之旅成为关系到琳达名誉的大事。虽然最初两人都担心资金不足而只能在旅行中小心花销，但计划还是能如期进行。深入西班牙之后，拮据的生活没有让两人更为齐心协力，相反，他们的分离情绪一步步加重。最糟糕的是，就在行程即将结束之时，他们在西班牙与法国的边界上遭遇了一场车祸。租来的车已严重损坏，没有钱修车，他们又不想尝试从莱纳斯和阿瓦·海伦那里得到支援，只能转向英国的朋友求助。幸运的是，维克托·罗思柴尔德给了他们一些钱，让他们的车能重新上路。

当琳达灰溜溜地回到剑桥后，她迫切需要从头开始。她首先需要一个睡觉的地方和一份聊以度日的工作。显然，她并不想求助于父母，这样的代价是她得在夏末返回加州。但愿她在大学所受的教育能让她找到一份名副其实的工作，而不是只为了最终嫁给一位有思想、很可能也是以自我为中心的专业人士。

几天后，在与克里克夫妇共进晚餐时，我终于见到了琳达。她有着美丽的金发和迷人的魅力，毫不畏惧地与人对视，而且直言不讳。刚开始只是临时的，后来是整个夏天，她都住在"金色螺旋"——克里克在"葡萄牙地区"的房子——的地下室里。这样一所有独立出口的房子对一个帮工的女孩而言非常合适，在克里克的女儿杰奎琳和加布里埃勒不需要人照顾时，她可以独自进出而不显得唐突——奥迪勒目前还没有帮工的女孩，琳达愿意做这份工作，但她也担心她母亲知道她正在帮一个否定她父亲观点的人做家务时会作何想法。当里奇夫妇也搬过来住之后，琳达知道，即使没有男友，以后的日子她也不会孤独了。

这周的晚些时候，我与罗思柴尔德夫妇在他们那令人难忘的房子里共进晚餐，那座房子起初是与圣约翰学院隔剑河相对的一座修道院。晚餐在默顿大厅，听名字就知道这地方的长期所有权属于牛津的默顿

图21.1 摄于"金色螺旋"——克里克夫妇在剑桥"葡萄牙地区"的房子外（1955年7月）。从左至右：伯恩哈德（Sid Bernhard）、琳达·鲍林、弗朗西斯·克里克（迈克尔·克里克正在与他交谈）、简·里奇、奥迪勒·克里克、杰奎琳·克里克、一位无法辨认的男士、安·卡利斯（Ann Cullis）。克里克夫妇的大女儿加布里埃勒在门口的3个孩子之中。

学院而不是圣约翰学院。我到达时，一位男佣告诉我说主人还有一些私事要处理，这使我有机会与罗思柴尔德夫妇的女儿埃玛（Emma）长谈。埃玛好奇的笑容与她7岁的年龄不相符，她带着我四处看看时，我发现她有成人般的谈吐，当她父母出来对让我等候致歉并示意她回屋时，我真觉得有一丝遗憾。

　　主菜之后，我谈及一周前在罗莎琳德·富兰克林实验室了解到，农业研究理事会（ARC）对她提出添置一台新的X射线衍射仪持迟疑态度。没有这台新仪器，她的TMV研究进度就与其优秀的合作者们的才智不相匹配——她有一位非常能干的研究生霍姆斯（Ken Holmes），还有一位是数学能力极强的南非人阿伦·克卢格（Aaron Klug），他急于从撰写有关钢水凝固的枯燥博士论文转向生物学研究。尽管维克托作为

ARC主席一职的荣誉成分多于实权,但那里的主管威廉·斯莱特爵士
(Sir William Slater)很尊重他的意见。维克托也获知罗莎琳德要求增加
资助的事。表面上看,如果罗莎琳德与一位英国的资深植物病毒学家
合作,这项经费申请可能进展更快,但实际上这样会浪费大家的时间。
如果迫不得已的话,罗莎琳德就要接受这一无聊的行政指令。若作最
坏的打算,就是到8月假期结束之前,这项申请似乎不会有任何进展。
但维克托给我的印象是他站在罗莎琳德这一边。

　　尽管这次晚餐很正式,但我们的谈话并不拘谨。后来,我们的话题
转到维克托的第二任妻子特斯与鸟类学家的渊源。事实上,维克托的
贵族身份也与鸟类有关。他的叔叔沃尔特(Walter)没有法定继承人,这
样维克托才成为一名贵族,而沃尔特本人毕生沉浸于大型鸟类收集,他
还在伦敦西北部奇尔特恩丘陵下赫特福德郡的特灵修了一栋特殊的房
子来存放标本。他一直对猫头鹰感兴趣,在特灵的房子外面就养着两
只。有关特灵的事我已不是第一次听说,正是维克托的叔叔25年前资
助恩斯特·迈尔到所罗门群岛进行鸟类收集的探险活动。

　　在餐后用甜点时,维克托想了解琳达下一步的打算,对她现在在克
里克家帮工这件具有讽刺意味的事只是一笑置之。他确实对自己未能
给彼得和琳达什么帮助表示难过,因为原本只要滥用一点特权就可以让
他们有更多的选择。当最后一缕夏日阳光射在圣约翰学院的树上时,我
在白兰地的刺激下开玩笑地对特斯说,我将等到埃玛成年之后再结婚。

　　我给罗莎琳德去信通报了我和维克托的谈话内容:

卡文迪什实验室

莱恩自由学院

剑桥

1955年7月22日

亲爱的罗莎琳德:

我已与维克托·罗思柴尔德谈了你的ARC资助申请。他非常赞同并告知他将尽快给斯莱特写信。显然,他很了解你的情况并且已和斯莱特谈过你需要追加经费。有人向他提议在史密斯小组中增加一两个人,我想贝尔纳将为此提交一份更为详细的申请。然而,8月假期即将来临,9月前此事可能不会有进展。也许在批准以前我们应该再谈一次,但不巧的是,我计划在假期中的周一去欧洲大陆,因而很可能在9月1日之前我们没机会再见面。

从瑞士回来的路途中,我很可能会在蒂宾根停留。

吉姆

7月里,我和彼得或者琳达一道,经常见到瑞士生物化学家阿尔弗雷德·蒂西尔斯(Alfred Tissières),他是国王学院研究员,住在与教堂相邻的吉布斯大楼一楼的豪华套间里。一天傍晚,琳达、阿尔弗雷德和我开心地参加罗思柴尔德夫妇一年一度的七月游园会。参加聚会的年轻人不多,但大量的果酒足以弥补这一缺憾。在黎明前一直延续的蓝色曙光中,我们都一直处于微醉状态。阿尔弗雷德有一辆"本特利"轿车,目前存放在洛桑他母亲家中,他还是一位经验丰富的登山家,曾经历过巴基斯坦北部变幻莫测的拉卡普西山的雪崩。当弗朗西斯和我在研究双螺旋时,阿尔弗雷德正在加州理工学院做研究。他目前在剑桥莫尔蒂诺研究所的基伦(David Keilen)手下从事细胞色素蛋白研究。他将于8月返回瑞士,我计划在与肯德鲁徒步旅行后,在瓦莱州的齐纳尔与他同行。

阿尔弗雷德只是国王学院众多出色的登山家中的一员。一度很有影响力的经济学家皮古(Arthur Cecil Pigou)也是其中之一,他那80岁的瘦削身躯非常柔韧。在阳光灿烂的下午,皮古经常躺在吉布斯大楼前的一张折叠椅上。他注意到阿尔弗雷德这个夏天常和一位年轻女子在一起，两人的态度看起来不仅仅是友谊。皮古厌恶女性的心理很重，特别是对国王学院的女性。因此，他担忧地把阿尔弗雷德叫到一旁说，女人的位置是在别人的家里，更重要的是，她们是山峰的"敌人"。

我去欧洲大陆前收到了乔·伽莫夫的一封信，这是"RNA领带俱乐部"的第一轮正式通知，用俱乐部的新信纸书写，上面将20个俱乐部成员的名字和他们的氨基酸代码名称列在一起。另外两位即将成为荣誉会员的阿尔伯特·圣捷尔吉和李普曼的名字也列在上面（见279—280页）。乔提议最终选出4位荣誉会员，但在此之前必须筹集资金，以便给予他们俱乐部领带和领带夹。他希望能从每个正式会员那里收取2美元，但这在后来成为发展荣誉会员的障碍。作为俱乐部官员，乔将自己列在第一位，称为"集大成者"。我和弗朗西斯是公认的"乐天派"和"悲观者"，以反映我们对RNA结合特定氨基酸之潜力的不同态度。"掌玺大臣"一职没人有兴趣去争，但乔为什么给亚历克斯这样的任务一直是个谜。他选择喜爱数据分类的伊卡斯当"档案保管员"倒很容易让人理解。

乔拟定的俱乐部格言"要么做，要么死，要么别试"（Do or die or don't try），真是朗朗上口，正中下怀。我们决不会说"别试RNA"，那将意味着我们放弃对基因追根溯源。就算科学上最终失败，也比不参加这场战斗要强。人的感情却是另一回事——尽管现在说别找克丽斯塔已经太迟，但因她而灭亡不是我要走的路。

22. 欧洲大陆:1955年8月

　　当我离开剑桥去欧洲大陆开始我一个月的旅行,并参加在位于横跨阿尔卑斯山区马焦雷湖的帕兰扎(韦尔巴尼亚)举行的大分子会议时,除了有些游人来参观国王学院教堂之外,剑桥已呈现出仲夏时节的宁静。穿越海峡抵达巴黎的短途飞行后,我在埃弗吕西夫妇靠近新设立的实验室的新居度过了第一晚,埃弗吕西夫妇为购买他们的小家已倾其所有,晚上我只能睡在一张小沙发上,再将脚搭在一张椅子上才容得下我六英尺两英寸(约1.85米)的身躯。晚饭后,鲍里斯谈到他已经拒绝了芝加哥大学的聘请。哈丽雅特正怀着他们的第一个孩子,他们不想再忍受大城市内日益糟糕的环境。当然,哈佛完全异于巴黎,尤其是哈丽雅特是美国人,而且比俄罗斯裔又结过婚的鲍里斯要小20岁。他们在波士顿附近的剑桥愉快地度过了4个月的学术假期,但让他们难过的是,后来似乎没有任何迹象表明哈佛想让鲍里斯去替代学问平平的莱文。

　　晚饭之后,我开始感到嗓子疼痛,以至于吞咽口水都成了一种折磨。我完全无法入睡,但没有办法,旅程还要继续。参观过鲍里斯实验室的新设备后,他们送我到附近的奥里机场,我将乘班机去日内瓦。日内瓦的让·魏格勒招待我一天,他刚从加州理工学院德尔布吕克那里回来,重新整天待在他的日内瓦实验室,与以前的学生克伦贝格尔(Edward Kellenberger)一起做大量的噬菌体实验。基于日内瓦人的特性，加上充足的经费来源，让不必承担教学任务并热衷于登山。他对我谈及的蒂西尔斯目前作为国王学院研究员的生活很感兴趣。他们曾加入同一个讲法语的瑞士登山团体。年已55岁的让告诉我，比他小17岁的阿尔弗雷德可以登上他不再敢尝试的高峰。

日内瓦东南部位于瑞法边界的萨莱沃山是让训练自己面对相对高度几百英尺（上百米）的悬崖而不畏惧的场所。让喜爱登山不仅是为了在山崖上锻炼身手，也是为了抑制常常伴随着他的对跌落的恐惧。两年前，让曾经领我登上萨莱沃山顶。那次小小的成功虽然让我精疲力竭，但同时也让我充满信心。如果有一位经验丰富的登山者带领，我可以登上更多真正的瑞士山峰。然而，那天下午，让显然对他关于噬菌体λ在不同细菌宿主中生长时遗传特性变化的最新实验更感兴趣，而我很快感到嗓子非常疼痛，几乎不能作声。我立刻去看医生，被告知需要服用青霉素并且要好好休息几天才能治好我严重的扁桃体炎。

病痛让我陷入两难境地。让的公寓在德梅泽勒地区，从俯瞰日内瓦老城区的伟岸的大教堂沿着格兰德吕就可到达。让原指望我只在他那华贵的居所住一个晚上，这间客房将让给他熟识的一位法国老妇人，让无意中说出她是罗思柴尔德家族的成员。我不得不离开，而当让告诉我安·麦克迈克尔（Ann McMichael）将照顾我时，我一开始并未意识到好运降临。安是来自费城的一位年轻医生的金发妻子，这位医生还未决定是从事纯理论研究还是临床研究。麦克迈克尔夫妇在访问日内瓦之前已在加州待了两年。在加州理工学院，安和简·里奇在她们各自的丈夫埋首于实验室工作时共度了不少时光。

第二天下午，麦克迈克尔夫妇来接我去他们位于日内瓦湖边的小旅馆时，我并未指望能很快康复。安容貌秀丽，具有以前在美国校园时让我不解的美国女大学生典型的热情性格。当谈到他们住的小旅馆可以一览从日内瓦湖到法国边境山脉的美丽景色时，她更是激情四溢。吃过旅馆做的糕点后，我感觉好多了，我尤其注意到当我俩目光交会时她并不躲闪。第二天早上，青霉素开始生效，我的嗓子好多了，烧也退了。安的丈夫已经去实验室，我和安便去湖边的小店闲逛。吃过旅馆提供的午餐后，我们又赶去坐开往法国边境的游船。很快，我们便如同刚结识的情侣，在附近的果园和葡萄园散步并脉脉对视，享受着我因病不能去帕兰扎而得来的幸运。尽管现在我已基本康复，可以在会议结束前赶到，但头一天已发送请假的电报，没人指望我能到会。

回旅馆吃晚饭时，我开始为没有争取参加在法国举办的一个小型RNA会议而感到愧疚，从日内瓦向南开车一小时就能到达那里。6个月前，多蒂、我和近来在哈佛医学院工作的勒诺尔芒（Henri Lenormant）一起筹备这个"RNA与蛋白质合成"会议。最初提议在勒诺尔芒的家乡屈洛兹举行，听起来就像是开玩笑。由于这个会夹在两个国际会议——一个是在苏黎世召开的化学会议，另一个是在布鲁塞尔召开的生物化学会议——中间，因而最好是换成关于接合体的"RNA领带俱乐部"会议，但勒诺尔芒在法国不能像乔·伽莫夫在美国那样弄到那么多经费。后来，洛克菲勒基金会同意拿出150美元来资助这次会议，这笔钱只能供与会者食宿，来回旅费则必须由与会者自己解决。因此，当我后来获得意大利的经费资助时，我决定去帕兰扎而不是屈洛兹。这两个会议同时召开，我不可能同时都参加。

安看出，如果她和丈夫开车将尚未痊愈的我送到屈洛兹，我将会有所慰藉。一到周末，我们就开车出发，他们也希望在勒诺尔芒的朋友巴龙·戴居伊（Baron d'Aiguy）的大房子中度过周六之夜。所有与会者都住在那里，而会议在当地的一所学校举行。实际上，只有12个人到会，因而没费什么事就在会议议程中安排我插进一个下午作关于烟草花叶病毒的报告。我从1952年在剑桥试图建立TMV的螺旋对称结构讲起，然后着重讲述它的RNA组成以及在其螺旋排列的蛋白质亚基外壳中是否包裹一条或多条相同的链。

我和麦克迈克尔夫妇被安排在两个空房间住,这样他们就可以留下来参加值得纪念的会后晚宴。席间,大家品尝美酒佳肴,用法语交谈。甜点之后,安的丈夫似乎沉醉于学术讨论,安和我则随巴龙下到他的酒窖去取我们一个劲儿推崇的苏特恩白葡萄酒。巴龙高兴地打开了一瓶他的珍藏,我们三人浅斟慢酌。此时,安和我发现,与欣赏好客的主人专门为我们准备的法国歌剧相比,畅饮美酒更为轻松。酒劲很快就上来了,我也不再思考,于是我们溜到了花园,玫瑰的芬芳让我们感觉温暖而亲近。突然,我们发现已经没有声音从宴会传来,只好回到室内。很快,我就在楼上一间摆放着很少家具的像佣人使用的房间里睡着了。

第二天清早,我们驱车返回日内瓦,我将乘火车与肯德鲁会合,进行为期一周的登山活动。道别时,安的微笑中闪动些许深情,她的丈夫帮我把帆布背包放入火车车厢内。3周后,我还将经过日内瓦返回英国,但麦克迈克尔夫妇计划在本周末离开。安向我挥手说再见时,我知道她还期待着其他什么。

3个小时之后,我穿过辛普朗隧道,从这里去帕兰扎要更容易一些。我在多莫多索拉下车,搭乘汽车沿悠长的峡谷到了马库尼亚加,这个小小的山村就在阿尔卑斯山脉意大利境内的最高峰——罗莎峰脚下。肯德鲁已在订好的旅馆中开始担心为何我在晚饭时间尚未出现。第二天,我们到了较低的莫罗帕斯峰(2832米),从那里可以下行到萨斯菲,这个瓦萨小山村坐落于采尔马特延伸过来的米沙伯尔山脉之中。上行到关口的1500米极其艰难,当我们到达边境出示护照时都已精疲力竭。

图 22.1　肯德鲁摄于"彼得屋"前。

天空晴朗无云,罗莎峰上的冰川在离我们遥远的上方发出炫目的白光,我们的脸被太阳晒得通红。下到萨斯谷就没路了,我们只有慢慢爬(如果不是滑落的话)到一个看不到尽头的布满石块的斜坡。最后,我们终于找到下到山底的道路,也就不用再费力地爬回关口。我们又下行了90分钟,才看到马特马尔克的一家小旅馆的远影。我原想就在那里过夜,但无法说服肯德鲁,他打算继续走到6英里(约10公里)外的萨斯菲。山坡陡度已渐缓下来,我不再害怕踩错岩石,但当我们找到一间旅馆住下时,我感觉还是像要死掉一样,仅剩下支撑吃完晚饭的力气。

清晨,我被叫醒时感到难以忍受的疼痛,起码需要彻底休息一整天才能恢复体力,重新走回斜坡,但我并不想独自休息。意外的是,肯德鲁告诉我他必须在早饭后立即赶回剑桥,昨晚一个电话让他决定马上离开。肯德鲁比往常更为凝重的表情告诉我发生了某种突发事件,他必须马上回去处理。我则完全陷入茫然之中,不知这个消息是好是坏。无论如何,他很快就登上开往菲斯普的邮车,然后乘火车第二天回到英国。

　　现在我独自一人，真希望4000米的山峰能变低一点，我还需要一名向导将我从"不列颠尼亚营房"带到4027米高的阿拉林峰。走到营房花了4个小时，晚餐吃过奶酪和牛肉干后，我和30多名登山者睡在一起，他们中的大部分人都打算攀登难度更高的山峰。天未破晓，我们动身离开营房前往小阿拉林，登上一直延伸到阿拉林峰的巨大冰川。我紧跟着一大群人，最后一段路程几乎是笔直的，但没有什么真正的生命危险。站在山顶眺望，四面风光令人赞叹不已。我希望随后与蒂西尔斯在齐纳尔能接受更大的挑战。从山顶下来以后，我们在跨过冰川地带时加快了速度，在午饭前回到了萨斯菲。经过不到3小时的邮船和火车的颠簸，我到达了采尔马特，但下雨让我停顿了3天，我曾被晒得通红的脸在那里变成了棕色。有一天下午，我几乎是从戈尔纳格拉特跑到采尔马特。

　　当我来到引人入胜的齐纳尔山谷时，我觉得自己对这次更有难度的阿尔卑斯山之行已做好了充分的准备。邮车沿着一条弯绕曲折的小路前行，两边空空的，没有任何保护的屏障。到了峡谷的东侧，我急促的心跳才慢慢平静下来，开始欣赏那有些昏暗的山景。在齐纳尔，我收到一封简·里奇寄自英国马里郡的信，信中说她正穿梭于苏格兰的城堡与乡村之间去拜访她的亲戚们。

　　在与我会合之前，阿尔弗雷德和一位来自剑桥三一学院的朋友同行，这位朋友留着适合他在印度战争岁月的长胡须。我们在一间简陋的餐馆吃过午饭后，就开始了攀登小卡巴纳杜山的漫长旅程。我们正准备启程时，一支英国登山队刚好下来，我认出其中有一位是物理学家威利·西兹（Willy Seeds）。他曾与莫里斯·威尔金斯在伦敦大学国王学院一起从事DNA研究，当时莫里斯和罗莎琳德·富兰克林的关系正闹得很僵。我以为威利会停下来和我聊聊，但他却只说了句"你好吗，诚实的吉姆"，停都不停地继续往下走。阿尔弗雷德也听出他话中的讽刺意味。后来在小山喝茶时,阿尔弗雷德简短地向他的朋友解释了为何国王学院实验室视我为犹大(Judas)。

那天晚上,我们正在做向卡巴纳杜山(2886米)进发的计划时,蓬泰科尔沃从他在齐纳尔北部山谷的圣卢克家中打来电话,他将在第二天与我们会合。与阿尔弗雷德和迈克尔想攀登的齐纳尔罗特山相比,蓬泰科尔沃打算攀登相对较容易的洛别索。晚饭后,蓬泰科尔沃极力劝说我也去攀登洛别索,但我担心他不够强壮,不能救我于潜在的危难之中。拂晓时分,阿尔弗雷德、迈克尔和我又从岩石上走回冰雪中,很快就到达德山冰川,只要再笔直向上攀登900米就可到达通往齐纳尔罗特山冰雪覆盖的狭长山脊。一路上没有大裂缝,我也没有过度紧张。在我的耐力用尽之前,我们终于到达了山脊。阿尔弗雷德和迈克尔继续往上攀登,我则返回营地。刚往下走,天空很快就被乌云遮盖,已看不见齐纳尔罗特山和上加伯尔山。回到营地后,我猜测这种未曾预料的天气会让阿尔弗雷德和迈克尔回转,因而当他们一小时后出现在我面前时我一点都不惊讶。他们也没有征服齐纳尔罗特山,这让我因紧张而放弃的沮丧心理得到了一丝安慰。此后,我接受了这一事实——真正的阿尔卑斯山还不属于我。

这样的天气估计会持续很长一段时间,我们下到了平坦的罗讷河谷,有一条火车主线经过那里。我往东走,换乘开往巴塞尔的客车并在那里过夜。第二天清晨,我又坐上火车前往50英里(约90公里)外的弗里堡,克丽斯塔的亲戚家就在那里,我希望能见到她。很快,我找到弗里德里克·西蒙(Frederick Simon)博士的房子,然后紧张地期待着克丽斯塔开门的那一刹那。然而,她外出旅行去了,两天之内不会回来。我用极不流利的德语,满怀感激地接受了他们为我提供的免费住宿。我不能以有限的阅读科技德语的能力与她的亲戚交流,只好闭门读米特福德(Nancy Mitford)的企鹅版《爱在寒带》(*Love in a Cold Climate*),其中许多段落让我情不自禁地发笑。当克丽斯塔走进房间意外地见到我时，我已经完全放松下来。克丽斯塔很乐意以后和我一起去伦敦、剑桥，然后北上去苏格兰——我被邀请去苏格兰与阿夫林·米奇森的父母迪克（Dick）和内奥米共度9月的一个周末。第二天，克丽斯塔和我与她的亲戚一道横穿了"黑森林"，我随后从那里坐火车回到瑞士。

克丽斯塔再度进入我的天地，因此当我回到日内瓦，让告诉我一个"坏"消息说麦克迈克尔夫妇已不在时，我虽然开始感到有些失望，但很快就释然了。如果我在得知与克丽斯塔是否真能在苏格兰成为一对之前见到安，我可能会说出以后让我后悔的话来。

23. 剑桥(英国)和苏格兰：1955年9月

当我回到剑桥时,长假就要结束,游客逐渐稀少。校园中浓绿的草坪上不再有学生们的喧闹声,新的一个月是完成我们已中断计划的大好时光。然而当我跃上卡文迪什实验室的台阶走进办公室时,弗朗西斯·克里克并不在沉思而是异常焦躁。在我进来之前,他正在胡乱摆弄着我以前从未见过的多肽链模型。弗朗西斯眉飞色舞地向我解释这个模型是为多聚甘氨酸 II 而做的,最新一期的《自然》杂志上发表了一篇有关 X 射线衍射的文章,让他和亚历克斯·里奇在周末有了些想法。

他们提出了一种立体化学思路,即具有三重螺旋弯曲的平行多聚甘氨酸链是通过氨基和肽键羰基氧之间的链内氢键相结合的。解决多聚甘氨酸 II 结构问题本身并不是什么难事,但让弗朗西斯和亚历克斯感到异常兴奋是这对揭示胶原蛋白结构具有重要意义。5年前,莱纳斯·鲍林没有解开胶原蛋白结构,1年前弗朗西斯在布鲁克林耗费了大量时间也未能做到。通过多聚甘氨酸 II 带来的新机会,他们有可能赶在伦敦大学国王学院胶原蛋白小组之前弄清它的正确结构。

吃过午饭后,弗朗西斯给我看他最近不期然收到的华莱士(Henry Wallace)的来信。华莱士以农业部长之职入组美国内阁之后,在罗斯福(Franklin Roosevelt)的第三任班子中担任副总统。1948年,他在进步党的旗帜下与杜鲁门(Harry Truman)和杜威(Thomas Dewey)竞选总统,现在则被认为是共产主义的同情者。华莱士在进入政坛前是一位成功的杂交玉米育种专家,曾以植物遗传学家的身份给弗朗西斯写信探讨双螺旋在植物育种领域的应用潜力。遗憾的是,那时我们未能见到这封信。

那天,我还得知肯德鲁夫妇的婚姻触礁而且很可能无法挽回,这一糟糕的状况与卷入其中的休·赫胥黎有关。听到这个消息,我立刻意识到我们8月登山途中约翰为什么突然离去。在他从剑桥出发去意大利与我们会合时,问题才刚刚出现。一到萨斯菲,他就得知伊丽莎白已将自己的东西从他们在网球场街的房子中搬出来了。

我和奥迪勒·克里克对休出现在伊丽莎白的生活中并不感到十分震惊。3年前,在亚当斯路的"拉夫顿屋"举办过一场大型的化装舞会,当时弗朗西斯和约翰都不想参加,但他们的妻子认为那是年度盛会,于是与休和我一起盛装出席。奥迪勒和我几乎待到晚会最后,在回家路过加勒特霍斯特桥时,遇见休和伊丽莎白搂在一起欣赏剑河风光。也许是太多的酒精导致了这样的不谨慎行为吧,不管怎样,休很快就去了麻省理工学院做为期2年的联邦基金研究员。

与约翰·肯德鲁的婚姻是伊丽莎白的第二段,她的第一任丈夫在二战中牺牲于被日军击沉的"多赛特"号巡洋舰上。约翰是他们婚礼的男傧相,不久他也作为蒙巴顿勋爵(Lord Mountbatten)的一名副官进入中东和远东战场。约翰告诉我,他在开罗曾深爱过一位犹太女孩,但她的家庭因信仰不同而阻止了他们的罗曼史。战争结束后,他去看望伊丽莎白,发现他们彼此相爱,于是在1948年结婚。他们刚开始住在格林尼治南面的布莱克希思,这样伊丽莎白就可以有伦敦的行医资格。在他们1950年迁往剑桥之前,约翰发现自己已不再爱她,也不想和她有孩子,以免与一个不爱的女人永远纠缠在一起,但他觉得自己对伊丽莎白还有责任,而且也担心可能会因此而失去研究员职位,因为当时彼得屋学院院长强烈反对离婚。直到现在,我才知道他们生活中的问题。而休早在4年前拜访长期住在佛罗伦萨研究艺术史的约翰母亲时就已了解到他们之间的不愉快。在拉夫顿晚会之后,休就成了伊丽莎白的知己,他已爱上了她英国式的美丽和智慧。伊丽莎白虽然对休的感情有所回应,但她仍然十分依恋约翰。休不愿意陷入无法了结的境地,于是去MIT做了两年研究。

伊丽莎白虽然对她和约翰的关系很恼火,但对约翰仍有爱意,对他们的婚姻也抱有一线希望。有段时间,她曾威胁说要离开约翰除非他保证他们的关系会有起色。然而,他们之间的状况并未得到改善。休从MIT回来后,看到这种令人不快的局面没有改变,感情上也很痛苦,他既不愿卷入其中,又放不下对伊丽莎白的爱。他现在想再次离开剑桥,无论事态如何发展,他都希望能重新开始自己的生活。伊丽莎白并不知道这些,最终决定离婚。有消息说休已经去伦敦大学学院了。

因为约翰的心思不能完全放在学术上,彼得·鲍林觉得去德国将他哥哥的"梅赛德斯–奔驰"敞篷跑车开回剑桥不会有什么问题。临行前,彼得开车送唐·卡斯珀到一小时车程外的洛桑农业实验站。他们开的是彼得哥哥的另一部车——一辆不久要运到火奴鲁鲁的"保时捷",就像那辆"奔驰"一样,它也由彼得保管。在洛桑实验站,唐从植物病毒学家鲍登(Frank Bawden)那里得到了番茄丛矮病毒的晶体。1938年,贝尔纳在剑桥首次用X射线观察了这种病毒,但认为它太大,不能用X射线晶体仪观察。唐现在并不这样想,为此他在苏格兰狩猎活动开始的那天来到了剑桥。

那时,我正焦急地期待着克丽斯塔·迈尔从德国越过海峡乘火车到这里。她到达的那天早上,我早早地去伦敦,到维多利亚火车站迎接她。在站台上拥抱她之后,我带她参观了皮卡迪利广场和特拉法尔加广场,然后到利物浦大街车站等待去往剑桥的火车。都市中穿梭人群头戴的圆顶礼帽和初秋炉火中燃煤的气味让我感觉仿佛置身于战前电影之中。

由于有明文规定女性不能在克莱尔学院过夜,克丽斯塔晚上就住在克里克一家在剑桥住过的位于汤普逊道"绿门"公寓的顶楼房间。公寓里现在住的是佩鲁茨的得力技师安·卡利斯(Ann Cullis),安长得漂亮,性格也很好,与她在茶点(咖啡)时间聊天非常有趣。在我们沿着剑河堤岸浏览剑桥风光之后,安已为我们准备了晚餐,这让克丽斯塔轻松了许多。匆匆看过我在克莱尔简朴的顶楼房间后,克丽斯塔和我到"院士花园"散步,然后穿过剑河回到三一学院,去欣赏建于17世纪晚期的雷恩大图书馆的景观。

第二天早上,克丽斯塔第一次见到了卡文迪什实验室。弗朗西斯已在工作,我们盼望亚历克斯比平时早点出现,但一直等到上午茶时间都未能如愿。午餐之后,我们坐船穿过克莱尔桥和马格达伦学院。令人高兴的是,直到明年河上才会出现拥挤的交通和众多等待的仲夏游客。在"金色螺旋"吃晚餐时,弗朗西斯开玩笑地追问克丽斯塔是否靠紧紧抓住撑在泥里的船篙才没掉进水中。第二天下午,我为克丽斯塔租了一辆自行车,这样我们可以沿着剑河向北骑。在经过比剑河高6英尺(约1.8米)的水闸之后,我们很快就到达克莱海斯的"大桥饭店"去喝茶。后来,我们还骑车去了沃特比奇,从附近的美国空军基地起飞的轰炸机从我们头顶掠过,突然变暗的天色和随之而来的阴冷让我们庆幸事先预备了毛衣。

第二天一早,我们去伦敦观光,在那里遇见了奥格尔夫妇,我们在戏剧开演前一起吃了晚餐。他们刚从芝加哥回英国,莱斯利现在是剑桥的理论化学讲师,他们已经从特兰平顿路附近灰泥外墙的房子顶楼搬到一幢宽敞的寓所。我们都是来观赏布卢姆(Claire Bloom)和吉尔古德(John Gielgud)在沙夫茨伯里大街剧院演出《李尔王》(King Lear)的。

翌日,我从希尔路的马歇尔车行租了一辆"莫里斯·迈纳"轿车,我们将开着它去苏格兰的米奇森家。驾车左行起初让我很紧张,但30分钟之后,我只担心右前方道路交叉处的环形路了。我们凭喜好自由选择路线,因而第二天早上就往北开了20英里(约32公里)去伊利参观中世纪教堂,那是我们以前骑车想去而不能去的地方。开往威斯贝奇的路上有许多沼地农场。我们很快到了林肯郡,那里有平坦的大路直通北海。傍晚,我们西行参观亨伯河长长的江口,其上游能到约克。由于开车时间太久,我的腿已开始抽筋。离开泥土道路后,我们想到半路的一个镇中心旅馆入住,但已没有房间。最后,我们住到斯肯索普郊区的一个小旅馆中。烟雾缭绕的旅馆酒吧里满是吵吵嚷嚷喝酒狂欢度周末的人群,他们醉醺醺的喧闹声逼得我们在与酒吧相连的餐厅草草用完晚餐,也没有呼吸一下外面的空气,就很快回到了陈设简单的双人房间。

在一起已不再是梦想,而即将成为现实,但一整天的驾驶让我非常疲倦,那一刻变得十分紧张。经过几次以失败而告终的长时间摸索后,我们很快进入梦乡。第二天,我们开车经过约克再穿过约克郡和诺森伯兰郡时并不曾显现出第一夜在床上的尴尬。在苏格兰洼地驱车两个小时后,我们来到爱丁堡的一个小旅馆,正好是他们的周日夜晚的傍晚茶时间,这里的傍晚茶看起来就像美国的熏肉鸡蛋早餐。让我不安的是,第二夜的摸索并不比第一夜好。直到第三夜,在经过艾林唐城堡去往洛哈尔什教区凯尔和斯凯岛渡口方向的一个路边小旅馆里,我们的身体才合到一起。

来斯凯是我多年的梦想,因为我的外祖父来自麦金农的家族,他们家族的大多数人都在斯凯岛的南部出生。3年前,我母亲来看我时,我们曾从威廉堡来这片小岛,不料因连日的滂沱大雨而不得不从格伦芬南折返。现在天空也下着小雨,但并不能阻止克丽斯塔和我向库林丘陵进发,我们将这里称为"麦克劳德之桌"的平顶山峰与犹他州和亚利桑那州的孤山进行了比较。我一路上都在注意看是否有写着"麦金农"字样的路标,在经过斯凯东南方的斯利特时,我终于发现了它。在那里,我们从一辆翻倒的大卡车下穿过,"莫里斯·迈纳"与它相比简直就像是玩具。

在波特里过了一夜并用完早餐之后,我们回到通往威廉堡的道路,向南去奥本,我们在那里意外地看到了高地竞技运动会的开幕式。最后,我们沿着阿盖尔海岸下到卡拉戴尔,它是位于金泰尔角的一个小渔村,与克莱德湾的阿伦岛隔海相望,阿夫林·米奇森的父母迪克和内奥米(诺)的家就在这儿。迪克是伦敦的大律师,在中殿律师学院任职并出任工党下院议员,大部分时间在伦敦。诺生于爱丁堡,时年约60岁,近20年来一直住在"卡拉戴尔屋",也担任高地陪审团的阿盖尔代表。她亲近这片苏格兰土地,看护她的牲畜,解决她有一半所有权的渔船可能出现的问题,以及应对盗捕鲑鱼之类的突发事件。

从米奇森家的土地、房子、农场建筑物以及牧场向南俯视是一个小小的避风港湾,这些都是20世纪30年代中期建立起来的,也是诺的霍

图23.1 和克丽斯塔一起去斯凯岛(1955年9月初)。我们租的"莫里斯·迈纳"轿车在一辆翻倒的大卡车面前相形见绌。

尔丹家族在苏格兰的文化与商业生活中占有显著地位的组成部分。诺生于1897年,与迪克在第一次世界大战中结婚。迪克从战场幸存下来,获得了十字军功章。他们的孩子——丹尼(Denny)、默多克、洛伊丝(Lois)、阿夫林和瓦尔在20世纪20年代相继出生,都在泰晤士河边长大,也常来"卡拉戴尔屋"度夏。"卡拉戴尔屋"具有100多年前的哥特式风格,在临海的南面是很大的休息室和餐厅,由大厅分隔,大厅的正门前是一片草坪,西面是围有院墙的花园。

除家庭成员的卧室外,"卡拉戴尔屋"还为孙辈们以及来度假和消暑的客人们准备了客房。我们来时,几乎所有的客人都已离去,除了默多克和他的妻子罗伊(Rowy)之外,因为他们的两个孩子尼尔(Neil)和萨莉(Sally)都还太小,没有正式上学。我有点希望阿夫林也在,但他已经回到爱丁堡,和默多克一起在爱丁堡大学动物学系做研究。不过,阿夫林在牛津时的朋友、马格达伦学院的数学家古根海姆(Victor Guggenheim)住在这里,他是为了躲避那些缺乏才能而又感情用事的同事们。在去附近山丘散步时,他和克丽斯塔很合得来,总把我留在默多克身边。吃过晚饭后,我们的话题也总是围绕着政治以及保守党人如何让战后工党政府的努力变为一纸空文。

在"卡拉戴尔屋",诺有时间耐心地将一本本书稿打出来。通常,她这样做是为了净化心灵,驱逐情感魔鬼,这些魔鬼常常会一不留神就会扰乱她的心智,使她忘却庄园女主人的身份而不自觉地将自己混同于田间的女拖拉机手。20世纪20年代中期,她和迪克从情感束缚中解脱出来,大多数生而享有特权的人,不知没有这种束缚该如何生活。他们的行为多少受到索姆河战役大屠杀的影响——诺的科学家哥哥杰克(即J. B. S. 霍尔丹)和迪克在第一次世界大战前在牛津结识了很多亲密的朋友,后来很多人都在这场杀戮中丧生。年轻时的诺充满活力,经常编写剧本让朋友参演,其中包括朱利安·赫胥黎(Julian Huxley)和奥尔

图 23.2　内奥米（诺）·米奇森在他儿子阿夫林与洛娜·马
丁（Lorna Martin）的婚礼上（摄于 1957 年 8 月，斯凯岛）。

德斯·赫胥黎（Aldous Huxley）兄弟。诺曾向后者表达爱意，但未能成
功。奥尔德斯的一只眼睛几乎失明，没能见到穿越海峡的战壕，他在战
后仍与诺和杰克保持着密切的联系。1924 年，杰克为《代达罗斯》
（*Deadalus*）杂志写过一篇极富煽动性的短文，讲述生物学将成为他同学
在 1928 年所著《针锋相对》一书的实质。那时，诺自己也因 1923 年的作
品《征服》（*The Conquered*）而成为享有盛誉的作家，这部作品中的故事
发生在古代，其中混杂有朋友与同志情谊。后来，迪克和诺更多地为社
会服务而非投身政治，他们于 1927 年协助成立了"节育研究委员会"。

不过,诺认为婚姻的传统概念(过去和现在)完全是错误的,她将其称为"家庭卖淫"。

　　诺常固执己见,偶尔会对那些不认同她房屋摆设和食物烹饪方式的人所采取的轻率举动大发雷霆,但她并不排斥克丽斯塔。看到她们在一起聊天,我很好奇她们到底在说些什么。后来,诺看到克丽斯塔对古根海姆神经分分的闲聊很感兴趣之后,倒是不含讽刺地对我说克丽斯塔虽然不够完美,但很有魅力,我才松了口气。但我真的需要一只羽翼未丰经不起风浪的小鸟吗？我不想听这些,于是话题又转到鲍林家族。诺不理解,如果琳达如此美丽又活泼,为什么我和她不能彼此满意呢？诺并不期望我有直截了当的答案,她能够理解我认为有必要与高贵的鲍林家族保持距离,以免被人取笑。

　　第二天一早,克丽斯塔和我就启程回剑桥,我们在卡拉戴尔只停了3个晚上,因为克丽斯塔必须在慕尼黑大学开学之前飞到杜塞尔多夫去拜访几位亲戚。为了节省时间,我们走的是又脏又乱的北大路(AI),路上时有卡车废气弥漫在我们的小车周围,一直持续到亨廷顿,那里直通剑桥。送克丽斯塔回"绿门"公寓休息后,我极度疲倦地回到克莱尔学院的房间。第二天清晨,我们到租车行还车,然后去乘坐开往伦敦的火车。到伦敦后,克丽斯塔再去搭乘机场巴士。无可否认,克丽斯塔对她第一次介入英国知识分子的生活非常喜欢,但她是否已经多多少少地爱恋着我,我宁愿不去冥思苦想。

24. 剑桥(英国):1955年10月

　　再回剑桥时,那个寒冷却浪漫的古老庭院中能看到国王学院教堂的顶楼房间已经不属于我了。今年春天,它被安排给了三年制本科生。我现在住在一个比较现代的房间里,透过窗户能看到20世纪30年代建造的大学图书馆灰色的外墙。冬天到来时,我也许更喜欢它——克莱尔学院为纪念在反法西斯战争中牺牲的克莱尔人刚建成这个新楼,房间有中央暖气。

　　琳达·鲍林现在也要搬家,因为弗朗西斯和奥迪勒的女佣已经来了。幸运的是,奥格尔夫妇还未找到人来照顾他们的女儿维维安(Vivian)——她在芝加哥出生,仅6个月大。琳达不能确定她的父母会继续资助她在欧洲待多久,因而先住在奥格尔一家位于乔叟路的公寓中。几天后,马里耶特·罗伯逊也来和琳达住一起,马里耶特越来越担心自己与父母一起在巴黎再住上一年也见不到彼得·鲍林。现在,彼得已开着那辆"奔驰"回来了,好几个吉顿学院的女孩都希望结识他。虽然马里耶特已经来到剑桥,她却对自己在彼得眼中的地位知之甚少。他已经告诉她这个秋季的第一学期是他真正做研究的决定性时期。

　　两天后,我带阿夫林·米奇森去奥格尔家吃琳达做的晚餐。直到最后一刻,阿夫林才从他的爱丁堡实验室赶来。阿夫林虽然未被邀请,但我知道他会受到热烈欢迎——他和莱斯利自从获得马格达伦学院奖学金而一起在牛津时就彼此相知甚深。阿夫林和琳达一见面,两人的注意力就逐渐放在对方身上。阿夫林详细询问了琳达给克里克做帮工的情况。我知道阿夫林偏爱金发碧眼的美国女孩,我妹妹与他也曾有过一段短暂的爱情,所以我对阿夫林邀请琳达到爱丁堡去毫不惊讶。阿夫林最近和他的同事——动物学家及鼠类专家戈弗雷(John Godfrey)共用一套很大的公寓,琳达可以到那里去帮工。让我惊讶的是,琳达毫不犹豫地答应了。尽管阿夫林的提议开始只是开玩笑,但在喝过咖啡之后就成了正式的邀请。他答应给琳达提供一间免费住房,除工作外还有大量的空闲时间可以让她游览苏格兰或者听各种演讲,而且每周支付给她能满足日常开销的几个英镑。

为了让琳达了解他的霍尔丹血统,阿夫林要她第二天陪他一起去牛津。他那令人敬畏的外祖母住在一座建于1906年的大房子里,他的母亲诺曾在附近的学校受教育,一直到14岁。琳达被打动了,愿意接受这个有着良好中上层家庭背景的英国年轻人的邀请。但琳达不能确定自己就这样闯入他的单身汉生活,阿夫林究竟是害怕,还是高兴?他的邀请会不会只是未经认真考虑的戏言?

琳达焦急地等待阿夫林的再确认差不多有一周之久,终于间接地得到了一个想要的回应——阿夫林在写给莱斯利和艾丽斯的信中询问他们失去新帮工是否会难过。莱斯利和艾丽斯更急于知道阿夫林和琳达之间的进展,对于他们自己的家庭需要倒不怎么担心,马上催促琳达在阿夫林改变心意之前去爱丁堡。琳达也想立即启程,最好是在她母亲获悉她的决定并加以阻挠之前开始新的生活。不过,躺在从国王角车站启程的火车卧铺上,琳达还在担心自己的厨艺是否是拨动这个英国男人心弦的最好方法。

那段日子中,弗朗西斯没时间或者根本就没打算与我讨论植物病毒的结构,他和亚历克斯还在为胶原蛋白的问题烦恼。他们想建立一

图24.1 4名"RNA领带俱乐部"成员。从左至右：弗朗西斯·克里克、亚里克斯·里奇、莱斯利·奥格尔和作者。

个基于3条多肽链的索状胶原蛋白分子结构，这比莱纳斯5年前提出的模型要好，现在需要解决的细节是氢键如何将这3条链结合在一起。他们本来大可不必如此着急，但他们是在与鲍林这样的大人物赛跑。一旦获得某种化学上的灵感，莱纳斯总会坚持下去。只是在DNA问题上，他的三链模型明显是错的，他才承认自己有重大失误。其实，他们现在真正的竞争对手是年轻而充满活力的波林·哈里森（Pauline Harrison）。几年前，当波林还是牛津大学多萝茜·霍奇金教授的研究生时，莱纳斯就发现她了。她漂亮而聪慧，当时还在研究植物病毒晶体。现在，波林在以前罗莎琳德·富兰克林研究DNA的国王学院实验室，她也希望能将多聚甘氨酸状的延伸多肽链应用于胶原蛋白索。

奥迪勒·克里克和简·里奇发现她们都成了"胶原蛋白寡妇"，但她们对自己被丈夫们从"金色螺旋"的交谈中排除出来毫无办法。奥迪勒觉得在父母家中会更好，于是带着她的女儿加布里埃勒和杰奎琳去了剑桥以北40英里（约80公里）的父母家中。简则飞往巴黎去看望一个临时住在那里的纽约朋友。我已有两周没有收到德国来信了，只能向鲁思(Ruth)倾诉我对克丽斯塔倍增的思念。我现在没有机会与休·赫胥黎交流思想,他仍在极力躲避卡文迪什实验室的熟人们。作为克赖斯特学院的研究员,他大部分时间都待在学院里。我从苏格兰回来后,曾去过那里,但他不想明言他与伊丽莎白·肯德鲁的关系。于是,我们主要谈论他迁往伦敦大学学院去卡茨(Bernard Katz)的生理学系时所要用的德国大型电子显微镜。从别人那里我才得知,约翰和伊丽莎白分手已成定局,不可能重新和好了。

现在我下午都在病理学系的斯托克(Michael Stoker)的动物病毒实验室中度过。他提供的动物RNA病毒对了解RNA是如何复制而言,看起来比植物RNA病毒要好。上午和晚上,我都在卡文迪什实验室拍摄含有RNA的马铃薯病毒X的X射线照片。罗莎琳德·富兰克林到克里克家拜访时,她将唐和我看作是烟草花叶病毒(TMV)研究中无关紧要的角色,这使我感到需要有另一种植物病毒供我们自己研究才行。3年前,我从马卡姆给我的马铃薯病毒中得到了一个不是很好的X射线图案。现在,我想要好的照片来建立病毒的螺旋对称结构,并据此获得其蛋白质亚基的分子量。

我终于收到了克丽斯塔的来信。带着愉快的心情,我参加了星期六晚上在阿尔弗雷德·蒂西尔斯位于国王学院的家中举行的第一次秋季聚会。回来时,头还一直昏昏沉沉的。我没有找到钥匙去开自行车棚旁的大门,即使已半醉,我也能站在一辆自行车上翻墙进入校园。第二天晚上,我在圣约翰学院附近诸圣廊的"露西"小店吃晚餐。这家小店最多能容纳10个人,大家挤在几张小桌子上用餐。我是在研究双螺旋时从我妹妹的一个朋友巴瓦(Geoffrey Bawa)那里知道这个地方的。巴瓦出生于斯里兰卡一个茶叶种植园主家庭,战前在伦敦获得法律学位,后到剑桥学习,希望能够成为一名建筑师。我发现这里的羊排和炸土豆片很好吃,因而在随后8个月中来该餐馆点这两道菜不下100次。

晚餐品种的变化要靠学院偶尔提供的"高桌晚宴"。我在克莱尔仍然是一名研究生,没有参加"高桌晚宴"的权利,只好盼望在米迦勒节那一周能第三次被导师邀请作为客人加入他的宴席。曾一度与卡文迪什实验室关系密切的实验物理学者亨利·瑟克勒爵士(Sir Henry Thirkle),多年前就已将主要精力用于学院事务,他长期担任克莱尔学院首席导师与他的单身状况有关的。亨利现在虽已发胖但还不太过分,他认为在20世纪20年代末拥有从耶鲁来的梅隆(Paul Mellon)真是学院的幸运,这不仅使得克莱尔学院和耶鲁之间能够持续不断地交换学生,而且建造我现在居住的新楼也得到了他的资助。

我两年半前的威尔士女友希拉·格里菲思也偶尔邀我共进晚餐。她嫁给在罗马结识的历史学家普赖斯之后,两人也来到剑桥。普赖斯在《剑桥评论》(The Cambridge Review)任编辑,就在一个月前,他获得了牛津的一个更好职位。希拉在能找到一份在牛津的护士学校教书的工作之前,不得不一个人住在伦斯菲尔德路附近的公寓底层。晚餐时,希拉谈到了她为《卫报》(The Guardian)撰稿的一个哥哥以及作为国会工党议员的父亲,但有意避开了克丽斯塔的话题。

佩鲁茨时常被一种搞得他身体虚弱的怪病弄得情绪低落,但很长时间都没有确诊,大多数卡文迪什实验室的朋友们都认为它与心理因素有关。在许多医生都表示无能为力之后,据说佩鲁茨差一点在托尼·布罗德的建议下去接受赖希(Wilhelm Reich)*的"生命力盒"(Orgone Boxes)疗法。托尼是卡文迪什实验室旋转阳极X射线管的设计者,他相当看重赖希的后弗洛伊德方法,认为它也许可以发现佩鲁茨体内的毛病。幸运的是,佩鲁茨被告知他可能只是对小麦中的麸质过敏后,就不再感到惶恐了。

---

* 奥地利心理学家,认为被压抑的性紧张是神经症的根源,著有《性欲高潮的功能》等。——译者

大家都将英国女王10月到剑桥的访问看成是一种小小的荣幸,但弗朗西斯除外,他坚称自己对此毫不关心。由于事先知道女王的路线,刚从巴黎回来的简·里奇和我看到女王的"戴姆勒"轿车在国王检阅大道慢慢驶过就毫不感意外了。中午,我们在贝尼特大街上的"贝思饭店"吃饭以庆祝我们见到了女王的蓝色套装。著名的吉尔比主教(Monsignor Gilbey)也常到那里吃饭。戴着牧师帽的吉尔比很容易被人认出来,他是剑桥的天主教神甫,脸上一直带着文雅的微笑,这是因其信仰而发自内心的笑容。不过,简和我更关心彼得·鲍林在干什么。秋天,他只用"奔驰"跑车带过我一次,后来我了解到他更希望将有限的钱买来的汽油用于结识吉顿女生,去吉顿要沿亨廷顿路往北行驶2英里(约3公里)。

我第一次进入吉顿是通过琳达而不是彼得。琳达在10月初去苏格兰之前,在吉顿为我安排了有两名本科生参加的下午茶会,她说这样可以让我少去想克丽斯塔的反复无常。开始,这两位女孩似乎对自己比对我更感兴趣,真让我气馁。五官轮廓鲜明的珍妮特·斯图尔特(Janet Stewart)非常清楚自己的美貌、身姿和聪慧,而更加实际的朱莉娅·刘易斯(Julia Lewis)则有许多英国美女的典型特征,对她而言,刺激的生活比书本和思想更为重要。很快,我就猜到彼得将在朱莉娅身上花费比她想的还要多的汽油。我正打算离开,看到了帕梅拉(Pamela),她是这个"女孩三人组"的第三位。和帕梅拉在一起的是她的朋友查尔斯·克卢尼斯-罗斯(Charles Clunies-Ross),查尔斯的家族仍然拥有印度洋上的科科斯-基林群岛。

深秋的寒夜,我骑自行车从格顿回来后,就直接去卡文迪什实验室找唐·卡斯珀。几周来,他一直在为丛矮病毒(BSV)晶体毫无进展的X射线图案而深感受挫。前一天,当唐将一个像BSV分子大小的晶体调整到X射线束所需的角度时,终于有所发现。让唐高兴的是,最终的图片显示多角形结构的病毒具有极好的五重对称性。

两天后,我陪简·里奇去伦敦。亚历克斯开始说他可能会来,但直到最后一刻他也没有出现,可能是他认为与弗朗西斯交谈比去圣詹姆斯大街与简富有的姨妈在她的酒店喝茶更有意思。简提醒我,还有一位大约50多岁、自认为是纽约上流社会的女士要来。当得知这位女士就住在冷泉港实验室附近,而两个未婚的女儿已在史密斯学院就读时,我很有兴趣。史密斯学院是一所新英格兰女校,我在纽黑文的堂妹们也在那里就读。其实,与埃姆斯(Ames)夫人聊天远比简所预计的要愉快,她很能理解为什么我的长远目标不在哈佛,而是到冷泉港去住那漂亮的主任住宅。

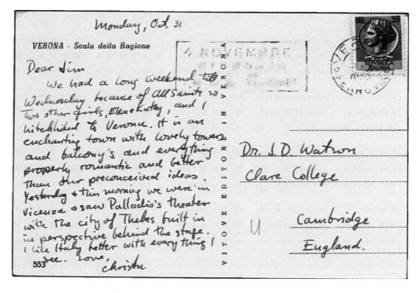

图24.2 克丽斯塔给作者的明信片(1955年10月31日)。*

---

* 内容为:"亲爱的吉姆:我们万圣节有一个长周末假,一直到星期三,所以我和另外两个女孩埃尔卡和凯茜搭便车到了维罗纳。这是一个迷人的小镇,有可爱的塔楼和阳台,一切都非常浪漫,比我们的先入之见要好。昨天和今天早上我们在维琴察,参观了帕兰朵剧院,底比斯城就在舞台后面。我喜欢意大利的一切! 爱你的克丽斯塔。"——译者

　　第二天下午,杰弗里斯·怀曼动身从哈佛去埃及,他现在不得不辞去哈佛的工作。让多蒂一家高兴的是,杰弗里斯留下许多值钱的古董,他们正好可以用这些东西来装饰他们的新家,那是一幢有着折线形屋顶的大房子,在哈佛的中心地带。杰弗里斯来卡文迪什实验室了解佩鲁茨和肯德鲁的研究后,与约翰和我一起到"摄政屋"喝茶。之前佩鲁茨就请求不参加,因为他担心会吃到含有麸质的食物,这将加重他的病情。吃过烤饼后,杰弗里斯说我务必在春天到开罗他主持的新的联合国教科文组织(UNESCO)中东科学办公室去一趟。

　　几天后,我关于马铃薯病毒的 X 射线研究很可能向前推进了一大步。我获得一个导向性很好的衍射图案,如果稍微再清晰一些,我也许可以在下周带着它去蒂宾根的马普病毒研究所——他们的 TMV 研究是全欧洲最好的。更关键的是,随后我打算去慕尼黑与克丽斯塔相聚几日。尽管她的来信总是以"爱你的克丽斯塔"结尾,但我一直担心会有什么人接近她。

25. 蒂宾根、慕尼黑和剑桥(英国)：
1955年11—12月

　　我去看望克丽斯塔的慕尼黑之行不太理想。然而,中途访问施拉姆(Gerhard Schramm)在蒂宾根的TMV实验室却非常不错。我在那里遇见了他的合作者阿尔弗雷德·吉雷尔(Alfred Gierer)。阿尔弗雷德既年轻又聪明,当时他正在分离TMV的RNA。领导病毒研究所的弗雷斯卡(Friedrich Freska)并不是真正的病毒学家,我还是一名研究生时,就对他战前发表的一篇关于基因复制的理论文章很感兴趣。与弗莱斯卡见面之前,我以为他是一个像马克斯·德尔布吕克那样高大、严肃、关注问题的逻辑性而不太热情的人,但他并不傲慢,而且喜欢双螺旋。我是到慕尼黑一周后见到他的,当时克丽斯塔带我去听他为一所大学所做的关于遗传学和DNA的公众讲座。

　　在慕尼黑的那段时间,我试图适应克丽斯塔的学生生活,但却毫无成效,阴霾总是笼罩着我们。我只好待在酒吧和以学生为主的施瓦宾格区——克丽斯塔住这个区,我也住在这里的一所破旧的膳宿公寓中。尽管四处都是起重机,人们正在加速重建慕尼黑,但市中心许多地方看起来仍像刚被炮击过一样。克丽斯塔很满足于像大多数贫困的德国同学一样生活,她觉得学生食品已非常可口,我却感觉难以下咽。错误的是,当时我曾试图带她去一些高级餐厅,但她觉得自己的穿着与之不相称。如果我们两人单独在一起时,我能够更放松一些,这一切也许不会如此糟糕。然而,我紧张不安,这让事情更糟。从上几个星期起,克丽斯塔一直担心自己心律不齐的问题,我想让她去找一位医学专家,看看是否有比大学早期困扰过她父亲的更为严重的家族性心脏问题,这让她感到不快。

当我们漫步于阿尔特皮纳科塞克的慕尼黑"旧美术馆"时,我一直希望克丽斯塔能和我谈谈她对这些绘画作品的感受,尤其是那些来自意大利的圣母像,但她却对康定斯基(Kandinsky)的巨大油画感兴趣,那些不对称的线条让我觉得很不和谐,无法让一对情侣感觉亲近。在音乐会欣赏巴赫(Bach)、莫扎特(Mozart)和卡尔·奥尔夫(Carl Orff)的作品时,我们都很开心,然而,美好的时刻总是如此短暂,我们很快又得在慕尼黑潮湿的寒夜走回施瓦宾格。在路上,我就觉得胃部一直在痉挛。在慕尼黑的最后一天上午,我们去了市中心的旅游纪念品商店,我想给母亲和妹妹买些圣诞礼物。克丽斯塔做主挑了些巴伐利亚柳条篮。我匆匆亲吻了她的脸颊就登上了机场巴士搭乘返回伦敦的飞机。由于天气原因,飞机延误了两个小时,这加重了我的不安情绪。一直到云层散开,英国南部的阳光透进舷窗,我才觉得回到了让我感觉像家一样的国度。

当我回到卡文迪什实验室时,桌上已有一封让我心烦意乱的信件。这封信上的日期为1955年11月8日,是乔治·伽莫夫从他在贝塞斯达将要卖掉的房子中写来的。他已决定和罗离婚,经济上也遭遇危机。他在信中开门见山地问我帕萨迪纳男子服饰经销商的地址,想定做更多的RNA领带。乔然后问我对"朗德尔(Rundle)的论文"怎么看,他是否可以成为我们的荣誉会员或者俱乐部是否干脆解散(见281页)。我的腹部又开始痉挛,眼看我的科学噩梦就要变成现实。不知怎么回事,RNA结构已经被一位化学家解决了,而在这场竞赛中我甚至都不知道他的存在。让我绝望的是,朗德尔的模型并不复杂,它解释了我从未认真对待过的一个问题——目前所有已知的蛋白质都由3N个氨基酸组成（9、9、21、30、39、126，烟草花叶病毒中氨基酸数是135）。乔告诉我，他正在考虑回到宇宙学领域，他还在信的结尾长叹了一声。

从这场竞赛中出局让我非常郁闷，当亚历克斯·里奇不同寻常地比弗朗西斯·克里克早到实验室时，我已经愁眉不展地坐等了一个小时。看上去同样泄气的亚历克斯告诉我，他也收到了乔的信，同样提及朗德尔的"本垒打"结果（见282—283页）。事实上，亚历克斯·里奇已先从德尔布吕克写给他的信中获知了这一重大突破。奇怪的是，这两封信都没有说明朗德尔的创新在何处。为了知道这位艾奥瓦州立大学的无机化学家提出了什么，马克斯告诉亚历克斯可以去找最新一期的《美国化学学会杂志》（*Journal of American Chemical Society*）。也许某位剑桥化学家会支付高额的航空邮费来获得这份享有盛誉的刊物吧，弗朗西斯和亚历克斯抱着一线希望从一位化学家的办公室找到另一位化学家的办公室，结果只发现海运的过期刊物。

当我们计划寻找另一个科学目标时，我开始奇怪为什么亚历克斯在NIH实验室的晶体学家中没有一个人去复印一份朗德尔的论文给我们呢？是因为他们已经被震惊得麻木了吗？亚历克斯也有些怀疑，最后终于鼓起勇气给实验室打电话。电话是杰克·杜尼茨接的。站在一旁的弗朗西斯察觉到杰克的回答支支吾吾，忍不住抢过了亚历克斯的电话。至此，两人都知道了真相——我们卡文迪什小组已经成了伽莫夫最新恶作剧的牺牲品。

感觉就像是躲开了他人的当头一棒，我随后就去参加当晚在"彼得屋"举行的米迦勒学期宴会。每份请柬上都写着"博士（来自剑桥或牛津的哲学博士）要求着红色长袍"，表明这是要求正式着装的场合。约翰·肯德鲁担心我不知道该如何掌握穿着，就事先提醒大家我的样子可能不甚恰当。由于弗朗西斯也在被邀请名单上，所以我先绕道去"葡萄牙地区"让奥迪勒检查一下我的着装。"彼得屋"一直以它的"高桌晚宴"为荣,我热烈地期待着丰盛的菜肴,每道菜都会配以特定的白葡萄酒。然而,这个晚宴至少对我来说,还不及之前休·赫胥黎请我参加的只要求半正式着装的克丽斯特学院晚宴过瘾。

休已不再为眼见自己被卷入三角关系而尴尬,肯德鲁夫妇将要离婚已是半公开的消息,这对休是一种解脱。我们这些知情人都感到这对失谐的夫妇注定要分开。约翰将许多学院事务看得比他在网球场路的家要重要得多,这就意味着他关心的目标已经不在妻子身上。休觉得自己除了移往他处外别无选择,这在大家看来也不甚公平。但至于他是否还想成为剑桥的一分子,大家都清楚休不愿意被问及这个问题。

在位于地下室的X射线室中,唐·卡斯珀正在完成他关于五重对称球形植物病毒的论文,准备投送《自然》杂志。当我还在德国时,他一度为自己曾不小心暴露于卡文迪什实验室的旋转阳极X射线管所发出的高强度X射线束之中而忐忑不安,这就算不致命,也极具威胁性。那天深夜,也许是太累了,他忘记在自己和X射线束之间放置厚重的铅护罩。发现自己的错误后,他在接下来的好几天中一直非常担心皮肤上会出现难以治愈的辐射引起的溃疡。幸运的是,他手上连暂时的红肿也未出现。一周后,他又回来继续拍X射线照片。

另一件让他有点恐慌的事情是他最近与罗莎琳德·富兰克林发生了一次口角。当罗莎琳德·富兰克林来剑桥作几日访问时,唐得知她正在收集芜菁黄花叶病毒的晶体,这意味着他们俩处于竞争位置。他认为对她而言这是一种不光彩的行径,因为她和她的研究小组在烟草花叶病毒方面还有更多的事情可做。出乎意料的是,那天下午是我而不是弗朗西斯被留下来在他们之间做个公断。以前我从未像这样使用过外交魅力,看来我已经让罗莎琳德相信她的行为是不公正的。她走之后,我急于想畅饮一番,于是叫上简,一起去了"巴思饭店"酒吧,她看着我喝过两杯威士忌之后才慢慢平静下来。

不久,我碰到了维克托·罗思柴尔德,他告诉我最近罗莎琳德变得很难缠。农业研究理事会(ARC)拒绝给她增加经费,她为此当面向ARC的主任斯莱特爵士发脾气,说他无权评判她的申请。她之所以如此,是因为斯莱特曾书生气十足地建议她到600多公里远的阿伯丁去使用ARC资助的X射线资源,而那套设备对她并不合适。我向维克托求情说,相对她实验的重要性而言,罗萨琳德有时脾气不好是可以原谅的,何况她确有过人的智慧和坚韧的精神。我不理解为什么现在维克托只依ARC应当使用自身资源这样的想法行事。一年之后,罗莎琳德在唐的帮助下从美国获得了NIH的资助,终于买回了她所需的X射线衍射仪。

其间,琳达·鲍林寄来一张有趣的卡片,让我知道她胜任浪漫的双重任务。在给奥迪勒·克里克的信中,她对于自己熨过8件衬衣很是自豪,同时抱怨她的父母为何要如此残忍地对待她——阿瓦·海伦期望自己的女儿比做女佣更有出息。琳达在给我的信中兴奋地写道:"喜剧依男女主人公扮演的角色顺利进行。女主人公很满意自己的表现,虽然不很完美但却很成功地饰演了这一角色。她有天分,只需开发。女主人公有时感觉需要精神上的支持,而这些终究会得到。"

我仍留有去慕尼黑看克丽斯塔时的不安情绪,但克丽斯塔写信向我保证她将在新年假期去"卡拉戴尔屋"找我。亚历克斯·里奇知道自己该返回NIH了——原定的访问时间是6个星期,他已经申请停留了6个月。他大多数时间还在和弗朗西斯一起构建胶原蛋白模型,准备10天后在与伦敦国王学院的竞争对手们一起参加的会议上一展身手。然而,RNA才是亚历克斯来剑桥想要得到的东西,"朗德尔骗局"仍笼罩着我们。12月初,我们做了最后一次努力,想知道X射线图案究竟告诉了我们什么。这次,来自奥乔亚合成的RNA样分子的资料主导了我们的想法。我们可以不考虑是否支链产生了2′-羟基基团,因为一种酶不可能形成这样两个不同的键。显然,RNA的糖-磷酸骨架在螺旋分子的外部。由于缺乏较强的X射线赤道反射,所以排除了那种重磷酸基团作为致密核心部分的结构。

亚历克斯和我现在将基本的RNA构造看作是一条单链螺旋,其大小与双螺旋中的DNA单链很相似。到目前为止,我们还不能理解链之间是如何相互穿插的。现在,我们对结论正确与否还是半信半疑。在得知弗朗西斯暂时停止了胶原蛋白研究后,我们写了一份手稿想让他看看。

为了将我的思维从令人厌倦的RNA中跳出来,我开始去克莱尔学院球场打墙网球。尽管我能打败休·赫胥黎,但莱斯利·奥格尔却能熟练地运用腕力,让球的落点超出我的接球范围而让我大出洋相。乔·伽莫夫给我寄来了他给纽约斯隆-凯特林癌症研究所老板罗兹(Cornelius Rhodes)的信件副本(见284—285页),这使我的痛苦稍微减轻了一些。他在信中回答了斯隆-凯特林方面的质疑——乔在近期的《科学美国

图25.1 克丽斯塔给作者的写有"圣诞快乐"的明信片。

人》上发表的一篇文章中，为何没有提及部分用于 X 射线分析的 DNA 是来自在他们研究所工作的一位英国人。乔回答说，双螺旋的发现不是分离 DNA，而是弄清 DNA 是什么。

在米迦勒学期即将结束之时，我们在克里克家中为简举行了一次告别会。简宁愿忍受晕船，也不愿意带着焦虑的情绪飞越大西洋。迈克尔·斯托克邀请我参加在克莱尔学院举行的另一次正式酒宴，也要求"博士着红袍"。我现在穿着燕尾服已经比较自然了。在我旁边的是奥德（Boris Ord），他是国王学院合唱团的负责人，一直和我谈论那些青春期前的男孩子像女高音似的嗓音。一周后，当简和我一起去教堂听许茨（Schütz）的《圣诞故事》（Christmas Story）时，我又见到了奥德和他的合唱团团员。天气已经转暖，我们坐在教堂内的靠背长凳上，并不在乎空敞的教堂中没有供暖。

约翰·肯德鲁想到纽约度假的计划不能实现，我答应陪他去苏格兰边界南部的湖区度圣诞节。克丽斯塔、约翰和我可以再从那里去米奇森的"卡拉戴尔屋"。我从克丽斯塔寄自韦斯特法伦的圣诞贺卡上得知了她的地址，并写信告诉了她什么时候来什么地方找我们。我们还不是很清楚琳达会不会去卡拉戴尔。阿夫林还没有请她来，看来是不想渲染他自己在那里过圣诞节的暧昧态度。然而，对琳达而言，去卡拉戴尔成了一件关乎荣誉的事情。相较于作为他的帮工女郎，她更希望能有幸成为米奇森家族中的一员。

26. 英格兰湖区和苏格兰：
1955年12月—1956年1月

　　虽然英国湖区的多雨如同它的自然风光一样出名,但我并不知道在潮湿阴冷的圣诞节期间会下那么多的雨。约翰·肯德鲁带我来到了英格兰最潮湿的地区,这里的年降雨量超出平均水平130英寸(约3300毫米),差不多是让剑桥校园草坪保持常绿所需雨量的4倍。我们沿着满是卡车的北大道到达利兹东部,然后向西穿越约克郡的绿色溪谷和岩石道路。一路上,雨断断续续在下,我一直盼望在我们到达那维多利亚时代的旅馆时会云开雾散,但当我们真的到达时,天下起了倾盆大雨。下车时我的裤子全打湿了,直到我们在一间不太暖和、温度也许仅适用于8月的房间里用晚餐时还一直是潮乎乎的。当然,夏天这里会挤满心情愉快的旅行者或者是华兹华斯(Wordsworth)*的崇拜者,来参观他在格拉斯米尔附近的"鸽居"。

　　约翰很清楚我们可能会遇到什么情况,因而带来了一些雨衣,但它们并不足以保护长裤下半部分和旅游靴。起初,我们的目标是登上3162英尺(约950米)高的斯科费尔峰顶,但即便山脚下长满欧洲蕨的小路都非常泥泞。越往上走,满是碎石的路就越艰难,我都有点怀疑我们是不是脑子糊涂了,明知这样的天气就算登上山顶也看不见什么,其

---

　　* 英国著名诗人,作品歌颂大自然,开创了浪漫主义新诗风,重要作品有《抒情歌谣集》,以及长诗《序曲》、组诗《露西》等,被封为桂冠诗人。——译者

他旅客都在旅馆中看书来打发时间,而我们在干如此不明智的事。后来,配以红酒的圣诞烤牛肉都无法弥补我们听到BBC广播中天气预报时的沮丧——离开爱尔兰海的气流将在未来几天带来大量降雨。无论怎样加强防护措施,只要冒险出门,暴雨就会让我们全身淋湿,即使将衣服挂在壁炉前,第二天早上出门前也无法干透。

克丽斯塔乘坐的火车到维多利亚车站时,刚好能赶上晚上去格拉斯哥的火车。在苏格兰边界的前一站下车对我们和她而言都最合适。我已经这样发电报告诉过她,希望她能及时收到。后来,还不清楚她是不是在格拉斯哥转车时,我很高兴地看见她已经在卡莱尔车站的咖啡馆等候了。当约翰驱车载我们穿过加洛韦地区的山丘和格拉斯哥的硬石路时,已经两夜未眠的克丽斯塔疲倦至极,在车上打盹。当我们来到洛蒙德湖西岸时,她才恢复过来,讲述起她和叔叔是如何在韦斯特法伦过圣诞节的。在穿过高地沼泽前往法恩湾的漫长行程之前,我们停车吃午餐,克丽斯塔似乎更愿意与约翰而不是与我交谈。也不知怎么惹恼了她,她这样躲避我。我们穿过克里南运河时约有15英里(约24公里)的路上满是羊群,最后我们才到达一个很大的林场,可以从那里一直下行到卡拉戴尔。

那天我们进入"卡拉戴尔屋"是从后门穿过食品库再到厨房的,厨房里正在准备下午茶。走过餐厅,在壁炉很大的休息室里,阿夫林的家人和客人们或端坐在椅子上或躺卧在睡椅上翻阅书报。我一下子就看到了琳达,见我来这里她也很高兴,似乎这能增强她的信心。她以前在剑桥时见过克丽斯塔,于是主动带克丽斯塔上楼去看她的房间,我也去找诺看我的房间。后来,在挂满温德姆·刘易斯(Wyndham Lewis)*画作的面北书房里,琳达告诉我她来这里并不是因为阿夫林邀请,而是阿夫

---

* 英国画家、作家、文艺评论家,创立旋涡画派,作有名画《巴塞罗那的投降》、《诗人艾略特》、评论《无艺术的人》、长篇小说《爱的复仇》等。——译者

林的哥哥默多克和妻子邀她来做客。到这儿来的几天中,琳达暂时不用听命于阿夫林,而阿夫林仍时常需要琳达的帮助,相比而言,他的妹妹瓦尔对与一位聪明又和蔼的人结婚很有把握。

看到《卫报》的劳工部记者福斯特(Mark Arnold Foster),瓦尔觉得不再需要对我做介绍了。相反,她高兴地看到这个世界——至少是今晚——不是为我而存在。克丽斯塔将她的包放到房间后就下来喝茶,从她的眼神和她选的座位,丝毫看不出她与我的关系。此后,当茶具被收进厨房,人们也都离开休息室之后,她才不再躲避我的目光,脱口而出地道明了她的心里话——她根本不爱我,她清楚自己的想法和需要,一年来她也曾努力过,但发现还是无法将对我的好感转变为足以相伴一生的深爱。她很激动,强调这番话并不是一时兴起,而是从我离开慕尼黑起就一直在她心中反复萦绕。

我无法开口辩驳——因为这是她的感受,而不是我的,这才是问题的关键。那一刻,我是如此绝望,只愿相信她在好好休息一晚之后会有不同的想法,但平心静气地想一想,她在慕尼黑的行为举止就已包含相同的讯息,只是当时没有说出来而已。吃晚饭时,克丽斯塔选择了长桌另一端的位置以避免尴尬。

随后,进休息室喝咖啡时,我躺在壁炉前——既然不能快乐,起码我希望自己能够暖和一些。有人提议玩智力文字游戏,4年前我就玩不好,现在依然如此。咖啡一撤下,游戏就开始了。阿夫林的姐姐洛伊丝(Lois)毕业于牛津的玛格丽特夫人学院,妹妹瓦尔则毕业于萨默维尔,她们都不愿承认自己受过牛津训练的脑子比她们的兄弟们转得慢。默多克漂亮的妻子罗伊总能说出正确的答案,她是巴利奥尔学院一位杰出导师的孙女,自己也写过一本历史著作,可以想象得出她的本事。轮到克丽斯塔回答时,她的答案基本正确,而我真成了一个怪人,说出的答案要么正确要么错得离谱。今晚之前,拥有一位聪明美丽女友的想法令我觉得自己是世界上最幸福的人。此刻,将要失去她的念头让我更加痛苦。

第二天早上,克丽斯塔下楼的时间比预定的要迟,我们已计划好一次远足,可能会超过午餐时间——约翰和我跟着默多克和阿夫林准备穿过沼地到达洛赫吉尔普黑德的西面。我们启程时,太阳出来了,但其他地区可能有雨。我们的目标是一座古代城堡的遗迹,到了那里才发现它似乎并不值得让我们在湿漉漉的草地蹒跚行走4英里(约6.4公里)。中午仅以苹果和夹着火腿奶酪的硬皮三明治果腹,天黑之前我们终于赶回。克丽斯塔很开心的样子,但在看到我来取饼干和茶时就打住了,显然她和琳达在我们外出时讨论了她们的生活。

这里难以亲近的一个人是诺的客人、作家多丽丝·莱辛(Doris Less-ing),她公开蔑视美国文化。多丽丝有过两次失败的婚姻和3个孩子;她在英国殖民地长大,生于伊朗,后随家人移居津巴布韦。这种丰富的经历对她的写作益处匪浅,但也造就了她犀利的个性。她天生性感,阿夫林以前在牛津的一个同伴曾当众吹牛说会在假期结束之前与她上床。但这番让多丽丝生气的话,后来并没有丝毫被印证的迹象。诺试图让多丽丝和我散步时交流思想,这也没有成功。当一大群人往远处的小山前行时,我们落在后面,而我整整一个小时没有说话。我知道我必须解释一下,但又不想再提及我被克丽斯塔抛弃的烦恼,就随口说道我只和弗朗西斯谈话才觉得自在。说完之后我立刻就后悔了,所以当我们穿过林地回来时,她一直保持沉默我也不觉得奇怪。

那天晚餐时,我坐在迪克旁边,他当时65岁,对他的儿子们从事的科学最终向何处去很感兴趣。这位来自英格兰中部地区凯特林镇的工党下院议员满头白发,但身体仍然壮硕,他知道满足委托人的要求要比随自己的意志行事更为重要。早在20世纪30年代早期大萧条时代,迪克就写过一本名为《第一个工人政府》(*The First Workers' Government*)的小册子，书中认为原始资本主义决不会发展成一个令人满意的社会。早在1931年和1935年，他曾两次竞选英国国会下议院议员，但直到1945年6月工党获得绝对优势时才得以入选。尽管诺作为著名小说家表达感情既容易又强烈，但实际上让她和迪克在一起生活了那么多年的依然是政治和他们之间的相互钦佩之情。这样的吸引对他人也不是单方面的，迪克这次就邀请了身材苗条的蒂什(Tish)来度假，她是迪克多年的密友。

现在，琳达不是能让我倾诉对克丽斯塔深深绝望之情的对象。瓦尔也不是，我曾希望她能告诉我如何找到一个爱我胜过我爱她的知性女孩。于是，第三天早晨，我向诺倾诉了我的悲伤。她体会过感情得不到回应的痛苦，而我也不是在卡拉戴尔度假时面临情绪崩溃的第一个客人。诺让我尽情倾诉，渐渐地我想起与克丽斯塔相处是那么轻松，我们对共同认识的熟人有相同的感受，特别是那些冷泉港的人。我丝毫不觉得我们是因为一些基本的价值观上的分歧而分开的。当然，我担心她是否向往的是热情洋溢、具有德国浪漫气质的人，而非像我这样不易表露自己感情且务实的人。虽然我们对糟糕的德国食物有着不同的看法，但毕竟我们都是吃着汉堡和热狗长大的美国人呀。

为了不因我待在休息室看下午到的伦敦报纸而让克丽斯塔尴尬地离开，我转移到默多克和罗伊的两个孩子的游戏房。这两个孩子都不超过5岁，但他们的表达能力远远超过了他们的实际年龄。我能够对他们用成人的语言说话，却不用担心他们的回话中会有什么弦外之音，特别是萨莉，就像罗思柴尔德的小孩埃玛，其表现与他们的实际年龄相差很大。过了一会儿，迪克让大家到餐厅用餐前饮料，诺则示意我到她的书房，告诉我她刚刚与克丽斯塔进行了一次交心的长谈。

结果并不理想——克丽斯塔不想很快回到（更不用说迅速回转）我的身边，即便她曾经有过这样的想法。她告诉诺，她有一年多的时间觉得自己被关进了一个限制自由的感情囚笼，即使不能得到一个开阔的空间,她也希望囚笼至少能大一点。我对我们俩关系的紧张让她很不安,她希望她的男友稍微迟钝一些,当他们不在一起时,对她的限制稍微小一点。诺说我应该放弃了,我顿时觉得几乎无法呼吸,我是如此地爱着克丽斯塔,根本不能放弃。

元旦前夜,"卡拉戴尔屋"的每个人都去参加在当地社区会堂举行的持续到深夜的冗长舞会。我在舞池中一直觉得不舒服,而且这种高地舞步让我实在难以理解,于是就待在一边看着克丽斯塔。诺把我拉进了舞池,我只能偶尔从克丽斯塔那娇小却已发育成熟的身躯边滑过。阿夫林时不时礼节性地与琳达共舞,但当默多克来了以后,他解脱似的离开了,让默多克不敢相信他会如此礼貌地退出。最后,我终于鼓起勇气请克丽斯塔跳一支舞,她没有拒绝,那一瞬间让我想起我们在冷泉港时愉快共舞的时光。很快,克丽斯塔又混迹于人群之中。午夜时分,舞蹈停止,风笛响起,大家一起放声高唱《友谊地久天长》(Auld Lang Syne)。到了接吻的时间,琳达和我都不由觉得自己是多余的人。我只能吻克丽斯塔,她也没有拒绝,但她突然面无表情。在回"卡拉戴尔屋"的路上,我们都主动与其他人走在一起。

那年的元旦刚好是星期天,狂欢晚会持续到第二天才结束。约翰开车送克丽斯塔和我去格拉斯哥中央车站,然后他开车回剑桥。我不忍心看着克丽斯塔独自一人去伦敦,便陪她一直等到凌晨的火车到达。书报填充了我们之间的沉默,也避免我情不自禁地看她。小睡了几小时后,在开往维多利亚车站的地铁上我觉得很冷,心里也是空荡荡的。走进维多利亚车站透着凉风的大厅,唯一的安慰是跨海火车还有几个小时才开,但我们对车站那冰冷的火腿鸡蛋早餐真是失望。

到了说再见的时候。现在,连一个轻轻的拥抱都觉得勉强。克丽斯塔留在我记忆中的最后模样就是她困倦的面容消失在车厢中。沿着站台往回走,我感到阵阵反胃。

27. 剑桥(英国):1956年1—2月

从苏格兰回剑桥之后,感情上深受打击的我仍然很忧郁。即使回到学校,我也无心工作。我住的房间里有暖气,这是它唯一的优点,但没有丝毫的古典魅力。透过窗户看到纳粹党似的大学图书馆黄褐色的砖塔,我真希望能从那里跳下去。回到卡文迪什实验室后,我觉得没必要向大家隐瞒我的个人生活在这个假期中发生了天翻地覆的变化。然而,男人们觉得此事少提为妙。女士们呢,琳达·鲍林还在苏格兰,马里耶特·罗伯逊也还未从她父母在巴黎的临时住所回来,奥迪勒·克里克则开始暗中为我物色新来的女孩。依以往的经验,这样的美人儿在剑桥早已是别人的了。

在实验室喝过咖啡后,我还是提不起精神。亚历克斯·里奇已经回贝塞斯达,弗朗西斯则希望尽快完成那篇已经拖延很久的有关小病毒结构的论文。然而,在1956年1月的那个上午,我的大脑非常迟钝,对我们需要进行的讨论没有丝毫想法。让我觉得更有压力的是我父母送给我作为圣诞礼物的钱包。按以往的情形,我会把它收起来,因为原来的那个虽然有些破,但还可以用。现在,扔掉旧钱包就意味着连同其中的克丽斯塔照片一起扔进废纸篓。这张照片是克丽斯塔去年4月和送给我的生日礼物一起寄来的,意味着她最终属于我,现在真想将它撕碎以免我将来后悔再去废物堆中将它找回。彼得·鲍林却提醒我最好将它好好保存,他认为,与其一直想着让人心跳不已的女孩,还不如回顾一段真实的爱情。

喝完茶后,安·卡利斯没有立刻回去为佩鲁茨工作。看到我那惨兮兮的样子,她主动要求在"绿门"公寓为我做晚餐。7点刚过,我就将伤心事和盘托出,再次确定安是第一个看到我失恋后激动情绪的人。我喝了一杯雪莉酒,又倒满一杯,过了一会儿就不再抱怨命运。热情招待我的女主人有着棕红色的秀发和出色的厨艺,但我不得不接受一个讨厌的事实——一位从伦敦来的仰慕者与她周末有约。我也想到她可能会重新审视我的单身身份,但当我离开她的寓所时,她仍礼节性地祝我早日找到新爱。

第二天早上,我想我应该给恩斯特写封信,但当我写出一封值得寄出的信时,已经是两周以后的事了。

卡文迪什实验室

莱恩自由学院

剑桥

1956年1月21日

亲爱的恩斯特:

我想克丽斯塔已经写信告诉您她决定不和我结婚了,您可以想象,这对我是多么大的打击,不仅因为我爱她,而且直到现在我都认为我们彼此适合。她的回答是模棱两可的,但在卡拉戴尔的一周中没有改变。因此,我想我应该接受她的决定。但这对我而言非常困难,不仅是因为感情因素,还因为这与在9月(以及其后的信中)我所知道的她很爱我并决定与我结婚的情绪实在相差太大了。我们11月在慕尼黑时,关系就有些紧张,部分因为我不能适应她的学生生活,还因为她对我坚持让她去看一流的心脏专家很恼火。但我并未多想,只希望她在圣诞节来访时能有一段愉快的时光。

显然,您能看出克丽斯塔对我的态度是在两种极端的感情中摇摆不定,两者差异如此之大,让我不由得怀疑这种情绪是否是周期性的,也许她在一个新的场合又会对我产生不同的看法。我想我能理解她,我估计她在弄清对我的感情之前就做出了决定。有时,她让我觉得她还太年轻,并不清楚自己要的究竟是什么,只是想要获得长大和选择自己生活的权利。我们之间年龄的差异在慕尼黑时表现得很明显,显然她更希望与一个具有相同生活环境的年轻人在一起。她一直很恼火我不能习惯贫困的德国学生生活,而是喜欢坐飞机旅行、讲究饮食、爱听音乐会以及像英国中产阶级那样对待周围的人。我想3年之后,当我的这些行为不再让她感觉不安时,她的态度就会完全不同。

她告诉我她做出决定的根本原因是她不再爱我,而我却清楚她不会嫁给任何她不爱的人。我也知道她对爱的理解还很简单,以后她会发现爱是一种比她现在认为的复杂得多的感情。我直到25岁,都不能完全理解爱,所以我不会奇怪克丽斯塔的态度。我不能确定她的决定是基于她不愿意与我结婚的真实想法呢,还是由于她尚未准备好从而产生的一种不良情绪。我知道这是不能勉强的,但要我接受这种想法却很困难,因为有时她明明爱我。

自然在她还未回到美国之前去见她是没有意义的。也许对她而言,现在是第一次感到能够如此自由行事,随心所欲。如果她找到一个相配的人,事情也会变得简单。对我而言,我不能一直生活在等待克丽斯塔最终会嫁给我的奢望之中,因此,如果我能遇到一个谈得来的女孩,我会和她结婚。但要命的是,克丽斯塔已成为我生活中如此重要的一部分,我很难将她从梦想和现实生活中抹去。

在这件事情上,我很想听听您的意见,因为您很了解克丽斯塔。倘若您不能给我什么建议,我也能够理解。

我其他方面的运气还算好。在我6月初回来之前,有望获得TMV的RNA排列,多聚腺苷酸的结构也很有希望。过完复活节,我将去以色列作一个报告,如果杰夫里斯·怀曼在的话,我会去一趟开罗。

代问格蕾特尔和祖西好。

吉姆

唐·卡斯珀圣诞假期去奥地利滑雪,现在已经回来。他告诉我一个最新消息,罗莎琳德·富兰克林在伦敦大学伯克贝克学院的研究小组刚刚在TMV中找到RNA。他们将TMV杆状体的X射线衍射图案与蒂宾根提供的纯TMV蛋白质亚基重新聚合后所得的无RNA的类似杆状体的衍射图案进行了比较。最激动人心的是,在缺乏核酸的TMV颗粒中,不存在明显的半径为40Å的最大密度。由于RNA中磷酸基团的作用是充当X射线衍射中的"重原子",40Å的最大密度代表其RNA组分的糖–磷酸骨架。所以,TMV中的RNA结构与其在没有蛋白质情况下自由折叠所产生的结构完全不同。那时,我们的办公室已没有空间再摆放约翰·肯德鲁新来的美国博士后乔·克劳特(Joe Kraut)带来的新模型,他是来研究肌红蛋白的。有时,我们7人都挤在一间办公室里,各做各的事情。我想象在由弗朗西斯、阿伦和乔联名投送《自然》杂志的理论文章上,由克里克、克劳特和克卢格联名的组合一定能让伽莫夫嫉妒。

罗莎琳德急于发表她在TMV中的新发现,她正在犹豫如何给唐先前在耶鲁所做的未发表工作以应有的地位。现在,他们对过去谁应该探询五重病毒对称性的恩怨已不再提了。罗莎琳德知道唐在写作上的不足,她实际上是自己一手写出了唐在耶鲁的工作,并在寄给《自然》杂志的一篇文章中对其工作致谢。

伦敦大学伯克贝克学院晶体学实验室

托林顿广场21号

1956年2月10日

亲爱的吉姆:

给你寄来的是唐的论文草稿——我没有重写,你和唐可能希望能够再添些什么。我会尽快完成我的稿件并将它寄来(可能在星期一)。我也给唐寄了一份,以免你在去苏格兰之前收不到。

罗莎琳德

在罗莎琳德帮助的激励下,唐自己也写完了他对丛矮病毒的观察部分。我觉得如果将弗朗西斯和我关于小病毒结构的理论文章和唐的论文一起刊登在《自然》杂志上会更有价值,于是我马上开始工作,希望尽快完成这篇稿子。一个有关"病毒的本质"的CIBA学术会议将于3月底在伦敦召开,我们的论文必须在此之前完成。因此,我干劲十足,很快就写完了文稿,并于1月23日投送给了《自然》杂志。

那时,琳达已经回来。一旦明白阿夫林不想再让她当帮工,琳达就知道再留在爱丁堡冷清的大公寓中已不是明智之举。况且,与他们住在一起戈弗雷出于性冲动也追求她。幸好琳达发觉,阿夫林邀请她来爱丁堡而造成这种尴尬局面的最初动机并非他想抽出更多时间去实验室工作,而是出于他天生的霍尔丹家族的古怪性格。为了摆脱困境,琳达接受了一位薪金不高的社会学家的工作,显然这不是她的初衷。琳达要离开的那天早上,阿夫林殷勤地送给她最新的《时尚》和《新政治家》杂志,供她在火车上阅读。琳达现在已从这次独特的经历中缓过劲儿来,她成功走出了困境,极有风度地避免了尴尬的局面和双方的痛苦。

彼得现在已不再开车去吉顿了,因而马里耶特很高兴有更多时间和他在一起。彼得一度十分迷恋的朱莉娅因为患了严重的流感,还没有回来参加冬季第一周课程。我现在越来越频繁地与琳达在一起,去艺术剧场看电影,或者去找阿尔弗雷德·蒂西尔斯。阿尔弗雷德的房子屋顶很高,可以看到教堂,我们觉得在他那里喝杯茶或咖啡的确可以让心情放松。尽管偶尔有来自北海的冷风,但剑桥的天气大多数时候是

图27.1 马里耶特·罗伯逊在剑河上撑船(1956年春)。

暖和的,超过50华氏度(约10摄氏度)。琳达和我常常沿剑河散步,有时走到了格兰切斯特。

此刻我也需要平复紧张的情绪,因为我正在为4月在以色列召开的大分子会议准备论文。在写这篇论文时,克里克、奥格尔和我又回到RNA在蛋白质合成中的作用这一问题上。弗朗西斯始终不肯放弃他一年前关于小RNA接合体分子与遗传密码有关的奇特想法,但莱斯利和我认为,除非有RNA接合体的物理证据,否则这种念头太过离奇。不过我们必须承认,我们发现还没有明显的办法沿堆积的碱基表面来产生可以区别亮氨酸、异亮氨酸和缬氨酸的疏水空穴。

琳达和我经常在一起喝下午茶。出乎我意料的是,阿尔弗雷德告诉我已有关于沃森–鲍林的流言。当我告诉琳达这一消息时,她很高兴,至少她回到剑桥还是为人所知的,觉得没必要去否认那些让传言者满足的流言。不久,我们决定干脆策划一场由我俩联名举办的大型而时髦的晚会以使谣言升级。那些收到我们请柬的人一定会感到意外,觉得我们是否会以这种方式来宣布订婚。

一个多星期以后,我们才开始行动。我们发觉只有阿尔弗雷德在国王学院的高顶房间才能办这个晚会。令情况复杂化的是,阿尔弗雷德的一个朋友要去阿姆斯特丹执教,几天前阿尔弗雷德要去那里完成已开始的实验,大约3周后才能回来。我们觉得他不会介意我们借用房间,于是买来100多张白色硬纸卡片,琳达用漂亮的字体在上面书写着:

吉姆·沃森和琳达·鲍林
邀请您参加
在国王学院吉布斯大楼阿尔弗雷德·蒂西尔斯的房间举行的晚会
1956年2月18日(星期六)晚9点开始

琳达觉得我们的晚会不仅需要有学术威望的人,也需要一些年轻的单身女孩来渲染气氛,于是她冲到吉顿。她没有找到朱莉娅,却发现了朱莉娅的好朋友珍妮特·斯图尔特。珍妮特也不知道朱莉娅什么时候回来,但她保证会和几位活泼开朗的朋友一起来参加,让这个晚会有声有色,也让弗朗西斯显示一下自己的口才。尽管我们也邀请了认识琳达和我的学术界人士,但直到最后一刻我们都不知道会有多少人来。阿尔弗雷德大概也不会知道在他的房间将举办一场多么盛大的晚会。

不出所料,9点钟准点到达的客人是古特弗罗因(Freddie Gut-freund),他总想和我讨论我从不想懂的酶动力学。接着,马卡姆和他的妻子玛格丽特到了,他们来得早是想看看我们的酒是否备足,以免最后客人们喝不尽兴。当剑桥著名的化学家亚历山大·托德(Alexandex Todd)和他的妻子阿莉森(Allison)在30分钟后到达时,这里已经有30多位客人了。晚会一开始,琳达就和我高兴地挽起手,向大家暗示这次晚会的意义正如他们所预料的一样。比我们高几英寸、如鹤立鸡群般的托德知道有一位获诺贝尔奖的岳父后生活会怎样。他妻子的父亲亨利·戴尔爵士(Sir Henry Dale)因发现乙酰胆碱如何将信号从神经细胞传递到肌肉细胞而获奖。我起初还担心托德夫妇会提早离开,但他们似乎很满意,至少待了45分钟。此次晚会成功的另一个标志是阿尔弗雷德的朋友诺埃尔(Noel)和加比·安南(Gabby Annan)也来了。诺埃尔是国王学院的新院长,最近沉浸在他为莱斯利·斯蒂芬爵士(Sir Leslie Stephen)——弗吉尼亚·伍尔夫(Virginia Woolf)*和瓦妮莎·贝尔(Vanessa Bell)姐妹的父亲——所著的传记之中。诺埃尔和加比的出席给这

---

* 英国女作家,作品摒弃传统的小说结构,采用"意识流"手法,注重心理描写,对现代西方小说影响很大。主要作品有长篇小说《出航》《到灯塔去》《达洛威夫人》等,还著有文学评论和散文集数种。——译者

个晚会赋予了国王学院的气息。

琳达原指望维克托·罗思柴尔德会来,但结果却没有,从彼得那里得知他和特斯另外有事,因为之前彼得去默顿大厅从维克托那里借来大礼帽和斗篷。彼得在那里还遇见了维克托与第一任妻子的女儿萨拉(Sarah),并告诉她我们的晚会值得参加,但显然现在她也不会来了。在彼得挽着马里耶特进来之前,琳达和我都不敢猜他会和谁一起来。知道马里耶特不想独自一人面对她的情敌,莱斯利和艾莉斯决定如果必要的话就和她一起来。但朱莉娅没有来,因而彼得怡然自得地握着马里耶特的手,显示两人互相接受了对方。彼得系着黑领带,风度翩翩,但往日的油腔滑调不见了,取而代之的是一种多愁善感般的关注神情,似乎在思考着他和他的剑桥朋友们今后的道路。

当吉顿的队伍在珍妮特的带领下到来时,彼得仍和马里耶特在一起,而没有过多地与女孩们打招呼。相反,他将珍妮特的一位男性朋友拉到一边,这人正在读国际法,显然他们相互认识。我走向穿着长裙的珍妮特,祝她晚上会有奇遇,而珍妮特的金发同伴戈特利布(Gidon Gottlisb)马上就走了过来。才几分钟功夫,肯德鲁就将我拉到一旁说我应该去让唐·卡斯珀恢复正常,我真有点恼火。

唐因为一直找不到一位漂亮女孩来分担他的情绪而酗酒,留下约翰和戈特利布欣赏珍妮特的长裙。我在储藏室发现了唐,他躺在酒瓶狼藉的地板上,我立刻把他带到草坪。他在草地上将晚上的酒和食物全吐了出来,而先前他在储藏室的呕吐物还来不及清理。吐过之后,唐舒服多了,摸上楼去找了一些醒酒的饮料,跟我说他马上就好。之后,他保证很快就开始清理乱扔的酒瓶,并在午夜客人离开时一定清理好。

客人慢慢离去,现在可以做些轻松的交谈了,我和琳达走向珍妮特和戈特利布。戈特利布的父亲是以色列的罗思柴尔德家族慈善基金会在巴黎的代理人。我又喝了些啤酒,琳达只喝了几杯水。晚会终于结束了,清理工作也不太困难,我们这才开始注意朱莉娅为何没来。彼得可不是一个让漂亮女孩轻易逃脱的人。我们开始猜测朱莉娅为何这个学期还没有回吉顿,而珍妮特知道的肯定比她说的多。我建议星期天吃过午餐后去一趟吉顿,珍妮特那忧郁的微笑让我觉得真有必要这样做。

28. 剑桥(英国):1956年2月

　　第二天,即2月19日星期天下午,我骑车去吉顿,希望聪明又高傲的珍妮特·斯图尔特能解释一下朱莉娅·刘易斯为何不露面。我希望她和戈特利布的意见不要那么一致,不要只是他昨晚所说的那些,但一开始我又失望地发现她还是与他站在一边。不过,后来我认为他们这样做是有道理的——朱莉娅确实遇到了大麻烦。珍妮特很快承认昨晚她保留了一些重要信息,因为晚会上不宜讲太令人震惊的事。几个星期前,朱莉娅已经告诉过她不敢来吉顿是因为自己怀孕几个月了。朱莉娅现在早上已经感到恶心,体形也很快就会变得尽人皆知。一听到这个消息,我就担心彼得是孩子的父亲。当珍妮特告诉我朱莉娅在去年秋季除彼得外没有和其他人在一起时,我的心为之一沉。

　　当彼得得知自己要做父亲时,显然感到害怕了。现在可不是他结婚的时候。首先,他根本养不起老婆和孩子。作为一名研究生,他目前的钱都是父母给的,他不想在这种状况下考虑结婚。更重要的是,即使他获得博士学位并开始挣钱,朱莉娅也不是他想与之结合的那种女孩。跟朱莉娅在一起,他永远不可能有过去跟身材娇小、一头金发的尼娜在一起时的那种激情,况且他现在还爱着马里耶特·罗伯逊——尽管不如她更爱他。此外,他知道自己不会停止追求新的女孩子,他会对这些女孩子展示鲍林式的魅力,再看看这种魅力到底有什么效果。

　　彼得知道这个消息后,立即找合适的医院,让朱莉娅堕胎。不管日趋绝望的彼得打了几次电话,朱莉娅就是不想听这些。马里耶特在巴黎的假期结束了,现在她陪伴在他左右,随叫随到。马里耶特了解彼得,不像朱莉娅最多也就是坐他的"奔驰"跑车转悠。马里耶特还见过他多次毫无缘由的情绪起伏,她的爱也决不是因为对彼得及其家庭有着什么不切实际的期望。

　　在参加晚会时,珍妮特仍然认为最坏的事情可能不会发生,但她今早打电话来告诉我们,现在我们对过去的事情已无能为力了。朱莉娅的家人自从圣诞节知道她的情况后,就越来越急切地要求彼得认命。她的兄弟几天前来到吉顿,告诉女院长朱莉娅为什么不能回来上课。于是,女院长紧急约见了彼得屋院长,彼得隶属于彼得屋学院并住在特鲁平顿街的宿舍中。

　　得知彼得的所作所为后,彼得屋院长觉得没必要进一步调查了,随即通知彼得立刻到他的书房来——彼得被告知他已被开除,必须尽快从学校宿舍中搬走。院长说,彼得如果早点给朱莉娅一个名分的话,这种尴尬的局面或许还可以敷衍一下,让彼得作为一名已婚学生留在剑桥。现在,彼得的卡文迪什生活结束了。看起来彼得,很可能还有马里耶特,在他们一同走进我和琳达举办的晚会时就已料到这个结局。彼得知道自己将永远走下坡路了,他只不过想虚张声势,让大家能记住他。这就是他为什么要去默顿大厅并悄悄告诉维克托·罗思柴尔德他要穿20世纪30年代的衣服,就像维克托27岁作为罗思柴尔德男爵第三时的打扮。

　　从吉顿回来后,我为新近获知的这些事情而难过,担心还会发生什么事。即使彼得早点将这些令人不安的消息告诉我,悲剧还是会发生。没有人能让朱莉娅相信,仅有魅力和家族名誉并不能构成一桩美满的婚姻。朱莉娅应该知道那些"奔驰"和"保时捷"将很快渡过大西洋,成为彼得富有的、有家室的哥哥的财产。尽管如此,毕竟彼得让她的生活新奇而快乐。和他在一起,朱莉娅觉得自己更像一个英格兰中部既辛勤工作又文雅体面的正派家庭中有学问但也很脆弱的漂亮女儿。

作为彼得屋教授,约翰·肯德鲁在昨天晚会上就知道发生了什么,但只有在星期一早上喝咖啡时,他才和我们当面谈起。对以这样粗鲁的方式将彼得赶出彼得屋并最终赶出大学,约翰也无能为力。就算彼得在过去三年半中是彼得屋的良好典范,他最近那些情节严重的轻率行为也使他们爱莫能助。其实,彼得已有不少违纪行为而使自己屡陷险境,学院的导师们对这些都懒得去记了。当然,他们不能否认这个美国人是可爱的,他给学院带来了欢乐的气氛,但没有人奇怪彼得会这样对待吉顿女孩。这个沉湎于肉欲的青年即将被清除出彼得屋了。

彼得现在要面对两项危机,而不是一项——除了面对朱莉娅之外,他还要考虑自己的事业。约翰愿意帮助他,认为彼得或许可以转到伦敦的皇家研究所去,自己还可以继续当他的导师。劳伦斯·布拉格爵士当所长后,曾鼓动约翰去那里但未能成功,他将乐意彼得的到来,这会被看作是约翰与皇家研究所增加接触的途径。尽管劳伦斯爵士表面上有点顽固,但他内心深处还是富有同情心的,而且也不愿看到莱纳斯儿子的生活就此毁掉。

布拉格同意彼得转到皇家研究所是有条件的,就是尽快给朱莉娅一个名分。事实上,当彼得得知自己和朱莉娅的孩子将要出生时,就不需要这样的威胁了,而在整个1月到2月17日那个糟糕的星期五,彼得一直在思考有什么理由不让朱莉娅把她和孩子的命运寄托在他这样一个性格不定、很容易被周围几乎所有女孩吸引的花花公子身上。

尽管琳达最初对彼得和朱莉娅在一起时不谨慎有所抱怨,但她也别无选择。在这样一个仓促举行的登记结婚仪式上,朋友和家人越少越好。实际上,就像我们这些在彼得周围的人一样,琳达是能够接受现实的,她对将来要发生的事并未寄予过高的期望,但愿平等互让的婚姻生活剥夺了彼得的部分自由后,他也许能变得负责任一点。马里耶特则心烦意乱,觉得不论是彼得还是她都已无幸福可言。独自待在奥格尔的公寓里照顾他们的孩子也成为她难以忍受的苦难。马里耶特太了解也太爱彼得了,她过去也曾考虑过像朱莉娅那样逼迫他结婚。但她必须想到彼得注定是要被迫结婚的,他会心甘情愿地接受这种与他本性不相符的一夫一妻制吗?为了发泄情绪,只要艾丽斯在家,马里耶特就骑车回剑桥中心。她发现那儿能够忍受关于鲍林家闲言碎语的熟人也越来越少了。我很能了解马里耶特的痛苦,就像我无法忘记克丽斯塔一样。

现在,婚礼在剑桥城堡山登记处举行。朱莉娅穿戴整齐但未着白纱,她的父亲将新娘交给新郎。约翰当男傧相,他希望彼得还能被那些与此事有关的人所看重。我的任务是带马里耶特出去吃午饭——保证她不会打探到婚礼的地点去大吵大闹。婚礼后举行了一个小小的午宴,参加者主要是朱莉娅的近亲。

回顾当时,彼得和朱莉娅应该静静地离开,但约翰认为在他网球场路家中举行一个小小的晚会或许会驱散一些令人伤心的气氛,但结果恰恰相反。9点开过香槟后,大群彼得在以前晚会上认识的酒肉朋友不请自来。这些人的数目比那些一脸警惕担心今天要发生事情的人还多。约翰或许是想掩饰一下晚会的初衷,他开始厚着脸皮醉醺醺又含情脉脉地看着琳达,而琳达也不知道自己应该扮演一个什么样的角色,但很清楚她不是伴娘。

约翰的酒很快就被喝完,大家开始去其他地方寻找酒水。小小的起居室现在已安静下来,很适宜于谈话,但没人知道该说什么。到彼得和朱莉娅该走的时候了,彼得咧嘴笑着,而朱莉娅锁着眉头,一副茫然的样子。在轻轻的掌声中,他们走到早已停在外面的"保时捷"旁。

29. 剑桥(英国)、以色列和埃及:
1956年3—4月

　　琳达·鲍林的生活没有什么戏剧性,但也成为某些人一时的谈资。没有明确的目标,没有工作,没有学校论文要写,也没有男朋友,她承认自己无事可做,但现在非常希望内政部别这么看待她。令她震惊的是,一位内政部公务员传唤她到马吉斯特雷茨法庭,因为她被控为非法侨民。起初,她完全不相信自己犯了错。在剑桥,她有很多美国朋友都是靠父母的一小笔钱来维持很少的学业,感觉比在美国艾森豪威尔(Eisenhower)政府下的同胞生活还好,没有人告诉过他们必须回国。

　　美国人对违反愚蠢的法律付之一笑的方式现在对琳达不起作用。令她害怕的是,她发现英国法律必须遵守。大家让她放心,大多数剑桥治安法官都是些知名的剑桥女性,通常是一些资深教授的妻子。因此,当琳达听到60岁出头的阿德里安(Adrian)夫人一字一句清楚地告诉她不懂法律决不能成为借口时,她一点思想准备都没有。作为一名大学生,她应当读过印在护照上的一大堆文字,知道在什么情况下她可以待在英国并且可以待多久。琳达结结巴巴地回答道,她以为还有一个月才需要到圣安德鲁街的警察所去更新她的许可证,但她的回答没用。当问到如何解决继续留在剑桥的经济问题时,琳达承认是靠父母的银行汇票来维持生活的。当问及上一次银行汇票是什么时候到的、数目又是多少时,琳达知道自己有麻烦了。她父母在来信中已答应过些时候会再汇些钱来,但这也没起什么作用。还没容她缓过劲来考虑接下来该说些什么,阿德里安夫人罚了她5英镑,并限期她两个星期之内离开英国。

琳达立即感到这是一个反鲍林的阴谋。阿德里安夫人作为著名生理学家、三一学院院长阿德里安勋爵(Lord Adrian)*的妻子,应当知道她父亲是谁。作为诺贝尔奖获得者的夫人将另一位去斯德哥尔摩的世界著名学者的女儿驱逐出英国是不合时宜的。琳达可以提出上诉,但必须尽快。其实,大家根本不清楚阿德里安夫人是否知道琳达的父亲是何许人也,即使知道,那彼得不光彩的事情是否已经传到三一学院院长那里? 尽管阿德里安夫人公事公办的态度不像一个爱管闲事的人,但她的儿子、年轻的生理学家理查德(Richard),可能已经告诉了父母这些事情。要不是彼得突然出事,克里克或者肯德鲁也许还可以悄悄地去理查德那儿,让他请求母亲撤销法律程序。然而,此时琳达的朋友们都想尽可能不提及鲍林这个名字又能设法将她留在英国,这非常困难。

琳达并不想这种时候回帕萨迪纳去,她最不情愿的还是受母亲摆布。他们是得反思一下,彼得怎么会有目前的这种境况。更糟的是,琳达的母亲来信说已经为她找了一位理想的加州理工学院青年教师。据阿瓦·海伦讲,坎布(Barday Kamb)不仅聪明而且人很好,不久就要成为加州理工学院的终身地球物理学家。琳达对母亲安排她的未来感到脸红,她决定接受肯德鲁的建议,让他研究艺术史的母亲来帮助她。从约翰的儿童时代起,他们就在佛罗伦萨有个住处,作为一名著名艺术权威的长期伴侣,她也许是琳达最好的顾问,可以帮助琳达直接了解佛罗伦萨的生活和文化。琳达在被赶出英国之前幸运地得到了意大利方面的肯定答复,她小心翼翼地给父母写信,告之自己需要钱并将话题转移到

---

*阿德里安为1932年度诺贝尔生理学医学奖得主。——译者

佛罗伦萨的艺术奇观上。一旦到达欧洲大陆,她就可以重新做出选择。

令人懊恼的是,我也被传唤到马吉斯特雷茨法庭。得知琳达的居留问题后,我看了一下自己的护照,发现我的许可证也过期了一周。我马上到警察所自首,希望许可证能按惯例延期。但是,我还是到了阿德里安夫人面前,她拄着拐杖微微有点跛地走进法庭。当她得知我住在克莱尔学院、在卡文迪什实验室工作、有足够的钱在这里生活之后,将我的许可证延期至6月31日,同时罚了我5英镑。

当我快要修改完4月初去以色列访问的文稿时,收到吉雷尔的一封振奋人心的来信。我11月去蒂宾根访问时得知他正在研究纯化的TMV RNA的组成。因此,我将罗莎琳德·富兰克林的结果——糖-磷酸骨架位于病毒充满水的核心外40Å——写信告诉了他。现在他发现,他分离的RNA是有侵染性的,不需要TMV蛋白质聚集在周围也能成功进行病毒侵染。这个结果比弗伦克尔-康拉特去年6月报告的侵染性需要蛋白质和RNA要清楚得多。

究竟孰是孰非,在伦敦举行的"病毒的生物物理学与生物化学"的CIBA基金会会议上会见分晓。届时,来自伯克利TMV研究组的威廉姆斯和奈特(Art Knight)也将到会。吉雷尔可以在那儿碰到他们,但我想把他从德国请来的努力却没有成功。其间,我去伦敦获得了埃及签证,打算在去以色列访问10天后再到开罗拜访杰夫里斯·怀曼。据说在以色列停留后再去埃及需要点技巧,但人们告诉我,如果我要求的话,以色列方面可以不在我的护照上签署去访问过的字样。

从会议议程表上,我们预知CIBA会议主要集中于动物RNA病毒,弗朗西斯、唐·卡斯珀和我以及来自伯克贝克学院的罗莎琳德和克卢格都收到了邀请。这次会议的出席人数限制在35名之内,我知道大多数发言者害怕其中一半的人。许多病毒学家仍然未从遗传信息方面来思考问题,他们一直墨守成规,只在免疫学和生物化学方面做一些粗糙的研究,因而他们可能永远不会了解到病毒的本质。

　　我在3月28日的会前午餐时一遇见罗布利·威廉姆斯,就告诉他吉雷尔发现纯TMV RNA具有侵染性。罗布利回答说,他们最近也找到了证据,证明缺少任何完整TMV棒的RNA也能具有侵染性。更重要的是,他告诉我他们用来自不同TMV株系的蛋白质和RNA组分重建了TMV棒,结果侵染性总是表现出RNA方面的疾病症状,而不是蛋白质方面的。令和我们一起喝雪莉酒的安德烈·利沃夫惊讶的是,罗布利似乎并未意识到蒂宾根–伯克利实验结果所具有的令人震惊的意义——他平白的语调使我们怀疑他是不是还未想到RNA分子是遗传信息的线性来源。

　　安德烈和我恶作剧地在CIBA基金会的信纸上写下"TMV蛋白具有侵染性——当心——温德尔",第二天一早将它作为昨晚刚从伯克利病毒实验室主任那边收到的电报递给了罗布利。在弗朗西斯报告了我们共同的论文之后,罗布利开始发言,他还是低估了自己的新成果,只强调了它们最初的性质。下午茶之后,好奇心驱使我和安德烈去问罗布利对温德尔·斯坦利电报的看法,我们说这份电报错投到了我们手中。后来,直到再也保持不住一本正经的面孔,我们才不得不承认自己是那封假电报的制造者。罗布利告诉我们他曾怀疑过这条消息会不会是伯克利的什么人搞的恶作剧。

　　那时的剑桥,在过去乱哄哄的一个月中发生的事都已经过去了。琳达去了佛罗伦萨,住在约翰·肯德鲁母亲挑选的一家小旅馆中,唐和我陪着马里耶特·罗伯逊,即使我们感觉不好时也要装出一副高兴的样子。幸运的是,2月刺骨的寒风已经过去,学院后面开满了成千上万朵藏红花。在彼得结婚3个星期后,也就是在CIBA会议开始前,马里耶特在奥格尔家举办了一个小型的周六晚会,让我们的生活中又多了一些新面孔。我在那儿遇到了年轻的美国物理学家——沃利·吉尔伯特

（Wally Gilbert），他的导师是和他差不多年纪的巴基斯坦人萨拉姆（Abdus Salam）。萨拉姆后来在的里雅斯特创建了国际理论物理中心，并于1979年获得诺贝尔奖。此前，沃利和我在一群物理学家聚在一起听数学家兼计算机先驱图灵（Alan Turing）演讲时见过面。图灵因破译过德国人的绝密密码而具有传奇色彩，他那晚的演讲几乎全是关于数学家设计的植物形态发生模式，这是英国生物学家汤普森（D'Arcy Wentworth Thompson）几十年前就已注意到的事实。图灵的数学论证在我之上，但我安慰自己，这些对生物学家理解生长模式不会有什么帮助。

出席奥格尔家晚会的还有沃利的妻子西莉亚（Celia），她出奇地矮小，但思想却不是如此。她是在快要完成史密斯学院英语专业的学习时与沃利结婚的。当她问我怎样才能超越双螺旋时，为了显得似乎比沃利更有人情味，我告诉她我现在的目标是找一位富有的妻子。西莉亚立即看出我所面临的挑战——科学家通常不把人和钱混在一起。但我如此失败，未能赢得一位穷学者女儿的芳心，我想我可能不会让一个富有的女孩子不快吧——我刚刚养成的剑桥作风对富家女子来说也许不那么陌生。

3月31日，在去以色列的路上，我到雅典停了一下，本以为春天是温暖的，却发现温度只有50华氏度（约10摄氏度）左右。没有女朋友的我独自一人伫立在阿克罗波利斯山顶的大风中，对旅游指南上的东西一点兴趣也没有。去以色列参加为期一周的会议对我来说是一次解脱。在特拉维夫机场，我和其他与会者一起被领进车子，来到一家舒适的海滨饭店。每天早上我们坐巴士去位于特拉维夫东南方雷霍沃特的魏茨曼科学研究所——"大分子国际学术研讨会"的前半部分在这里召开，最后在耶路撒冷结束。

我很高兴多次与魏茨曼研究所的生物学家们一起吃饭，他们正确地估计到我可能会对太多的化学感到厌烦。一天晚上，微生物学家沃尔卡尼(Ben Volcani)带我去他在研究所内的公寓,在那里可以闻到橘树的气息。夜间,到处弥漫着以色列与其阿拉伯邻国即将爆发战争的恐怖气氛,研究所的科学家们则轮流站岗值班以截获来自附近约旦边界的潜入者。第二天晚上,我被研究癌细胞的萨克斯(Leo Sachs)和达农(Matilda Danon)带到特拉维夫的古阿拉伯城去吃阿拉伯餐。

第二天我避开了满是化学家的汽车,坐上了萨克斯那辆能凑合着开的大轿车去拿撒勒,然后去加利利海边,上方经常会响起戈兰高地和叙利亚的枪声,犹太农民也经常遭到扫射。星期天,我和卡奇尔斯基(Ephraim Katchalsky)一起去耶路撒冷,他是一位睿智而活跃的以色列蛋白质化学家。他在开往朱迪亚山的高速公路上飞速行驶,而我在朱迪亚山得知或许可以经过约旦去埃及而不必回去穿过塞浦路斯。如果游客能证明自己不是犹太人,约旦将允许其进入耶路撒冷老城,因而我需要搞到一张教会成员证明。于是,星期一上午我在会议上发完言后,去了一趟西耶路撒冷的基督教青年会(YMCA)。一位工作人员用他们的信纸写了一份证明——1928年我在芝加哥我父亲家族所在的救世主堂受洗成为一名圣公会教徒。此时最好别提我的教徒身份已长期失效了。

拿着假证明和护照,我过了边境,发现自己已经到老城围墙边了。一群年轻人缠着要做我的向导,我试图走得比他们快一点,但没有成功。又有一群老老少少的乞丐围上来乞讨,让我寸步难行。我只好同一个十几岁的小伙子讲好价钱,很快就只有他一人带我朝阿克萨清真寺的方向走去。晚上,我住在一个接待基督教徒的廉价小旅馆里,它正好位于这个极为奇妙的城市的中心。第二天,向导带我去伯利恒。第三天下午,在买了一上午的小饰物后,我登上了战时双引擎的C40运输机。在开罗机场着陆前,我已从机上俯瞰了雄伟的吉萨大金字塔。

杰夫里斯·怀曼来接我,他的司机送我到一个私人小旅馆,就在杰夫里斯和他俄裔妻子奥尔加(Olga)住的公寓附近。奥尔加是一位曾统治过克里米亚的大公的女儿,她和家人在革命时逃到了巴黎。杰夫里斯和她于1954年在巴黎结婚,以前的婚姻给她留下了一个儿子。吃晚饭时,我惊奇地发现奥尔加更像一个意志坚强的农民而不是一名贵族。第二天,我和杰夫里斯去尼罗河一个岛上的杰济拉运动俱乐部吃午饭,在那里看到了苏联大使及其随从,他们现在突然成了埃及人生活中的关键人物。当纳赛尔(Gamal Abdel Nasser)开始从苏联购买武器时,杜勒斯(John Foster Dulles)取消了美国原定对在尼罗河上兴建阿斯旺大坝的资助。因此,纳赛尔将苏伊士运河国有化,以此获得修建大坝所需的资金,他选择了苏联工程师来完成这项工程。

下午,杰夫里斯带我坐一艘小船沿尼罗河而上,其后我乘卧铺火车去卢克索,那儿离南部大约有600英里(约960公里)。他告诉我这将是埃及之行的高潮。在临河的冬宫旅社旁的一家一星级宾馆吃过午饭后,我步行2英里(约3.2公里)来到凯尔奈克的大神殿,我被它那雄伟气势和高大粗壮的石柱所折服。我漫无目的地走着,直到太阳下山才回来,路上不断碰到从泥土房子中出来的祈祷者,这预示着斋月的一天将要结束,晚宴要开始了。第二天早上,一艘简易渡船将我载过了尼罗河。许多小男孩要求用他们的毛驴驮我到国王谷和传说中的图特安哈门法老墓。我选了其中一个报价最低的男孩,但是他的毛驴需要一直鞭打才肯走。毛驴将我驮到了两个70英尺(约21米)高的曼农巨像前,这里在罗马时期就已是旅游热点。那位鞭打毛驴的向导要我支付5倍于他抢生意时报出的价钱。我很生气被骗了,但也只好付给他原来两倍的价钱。然而,当小男孩闷闷不乐地走开时,我还是有些不好意思,因为他为我工作了一天而我只给了他不到半美元。

回到开罗后,我住进一个大宾馆,发觉还是需要有个向导时刻在我身边才行。无论什么时候,只要我走到街上,就会有成群的乞丐尾随而至,并且威胁只有拿到赏钱才肯走开。后来,我被埃及博物馆中那光芒四射、金碧辉煌的展厅惊呆了,就凭这也值得来一趟埃及。还好,此时我尚未感觉到自己在旅途中感染上了痢疾,直到在开罗机场的候机室里才开始感到肠胃痉挛。在德国停留的两天这种感觉一直伴随着我,我去那里是为了看吉雷尔的 RNA 侵染实验。后来,我准备回剑桥,医生完全可以给我一些药片来终结我下腹部那大战般的感觉。遗憾的是,我如此乞求帮助,得到的不是药片而是让我到米尔路的"害虫医院"毫无道理地住了一个星期——他们不能冒险让我有机会传染给一个准备五月竞舟的克莱尔桨手。

30. 剑桥(英国):1956年5—6月

我刚被"害虫医院"放出来,西莉亚·吉尔伯特就上气不接下气地跑到我的宿舍,直嚷"找到她了"。我不明白她是什么意思,忙起身给她倒了杯茶,还拿了些巧克力饼干。她太急了,来不及喘口气就告诉我她是来邀请我参加明天晚宴的。西莉亚的父亲伊兹·斯通(Izzie Stone)是一名新闻记者,他的一位有钱朋友的女儿要来参加明天的周末晚宴,她叫马戈特·拉蒙特(Margot Lamont)。我这才明白西莉亚帮我找到了一位富家女。马戈特的父亲科利斯·拉蒙特(Corliss Lamont),是20世纪20年代一著名银行家之子,其父亦为摩根财团的要人。作为同情左翼政治的最富有的美国人,科利斯有一位任《纽约邮报》(*New York Post*)左倾专栏作家的朋友,他就是西莉亚的父亲伊兹·斯通。

沃利和西莉亚住在格林街小咖啡店楼上的一套公寓里。第二天,西莉亚将我介绍给马戈特后,我们就开始互相探问各自的过去。马戈特的一只耳朵暂时有点毛病,在她表示歉意后,西莉亚和我都不好意思再插问有关她在伯明翰大学生活的问题。她在那边已有一位男朋友,她对他的评价让我觉得她很想回去和他在一起,而不是花更多的时间在这里探讨剑桥大学的建筑风格。晚饭后,她便回下榻处休息。我和西莉亚一致认为,一个有钱的左翼家庭并不一定能产生出非同寻常的头脑。

布拉德一家却大不一样。贝琳达·布拉德（Belinda Bullard）是剑桥地球物理学家特迪（Teddy）的女儿，其母玛格丽特（Margaret）正在写小说。贝琳达今年20岁，有一头又直又黑的头发，也有完全自由的思想。3年前，玛格丽特的小说《天堂中的栖木》（Perch in Paradise）引起了小小的骚动，小说中那忙于床笫之间的小丑主人公太容易和剑桥学术界人士相对应了。这个来自诺里奇的东盎格鲁家庭住在克拉逊路，房子很宽敞，意味着他们的收入来源不仅仅是学校的工资。我在住进"害虫医院"之前，去布拉德家参加过一次周末晚会，那次贝琳达告诉我她在吉顿念生物化学，已是二年级学生。她认识朱莉娅·刘易斯，也见过彼得·鲍林。晚会后，她陪我一起回克莱尔学院，她先帮我爬过车棚，然后自己也越过了棚顶。到我的房间后，才发现我一点力气也没有。我告诉她，痢疾使我剧痛难忍，现在人很虚弱。

我在医院里收到了贝琳达的一张字条，她说像夏天一样的热度已经将许多吉顿女孩的背都晒红了，现在可以听到春天里杜鹃的第一声啼叫，而花园中的小水杉更是亭亭玉立。不久，我带她去见西莉亚，后来西莉亚说她很可爱。我知道但没有说出口的是，贝琳达不像克丽斯塔那样让我怦然心动，但她既聪明又讨人喜欢，和她谈话我感到非常惬意。

一周后的一个早晨，我和西莉亚的父亲一起喝咖啡，他头天夜里刚从莫斯科回来。坐在我对面的伊兹并不太像我从他的专栏中所感觉的那样，是一个苏联教条主义的支持者。当我谈到捷克斯洛伐克的情况时，他毫不犹豫地承认自己的自由思想在原先的国度中无法发展。我猜他的妻子埃丝特（Esther）对政治要冷淡得多，她只是专心照顾作为一个思想家和挣钱者的丈夫。这一特性完全遗传给了西莉亚——沃利同样不用因家庭而分心，可以专心致力于理论物理学研究。他在剑桥完成博士论文后，将在夏季末与西莉亚一起回美国，再次加入哈佛大学的理论物理组。西莉亚的父母在法尔岛有一幢避暑别墅，离冷泉港不远，我夏天可以去那里愉快地与他们争论问题。

回到卡文迪什的X射线组后,我发现肯德鲁、克里克、卡利斯和卡斯珀都对4月初去马德里参加有关蛋白质、核酸和病毒结构的研讨会很感兴趣。富兰克林和她的伯克贝克病毒小组以及威尔金斯和他的国王学院DNA结构小组也要出席。令弗朗西斯真正吃惊的是,奥迪勒也想去。他们发觉自己不但原谅并且更喜欢罗莎琳德了,大家也没有让她感到紧张,所以罗莎琳德现在乐意和我们在一起。彼得·鲍林在他的问题爆发之前,早就计划好也要参加这次会议。朱莉娅已到妊娠中期,但彼得最后还是去了。新婚之后,他们住在泰晤士河南岸,靠近埃利芬特和卡斯尔地铁站。彼得每天乘地铁去皇家研究所,他已经开始在那里做研究了。

解决多聚腺苷酸结构的前景让我十分兴奋,因此经常去卡文迪什

图30.1　摄于马德里晶体学会议(1956年4月1日)。从左至右:卡利斯、克里克、卡斯珀、克卢格、富兰克林、奥迪勒和肯德鲁。

的 X 射线室。作为一种合成的多聚核糖核酸,我想它也许可以提供关于 RNA 结构的重要线索。我在从埃及回剑桥的途中曾听说马卡姆实验室利用奥乔亚实验室已发表的方法制备了高纯度的多聚腺苷酸。我用它做了一根导向纤维并放到旋转阳极 X 射线束前,高兴地发现其 X 射线衍射图案具有螺旋意味。我和贝琳达步行到附近的艺术剧院去看塞缪尔·贝克特(Samuel Beckett)* 的新剧《等待戈多》(Waiting for Go-dot)。在此之前,我做出了一个更好的衍射图案。两个流浪的主人公几乎什么也没讲,这让我感到疲倦和不安,急着想回到卡文迪什的地下室去看一看从以腺嘌呤作为唯一碱基的 RNA 样分子刚获得的 X 射线图案。这一图案使我坚信多聚腺苷酸也是双螺旋,它的双链具有在外侧的糖-磷酸骨架,并沿同一方向延伸,每个完整的旋转为 31Å。碱基对之间的两个氢键将两条链结合在一起,碱基排布类似于早先在腺嘌呤盐酸盐晶体中发现的碱基配对原则。现在我已经获得正确的多聚腺苷酸结构,可以满意地回美国再去做结晶学实验。

阿尔弗雷德·蒂西尔斯也要去哈佛工作,他在国王学院的研究员职位工作将于明年到期。他认为自己结束在生物氧化作用方面的工作转而研究 RNA 如何携带蛋白质合成的遗传信息更有优势。几年前,他已初步应用马卡姆实验室的超速离心机研究了蛋白质合成中出现的含 RNA 的细胞微粒,这些微粒与小的球状植物病毒大小相似,且同样可能由大量相似的蛋白质亚基构成。我们打算在哈佛对此进行更细致的鉴定。显然,我在美国的新实验室必须有原始实验数据,现在甚至连弗朗西斯都对在获得实验事实之前作过久的猜测感到厌倦。

5月下旬,我开始为将于6月中旬召开的"遗传的化学基础"会议撰写讲稿,会议地点在巴尔的摩的约翰斯·霍普金斯大学。弗朗西斯和我

---

* 法国作家,1969年度诺贝尔文学奖得主。——译者

将分别作一个报告,他是关于DNA的,而我是关于多聚腺苷酸的。我的东西不多,整理回美国的行李也花不了一天时间,但我还是将用来寻找RNA结构却发现了多聚腺苷酸螺旋的鲍林–科里空间填充原子模型留给了研究组,没有什么好的科学理由把这些沉甸甸的大块头带到哈佛。

在我即将启程去波士顿之前,贝琳达和我没买票就偷偷溜进了在克莱尔进行了一半的"五月舞会",我租来的西装黑领带还算像样。今年的"五月舞会"在6月中旬学期结束前一周举行,我们溜进来时,大伙儿都已喝得半醉。晚上很暖和,正好让我们度过凌晨的那几个小时。随着时间的流逝,我们跳舞跳得渐渐疲倦了,于是找了一张长椅手牵手坐下,直到最后一支舞曲响起才站起来。这是我第一次参加"五月舞会",但不是以我曾经希望的方式——和克丽斯塔在一起。可是天破晓时,贝琳达和我一道直接去吃早餐,我并没有不开心。

31. 巴尔的摩、冷泉港和马萨诸塞的剑桥：
1956年6—9月

　　我到达巴尔的摩的一个20世纪20年代的10层红砖旅馆后,才发现会议组织者们已将我和弗朗西斯安排到了顶层一套宽敞的总统套房,房中摆设着华丽的法式家具。我们从未享受过如此款待,弗朗西斯笑着说我们得到了双螺旋应得的承认。这次会议本身也是一流的。这是科学界第一次召开基于双螺旋的遗传学会议,组织者召集了合适的演讲者和听众。加州理工学院的乔治·比德尔宣布会议开幕,并就什么是基因、它们如何复制以及如何引导蛋白质合成做了很有水平的概述。长期以来,他以坚持"一个基因一种蛋白质"的观点而著称,现在,比德尔说基因是DNA分子的片段,这些分子更可能是蛋白质中氨基酸排列方式的特定RNA模板。

　　与会者都很想念乔·伽莫夫,因为其遗传密码理论的缘故。此时,他正在位于圣地亚哥的康维尔空间分部快活着呢,他在那里进行远程火箭发射(包括环绕月球航行)方面的计算。经过长期的等待,乔终于快要离婚了,赡养费协议签字盖章后罗就留在里诺,他则去博尔德夏季学校。他在信中高兴地告诉亚历克斯,自己已被聘为科罗拉多大学物理系教授,还将参加一个为他而举行的香槟酒会。

　　在这次研讨会上,病毒RNA携带遗传信息已成为一个既定事实。弗伦克尔-康拉特报告了伯克利的结果,确认了施拉姆提供的蒂宾根数

据。此外,还有两个轰动事件。一个是来自橡树岭实验室的福尔金
(Elliot Volkin)和阿斯特拉汉(Larry Astrachan)的报告。他们认为在T2
噬菌体侵染后所产生的不稳定RNA与T2 DNA的碱基组成非常相似。
几年后,我们才意识到他们所研究的正是蛋白质合成中由DNA模板获
得的RNA。他们的报告促成了一个另类想法:RNA作为前体,通过酶
的作用转换成DNA。让听众更为惊喜的是科恩伯格(Arthur Kornberg)
的报告,他的圣路易斯实验室已经能够观察到在大肠杆菌细胞的提取
物中进行的真正的DNA合成。所涉及的核苷酸前体和将它们连接起
来的酶很容易找到。

　　会议的核酸化学部分由查加夫开始,他认为人们现在过多地关注
于核酸却忽略了其他有价值的细胞成分,诸如蛋白质、多糖和脂质等。
他警告说,我们越是受到核酸的诱惑,越是搞不懂它。之后是弗朗西斯
的报告。他那时还戴着RNA领带,并没有被查加夫尖刻的言辞激怒。
他坚持讨论DNA结构方面的细节,强调任何分子模型都必须慎重考
虑,而模型构建者必须建立令人满意的立体化学方案。他还驳斥了一
位妒忌的生物化学家早先说过的话——“真正的研究是在工作台上完
成的,而不是靠摆弄金属模型得出的”。弗朗西斯只是简单地提到可能
的密码,没有过多的推测。

　　轮到我发言时,我意识到听众可能对我的多聚腺苷酸没有什么兴
趣,因为真实的RNA本身并没有相似的结构。亚历克斯·里奇的报告
更激动人心,他认为如果多聚腺苷酸poly(A)和多聚尿苷酸poly(U)混
合在一起,会形成poly(A)-poly(U)双螺旋。所得的双螺旋类似于
DNA,但X射线图案更倾向于两条链像poly(A)一样朝同一方向延伸,
而不是像DNA一样朝相反方向延伸。无论是哪种情况,亚历克斯都很
欣赏朱利安·赫胥黎最近将他的结果称之为“分子的性”——两个分子
一见面就拥抱在一起。

会议结束后，我和亚历克斯开车去华盛顿。我妹夫鲍勃到华盛顿接我，再带我去他和贝蒂在福尔斯教堂的家。他就在离家不远的政府部门工作。他们很快就要回远东了，这次是去印度尼西亚，在美国驻雅加达大使馆工作。一旦他们刚出生的第二个孩子霍利（Holly）可以旅行，他们就出发。我听说鲍勃要把1954年的MG-TF车卖掉，开价1500美元，我就开了一张支票给他，几天后就开着这辆车去冷泉港。

随着大多数学生离去，夏天不是待在剑桥的好时候，至少不能与冷泉港相比，那里有许多聪明的访问科学家常驻。卢里亚正在冷泉港教噬菌体课程，那是接着蓬泰科尔沃主讲的真菌遗传学之后开的新课程。我到的时候发现课程已经开始了，蓬泰科尔沃一到休息时间就急着到布莱克大厅下面的食堂走廊里打乒乓球。祖西·迈尔也回来了，在给暑假上课的人洗盘子。我焦急地打听她姐姐克丽斯塔的情况，得知克丽斯塔在复活节期间去意大利旅行，将于8月下旬回来休息几周，然后去斯沃思莫尔学院开始大四学习。祖西知道暑假一结束我又会心绪不宁，但她对克丽斯塔的现状并不知情，也不想猜测她回来的心境。

在第一个研究生鲍勃·赖斯布拉夫（Bob Risebrough）的帮助下，我很快就在琼斯实验室中建立了一个初级的噬菌体实验室。鲍勃出生在加拿大，本科在康奈尔大学，因为他对鸟类学感兴趣。几乎就像我10年前那样，他现在想转做噬菌体实验。我建议他花一个夏天学习如何用噬菌体φX174来做工作，该噬菌体可能有一个小DNA分子。在厄巴纳，卢里亚的实验室里还存有这种小的噬菌体可供研究，样品很快送来，不久就可以获得一大批。然而，琼斯实验室并不适合纯化噬菌体，但鲍勃还是在夏天剩余的时间分离出一些噬菌体突变体。

我写了一封信给在英国剑桥的贝琳达·布拉德。她很快就给我回信，告诉我她刚刚拜访了彼得·鲍林和朱莉娅·鲍林在伦敦克拉帕姆的家。他们已经搬到一处较大的住所，给彼得足够的空间远离他们将要

图 31.1　参加作者堂妹露丝·沃森(Ruth Watson)与约翰·马丁(John Martin)在纽黑文的婚礼留影(1955年11月)。从左至右:威廉·沃森、老詹姆斯·沃森、玛格丽特·吉恩·沃森(母亲)、贝蒂·迈尔斯(妹妹)、贝蒂·沃森(婶婶)。照片上的MG轿车后来被作者从妹夫鲍勃·迈尔斯手中买来。

出生的孩子,孩子将在8月中旬出生。贝琳达说他们的新房很好,除了中间的两个房间——那两个房间一团糟,显然这不是一身整洁的朱莉娅造成的。摊在一大堆东西中的大型电子器件是彼得的唱片机。贝琳达不愿意在她母亲眼皮底下过一个夏天,因此先去看了一下拉夫顿(Alice Roughton)在亚当斯路的房子。那里住着形形色色付费的房客,她想这或许会是这个夏天一次有趣的经历吧。她去的时候,门是开着的,只看到这户人家的一个儿子杰弗里(Geoffrey),他穿着一条黑长裤和一件硬邦邦的衬衣,还戴着一顶黑色保龄球帽。他办的《绿洲》(Oasis)诗刊已经停刊,目前正在做一些统计工作。大多数房间里都住着4个以上的房客,车库里还停着两辆破旧的劳斯莱斯。隔壁房间里住着拉夫顿的姐姐和她的7个孩子以及大胡子丈夫,他曾经写过一本书挣钱。最后,贝琳达认为在格林街27号租一个房间还是合算的,街对面24号住着吉尔伯特夫妇。

我从西莉亚那里进一步获知格林街的消息,她说谢天谢地7月天可以在寒冷刺骨的天气里享受10分钟的阳光。她意外地收到我从长岛寄来的信。一听说我的哈佛实验室在秋天建成后将请她去当技术员,她就跳了起来。她很高兴我会慷慨地聘请她这样的人。她还问到雇用一个博士或其亲属是否有什么规定。这件事我当然得到了沃利的认可,他认为这可以让西莉亚学到一些科学方面的东西,也可以使她在他的眼中成为孩子们更称职的母亲。与此相比,一笔不小的薪水倒不那么重要了,这将从我的国家科学基金会基金中支付。西莉亚把从贝琳达那里借来的化学书看了半个小时,她在书上发现了诸如共价键、离子键、阴离子和阳离子之类的单词,她真怀疑后者是什么脏话。

自从读了俄国短篇小说后,西莉亚觉得自己曾经是个很可怜的罪人。当她接着转而读巴尔扎克(Balzac),又观察到周围其他人的行为是多么恶毒和可怕。她从BBC电台一个关于亨利·詹姆斯的节目中得知亨利为如何写信给伦敦的陆军和海军仓库要求订购6磅牛津果酱而痛苦。在坐船旅行时,她忍住没有在甲板上读亨利的《悲惨的缪斯》(*Tragic Muse*)。

回到冷泉港后,我愈加盼望里奇夫妇从华盛顿来访。亚历克斯将告诉我,他是否仍然认为他那poly(A)-poly(U)双螺旋的两条链是向同一方向延伸的。我将告诉简,随着克丽斯塔回家的时间临近我有多么紧张。里奇夫妇回来参加她姨妈女儿的婚礼,我在伦敦见过埃姆斯(Ames)姨妈,她和全家住在配得上其摩根合伙人之女身份的房子里。婚礼将在圣约翰一座1840年建的木制尖顶教堂里举行。教堂是琼斯家族建造的,当时他们是长岛的望族。在简到来之前,我曾打算在没有受到邀请的情况下去看看实验室里有钱邻居的女儿而非婚礼本身,但简说不要这样，她母亲不希望看到我这种逾矩行为。

但她还是给了我另一个惊喜，那就是晚上可以见到安·麦克迈克尔。这位小巧玲珑的金发女子，去年夏天在日内瓦湖边一度深深地吸引了我。那时，安对我身染疾患异常关心，以至于我都怀疑她的婚姻是否牢固。因此，当我听说她已离开丈夫并很快就要离婚时，一点也不吃惊，但我也未感到乐观，因为安已经交上一位新男友并且热切希望我能见见他。

在同一位来自布鲁克黑文国家实验室的精力旺盛的理论科学家的谈话中，我得知迪克·费曼就在附近。几周前我去他那儿和他一起吃晚饭，得知他和玛丽·罗的婚姻破裂了。作为一名艺术史学家，玛丽·罗希望能与一位体面的教授一起生活，在他打上领带而她穿上高跟鞋时，两人在一起很般配。在以学生为主的晚会上，鼓和迪克那无拘无束的滑稽行为惹恼了她。今年初他们开始不断地吵架。我打电话告诉他，我在瑞士碰到一个现在还单身的漂亮女孩正等着他去呢。

我们大家围坐在中国餐馆的一张大圆桌旁。迪克还是那样急躁，爱表现自己。其实，如果他不和大家聚会的话，他也不会自我享受。在这顿为时已久的晚餐将要结束的时候，迪克把我拉到一边，问我从安的眼中看到了什么。至少是现在，她那种年轻的对生活的激情消失了，正是这种激情使她和我曾手牵手在阿尔卑斯山下的苹果园中散步。

8月最后一个星期的星期二晚上，祖西·迈尔告诉我克丽斯塔给恩斯特和格蕾特尔的信中有一个坏消息。我立刻担心克丽斯塔在同一个德国学生谈恋爱，不能很快回家，但这个消息要糟糕得多。克丽斯塔在给父母的信中透露她已经怀孕，孩子的父亲是她在慕尼黑碰到的一位学工程的学生，孩子是他们不小心怀上的。不过，她还是想回家看望父母和祖西并住上一个月，之后回德国生孩子并与孩子的父亲结婚。更重要的是，她毫不怀疑自己的决定，也不想让父母有改变她想法的机会。

　　祖西讲述的时候流泪了，我也是哽噎得语无伦次。当我得知恩斯特要离开新罕布什尔农场去康涅狄格州的斯托尔斯参加遗传学会年会时，我两天后去拜访了他。我发觉他已经是听天由命了，他告诉我克丽斯塔意志坚定，同时他还透露过去8个月中她的来信就很让他担心。尤其糟的是她在复活节独自一人去意大利，一点也不担心会有个人危险或其他风险。他认为她太幼稚了，才会同一个她认识不久的年轻人有了孩子，但他不知道该如何让她认识到这一点。再过几天克丽斯塔回来后，他和格蕾特尔将竭尽全力劝她别毁了自己的美好前程。

　　那天晚上我赶回哈佛，去了多蒂夫妇的新居。第二天早上喝咖啡时，我告诉他们自己的坏消息。保罗热情地保证，随着我在哈佛生活的开始，我肯定能从哈佛附近的拉德克利夫女子学院找到一位更合适的女孩子。黑尔佳却刺了我的痛处，她说随着时光流逝，我将意识到这个消息并不是那么糟。她早就觉得我和克丽斯塔在一起不会有好结果，只是出于某些原因她无法用语言表达。现在极端一点总比以后感情纠葛要好得多。

　　我必须在克丽斯塔离开之前见见她，于是在克丽斯塔回来后的一天晚上我去看她。如果她要孩子的决心有所动摇的话，就不会发生这种事。恩斯特和格蕾特尔让我们单独待在起居室里。我们都想装作老朋友一样，微笑着谈一谈彼此在过去6个月中的情况。她要嫁的男孩是一个受过良好训练的工程师，他想从事核反应堆工作，克丽斯塔对他的未来很有信心。最重要的是，他不会神经紧绷着，而是几乎本能地知道如何使克丽斯塔开心。至于克丽斯塔对他了解不多那并不重要，反正他对她是合适的。克丽斯塔已经做出了选择，我无言以对。评价她的愚蠢行动也没有什么好处，还会使我的拜访不愉快地结束。在祝她幸福之后，我不知该如何是好，只是同她握了握手就离开了。我走到街上，上了自己的MG车，慢慢驶向神学大街，将车停在生物实验室外，那里才是我今后几年真正的家。

一个人在新办公室里待不住,我就朝"哈佛园"走去,那里还有一线初秋夜晚的光亮。渐渐地,我冷静下来,那些大榆树给了我一种感觉,就是曾经在它下面走过的人们都将有好的归宿。到处都是螽斯的秋鸣,我独自一人在园中小径间徘徊,不想走出这里而融入到哈佛广场的声色中去。

尾声：1956年10月—1968年3月

我们许多人的个人烦恼让发现双螺旋最初的风光变得暗淡，幸好这种日子并未持续很久，大部分人就有了愉快的情感归宿。同样，我们在获得实验数据前就想超越双螺旋的念头总是受智力水平所限，这个问题很快也得以解决。从1953年发现双螺旋到1960年弄清RNA在蛋白质合成中的基本途径，我们花了7年的时间。由于我们在信使RNA（mRNA）和转移RNA（tRNA）方面的努力，只花6年就揭开了遗传密码的奥秘。

马里耶特·罗伯逊于1956年6月离开英国去巴黎。她在索尔本待了一年，但最终还是回到了加州理工学院。1958年，她嫁给了研究印度战争和鸦片战争的历史学家费伊（Peter Fay），他在哈佛和牛津都受过教育。后来，夫妇俩和他们的4个孩子去印度生活了两年。同一时期，琳达·鲍林还是嫁给了地球物理学家坎布，他当时刚被聘任为加州理工学院教授。坎布以后还在加州理工学院担任了好几年的教务长。1964年，在莱纳斯离开加州理工学院后，坎布夫妇带着4个儿子搬到了琳达从小长大的山麓住宅。

为了表彰莱纳斯在阻止核武器方面的功绩，他被授予1962年的诺贝尔和平奖。正在大家都为莱纳斯的二度获奖而高兴时，这个奖却由加州理工学院董事会无礼地收去了，因为他们认为莱纳斯参与了共产主义活动。当时,莱纳斯对加州理工学院日益缩减他的研究空间已感到寒心,于是接受了由哈钦斯(Robert Hutchins)负责的民主研究中心的邀请,去圣巴巴拉工作。

阿夫林·米奇森也很快与爱丁堡大学的学生洛娜·马丁(Lorna Martin)结婚。我于1957年7月去斯凯岛做阿夫林婚礼的男傧相,洛娜的父母住在岛上。那年5月,我母亲突然去世,父亲很是伤心,于是我也带他去参加婚礼。母亲的心脏小时候受过链球菌感染,已无法挽救。我在哈佛的实验室因阿尔弗雷德·蒂西尔斯的到来而节奏紧张起来。他带来了他的"本特利"轿车,但很快又卖给一位哈佛法学教授。西莉亚·吉尔伯特那时已从工作上退了下来,她很高兴无须再按"十项因子"去思考,而是快乐地期盼着她与沃利的第一个孩子降生。

马戈特·舒特当时住在哈佛附近。1953年我们在从英国回来的船上相识,她那亨利·詹姆斯式的风格曾深深吸引了我。她正在为一家出版社工作。4月中旬,我开车带她去伍兹霍尔,好让玛尔塔·圣捷尔吉知道我正和一个举止文雅的女孩在一起。这两个女人——一个青年,一个中年——的会面并不愉快,部分原因是马戈特还未从凛冽的寒风中缓过劲来。我是否能够重新出现在马戈特的生活中,取决于她一个月后是否去伦敦找工作,其中的缘由我不得而知。

1957—1958学年结束后,阿尔弗雷德和我发现大肠杆菌的核糖体并不具有与球状RNA病毒相同的结构,而是具有双歧结构,其中一个亚基要比另一个大一倍。如果有足够的镁离子存在,两个亚基可以结合在一起,但镁离子水平较低时会分开。我们后来发现,虽然一个亚基大小是另一个的两倍,但每个亚基都只有一个RNA分子,这让我们很困惑。我们曾期望能够发现不同大小的核糖体RNA分子,这可以反映它们各自所编码的多肽链的不同长度。

1958年7月,阿尔弗雷德与活泼的弗吉尼亚·瓦霍布(Virginia Wa-

图32.1　作者与阿尔弗雷德·蒂西尔斯摄于哈佛生物实验室前。

chob)结婚,弗吉尼亚住在巴黎,但来自丹佛。我又做了一次男傧相。

乔·伽莫夫在科罗拉多过得很好,他1956年到博尔德后,曾希望能在第二年的8月组织一次分子遗传学会议。1956年12月,他在来信中谈到了有关会议的具体事宜,并提及他即将完成一本新书《物质、地球与恒星》(*Matter, Earth and the Stars*)(见286—287页)。两年后,他与年纪相仿的巴巴拉·珀金斯(Barbara Perkins)结婚。她过去一直在出版业工作,婚后10年间又协助乔出版了好几本书。1968年,乔因酒精引致的肝脏衰竭过早地离开了我们,年仅64岁。

就在1956年夏天我离开英格兰去哈佛以后,悉尼·布伦纳也离开南非,到剑桥与弗朗西斯·克里克一起工作,这又为卡文迪什实验室的遗传学研究带来了新的活力。随后的几年中,我的实验室和悉尼与弗朗西斯的实验室中的实验均开始表明诱变物质是如何在DNA水平起作用的。莱斯利·奥格尔的妻子艾丽斯也在他们的实验室中发挥了重要作用。在哈佛,关键的工作是由恩斯特·弗里兹(Ernst Freeze)完成的,他在著名德国科学家海森伯(Werner Heisenberg)指导下成为理论物理学家,随后转向生物学并与本泽在普度大学工作了一年。恩斯特在普度大学期间发现由5-溴尿嘧啶引致的突变与其他自发突变不同,他来哈佛后继续研究这两种完全不同的突变类型。他将那些由碱基类似物引起的突变正确地称为"转换"(transition)(用一个嘧啶替代另一个嘧啶,或用一个嘌呤替代另一个嘌呤),但将另一种由DNA结合染料如二氨基吖啶引起的突变称为"颠换"(transversion)(用一个嘧啶替代一个嘌呤,反之亦然),时间将证明他这一点错了。

1959年6月初,弗朗西斯、悉尼和恩斯特一起参加了在布鲁克黑文国家实验室举行的会议。弗朗西斯和奥迪勒暂住在剑桥(马萨诸塞)的里奇夫妇家中,当时弗朗西斯在哈佛化学系做访问教授。从亚历克斯由贝塞斯达的国立卫生研究院迁往麻省理工学院算起,里奇夫妇已在林奈街住了6个月。弗朗西斯现在对他那日益被普遍接受的"接合体假说"充满激情。直到1956年秋天,还没有人觉得它是正确的,包括他本人在内。就在我到达哈佛不久,麻省总医院的扎梅奇尼克(Paul Zamecnik)告诉我,他和霍格兰(Mahlon Hoagland)的研究表明,氨基酸在结合成蛋白质之前首先共价地结合到RNA分子上。我不太清楚他们的结论的意义,只问他们是不是发现了"RNA接合体",这正是弗朗西斯1955年寄给"RNA领带俱乐部"的文章中提出的假设。

1959年春天,克卢格在获准进入美国时出了一点问题。罗莎琳德·富兰克林在将满37岁那一年因卵巢癌去世。癌症是第一次手术后过了18个月诊断出来的。在进行了第二次手术后,她就住在弗朗西斯和奥迪勒的家中休养,和克里克夫妇住在一起让罗莎琳德觉得比与自己的父母住在一起要舒服多了,和父母在一起总是免不了争吵。当时,克卢格领导罗莎琳德以前负责的实验室,他希望继续和哈佛医学院附属儿童医院的唐·卡斯珀合作,但克卢格在南非的政治背景使他受到了美国国务院官僚们的怀疑。我代表他给美国驻伦敦大使馆写信,希望他们能够改变偏执的想法。美国大使馆的态度缓和下来后,克卢格很快就获得了入境签证。

1959年8月末,在哥本哈根召开的一次会议将30名关键人物会聚到一起,大家都试图弄清DNA如何为蛋白质合成提供遗传信息。莫诺在发言中着重介绍了自己、雅各布和帕迪(Art Pardee)在巴黎巴斯德研究所刚刚获得的结果。他们已经发现一个诱导酶在其编码基因进入细胞后在几分钟内被大量合成。他们认为,如果需要合成新的核糖体,合成速率最大化之前,细胞得分裂若干次。于是,莫诺怀疑诱导酶代表着蛋白质直接在DNA模板上生成。对我而言,这是一种可怕的可能性。

一年前,梅塞尔森和斯塔尔在加州理工学院完成的漂亮实验要容易解释一些,它显示出DNA复制过程中双螺旋的两条链相互分离。1956年,梅塞尔森在莱纳斯指导下完成了博士论文,随后就与斯塔尔一起致力于研究如何用重同位素从子链中分辨出亲链。他们通过高浓度的氯化铯密度梯度,成功地将用^{15}N和^{14}C重同位素标记的大肠杆菌亲代DNA从用^{14}N和^{12}C标记的子代DNA中分离出来。后来,马默(Julius Marmur)在哈佛的保罗·多蒂实验室做的实验同样令人振奋,结果显示在变性温度(denaturing temperature)下分离的双螺旋在较低的复性温度(annealing temperature)下又重新形成了通过氢键结合的双螺旋。

当时,我们实验室已经在核糖体研究中广泛应用蔗糖梯度离心的新技术。在华盛顿卡内基研究所生物物理研究组的努力下,细胞的蔗糖梯度离心技术得以发展,可以离心抽提放射标记的细胞成分。1959年秋天,野村正恭(Masayasu Nomura)和多蒂以前的学生霍尔(Ben Hall)在伊利诺伊大学使用该技术观察噬菌体T2侵染后的DNA样的RNA合成,但由于野村即将去本泽的实验室,因而他们没有太多的时间进一步做实验就考虑T2的RNA成为更小的核糖体亚基。看到结果报告时,我不太确信,便让我的第一个研究生赖斯布拉夫在1960年初做了进一步实验。两个月内,他发现核糖体不是模板,而是分子工厂,T2RNA(后来被雅各布和莫诺称为mRNA)作为模板结合在核糖体上,并直接引导氨基酸合成多肽链。现在,我们知道为何3年前核糖体实验会得到那么多出乎意料的结果,我们将在未侵染的大肠杆菌细胞上开始对mRNA的研究。

1960年5月末,格罗(François Gros)从巴斯德研究所来哈佛之后,我们开始做这些实验。随后,物理系助理教授沃利·吉尔伯特也参加进来。沃利那时正担心他的"扩散理论"没有发展前途,在一次西莉亚为我们准备的晚餐当中,他听到我们讨论mRNA,觉得在细菌蛋白质中找到决定氨基酸的模板是一件更有意义的事情。在我们第一个关于大肠杆菌的实验成功时,我们得知"核糖体是工厂而非模板"的概念已由加州理工学院独立提出来了。早些时候,在仲春时节,雅各布去英国剑桥拜访了国王学院的悉尼·布伦纳。在那里,他们和弗朗西斯·克里克讨论短期生存的RNA分子就像在T2侵染后合成的那样,可能可以成为巴斯德研究所当时研究的诱导酶的模板。悉尼被这个重要灵感所触动,马上和雅可布一道去了梅塞尔森在加州理工学院的实验室。他们通过氯化铯沉淀的方法,发现在病毒侵染之前T2 RNA就结合到了核糖体上。

1961年秋季,我一直关注肯尼迪(John Kennedy)和尼克松(Richard Nixon)的总统竞选。我常和阿尔弗雷德以及弗吉尼亚围坐在电视旁观看竞选演说。肯尼迪竞选成功后,邦迪跟随他进入白宫担任国家安全顾问。邦迪没有提早离开哈佛,这让多蒂和我都松了口气,因为只要他还是院长,梅塞尔森就能获得哈佛生物系的聘请。梅塞尔森已经与一位在阿斯本音乐节上结识的女孩结了婚,并在迪克·费曼之前就来到哈佛,迪克则在1961年2月初来作一个生物学演讲。

我以前从梅塞尔森那里得知迪克将要结婚。迪克现在已经是一个做噬菌体实验的兼职生物学家,因而我致函请他来哈佛作一个报告,他很快就答应了。他在旧金山度蜜月时就给我回信,信末署的是他在"RNA领带俱乐部"的密码子名字"甘氨酸"。他和新婚妻子格温尼斯(Gweneth)是在日内瓦城外的欧洲粒子物理实验室(CERN,过去称为欧洲原子核研究委员会,系 Conseil Européen pour la Recherche Nucléaire 之简称)旁的沙滩相遇的。当迪克第一次见到她时,她刚刚辞去一份帮工的工作。他劝她来帕萨迪纳做他的帮工没能成功,但最终还是赢得她做自己后半生的妻子。

在迪克1月初到来时,哈佛正白雪皑皑,我不得不去里奇家借雪地长靴,这和加州理工学院大不一样。在迪克1月6日的报告中,他谈到有一种吖啶染料二氨基吖啶诱导噬菌体T4 *r2* 突变。他很惊讶地发现回复突变对野生型而言并不是同一位点的突变,而是在同一基因的临近位点的抑制突变。有趣的是,迪克还注意到单独的 *r2* 抑制突变具有与受抑制的突变体相同的表型,它们放在一起时正好抵消了对方的影响。那年春末,我还安排了乔·伽莫夫来做关于"宇宙起源"的讲座。学生们都被他的"汤普金斯先生"普及物理学和天文学知识所吸引,因而4月26日那天巴尔大楼报告厅挤满了听众。

6周之后,也就是1961年6月,冷泉港研讨会主要讨论了信使RNA方面的新发现。来自哈佛-巴斯德和加州理工学院-剑桥的"作为工厂的核糖体"一文刚刚在《自然》杂志上发表,雅各布和莫诺的长篇综述文章也将出现在《分子生物学杂志》(*Journal of Molecular Biology*)上。更新也更重要的是,马默和多蒂新近在伊利诺伊的施皮格尔曼(Sol Spiegelman)实验室使用DNA低温复性技术,将包含通过氢键结合的DNA链的杂交双螺旋结合到了它们的mRNA分子产物上。

1961年7月末,彼得·鲍林和我在我位于阿皮亚恩道的公寓住了一阵。他过得很好,5年前被迫去皇家研究所对他反而是一件幸事——他得以脱离蛋白质晶体学而转向无机分子研究,后来在伦敦大学学院化学系谋到讲师职位。他和朱莉娅生了第一个儿子托马斯(Thomas)之后,现在又有了一个女儿莎拉(Sarah),全家住在伦敦西郊的诺丁山门地铁站旁。他来我这里时正患扁桃体炎,但还是帮3位拉德克利夫学院的女孩搬入我父亲刚刚腾出的小房子中。我父亲搬到了我附近,旧房子供夏季出租。甜美的埃米莉(Emily)根本想象不到她在彼得康复过程中对其进行照顾会有什么后果。我也不想知道这是一种什么样的照顾,直到彼得飞往丹佛去参加美国晶体学协会年会时,我才松了口气。

那时,彼得的研究受海军研究部(ONR)资助,因而他常常用他们的旅行券乘坐军用飞机。彼得去西雅图作报告时,就用这种旅行券乘飞机去圣地亚哥。也许是表述不清,飞机到达之后,他被印下指纹并有安全人员盘问他乘坐军用飞机的权利。他们最终确定彼得并没有欺骗联邦政府,才让他乘巴士去洛杉矶以及他父母在帕萨迪纳的家。后来,他总共花了135.51美元飞往匹兹堡参加更多的晶体学会议,又花了14.41美元去华盛顿,在华盛顿ONR将他去伦敦的旅行券换成了美国环球航空公司的机票。彼得写信告诉我,说自己毕竟是一名军人嘛。

1961年8月初,沃利·吉尔伯特和我去莫斯科参加国际生物化学大会,途中在赫尔辛基和列宁格勒作了短暂停留。会议期间,苏联为了庆祝第二位宇航员季托夫(Titov)刚刚环绕地球一周,在红场举行了一场大型阅兵式。幸运的是,我可以透过附近国家宾馆的窗户来观看。本来我和大多数的与会者都被限制在莫斯科河对岸的乌克兰宾馆的房间里,而出版商马克斯韦尔(Robert Maxwell)住在列宁曾经住过的国家宾馆套房中,他的培加蒙出版社正在出版会议文集。多蒂通过哈佛化学家伍德沃德(Bob Woodword)认识了马克斯韦尔,他觉得让我到马克斯韦尔房间去观看庆典将不成问题。然而,弗朗西斯·克里克不知道自己是否也受欢迎。马克斯韦尔——这位体格魁梧的出版商告诉他,凡是

图32.2　彼得·鲍林访问作者的办公室（1966年）。

吉姆·沃森的朋友也是他的朋友。

外国人并未指望这次会议除了有机会看看社会主义的状况外还有什么其他内容。然而，我很快就风闻国立卫生研究院的尼伦伯格（Marshall Nirenberg）可能会做一个出人意料的爆炸性演讲。这不是一个主报告，只有少数人，包括阿尔弗雷德·蒂西尔斯和沃利·吉尔伯特等人注意到了，其主题为"在大肠杆菌中无细胞的蛋白质合成对自然发生及合成模板 RNA 的依赖性"。过去的几个月来，尼伦伯格与他的德国同事马特伊（Heinrich Matthai）已用阿尔弗雷德改进的无细胞蛋白质合成的方法，发现添加 poly(U)促进了苯丙氨酸多肽的合成。

第二天吃早饭时，雅各布从我这儿听说了这个实验，他认为我在开玩笑。但是，尼伦伯格和马特伊确实已经做了很好的实验。会议到了最后一天,弗朗西斯急忙安排了一个大型讲座,尼伦伯格使大多数的听众信服,又让大家目瞪口呆。从那时起,似乎通过观察无细胞体系中产生的多肽(该无细胞体系预先设置有人工合成的恰当多聚核糖核苷酸),将很快完全破译遗传密码。

会议结束后,沃利和我从莫斯科向东而不是向西飞。他要去巴基斯坦——他的父亲是一位经济学家,正在巴基斯坦为福特基金会工作。而我有一张环球机票,可以和妹妹贝蒂去吴哥窟,那时我妹夫在柬埔寨的美国大使馆工作。途中我想去阿富汗,到了喀布尔我才知道新鲜的瓜果看起来很好,但它们经常被浸到下水道来增加分量。为健康起见,我临时加入了一个国际俱乐部,在那儿我与两位美国人啜饮,他们自称是喀布尔大使馆的经济学家。我觉得他们可能另有公干,便问他们是否认识我的妹夫鲍勃·迈尔斯。要不是后来我在香港的一个渡口巧遇贝蒂的一个朋友,我都已经忘记了那两个人的否定回答。贝蒂的朋友告诉我,他的同事们在喀布尔遇见过我。

沃利从莫斯科回来后不再教物理学,而把时间投到信使RNA研究中。他从多蒂那儿得到了poly(U)样本,发现多个核糖体可以在单一mRNA分子上作用,这就解释了为什么细胞中有如此少的mRNA。与此同时,亚历克斯·里奇观察到血红蛋白中具有4—5个核糖体的核糖体聚合体(多聚核糖体),它们能同时翻译编码155个氨基酸的小的球蛋白链的较短信息。

其间,弗朗西斯·克里克和悉尼·布伦纳正在剑桥做遗传学实验以证明他们一年前的假设,即像二氨基吖啶这样的吖啶染料通过插入或缺失碱基对引起突变。1961年将要过去,在不知晓迪克·费曼结果的情况下,他们独立发现r2突变的抑制基因本身也是r2突变体。迪克认为r2抑制反映了已变氨基酸对的作用相互抵消;弗朗西斯和悉尼则认为,他们的结果来自遗传密码是按碱基组来解读的(很可能是3个碱基一组,从某个位点开始读),插入一个碱基或缺失一个碱基都会改变阅读框。如果他们是正确的,增加(或缺失)抑制突变将不会导致两个分离的氨基酸替代,而是导致位于插入和缺失位点之间的一段氨基酸变化。他们发现所有的二氨基吖啶诱导的抑制突变可以分为两类(+ 或 -),有着 + + 或 - - 组合的则不抑制,证明他们是正确的。他们还发现多组 3 个邻近的 +(-)突变常常导致常规表型,说明氨基酸为一组 3 个碱基(一个密码子)所确定。《自然》杂志的编辑看到了该结果的重要性,很快将他们的论文发表在 1961 年的最后一期上。

那时,我越来越想去白宫的总统科学顾问委员会(简称 PSAC)。该委员会是艾森豪威尔总统在任的最后一年成立的,当时是为了应对 1957 年苏联成功发射第一颗人造地球卫星。PSAC 主席最初是哈佛的一位俄裔教授基斯特科夫斯基(George Kistrakowsky),他的实验室就在多蒂的实验室楼下,当时,基斯特科夫斯基和多蒂都还在委员会中。我刚完成我的世界之旅,基斯特科夫斯基就问我是否愿意帮助 PSAC 监督生物战。我过去没有明显的不良记录,因而 12 月前就拿到了通行证,这样我就可以自如出入白宫。PSAC 办公室现在由 MIT 聪明过人的电子学家威斯纳(Jerry Wiesner)主持。走道的上下两层都是邦迪的国家安全委员会低级官员的办公室。黛安娜·德韦(Diana Devegh)就是其中一位,她的这个职位似乎来自她在拉德克利夫学院时常与麻省青年参议员共进晚餐,而不是因为她是初露头角的阿拉伯语学者。

我第一次见到黛安娜时,她还是大四学生,我们是在一位英籍以色列化学家戴维·塞缪尔斯(David Samuels)举办的晚会上认识的。戴维是哈佛化学系的博士后,但他认为他的祖父、著名的塞缪尔斯子爵(Viscount Samuels)才是第一个拥有这个头衔的人。让我意想不到的是,他告诉我罗莎琳德是他的表亲,他一直很敬佩罗莎琳德靠自己的头脑而不是靠家族的声誉生活。我以前一直都不知道这些情况。

1962年春天，我利用学术休假又回到了剑桥，以访问学者的身份住在丘吉尔学院。这个学院是最近刚刚成立的，以实现温斯顿爵士希望在剑桥建立更好的科学氛围的初衷。弗朗西斯也是该学院的首批研究员之一。当学院决定用专项资金建一座小教堂时，弗朗西斯公开宣布辞职，说他认为"决无理由让过去的错误永存"。后来，他给剑桥人文学会100英镑，发起了一场"应当用学院的教堂做什么！"的有奖征文。从获奖的文章中可以看出各种不同的设想，包括建造成游泳池。

弗朗西斯和悉尼刚刚将他们的实验室从卡文迪什迁到新建造的医学研究理事会（MRC）分子生物学实验室，它位于新的阿登布鲁克斯医院中。女王主持了新建筑的揭幕式。在她参观实验室时，我们向她简要介绍了佩鲁茨和肯德鲁刚刚成功获得的血红蛋白和肌红蛋白的三维结构模型。原定由弗朗西斯来解释双螺旋，但他不愿意，认为主持实验室揭幕式的应该是女王的丈夫菲利普亲王（Prince Philip）才更合适。于是，我只好接下了这个任务。女王问到她看到的是什么时，我就花了两分钟时间概述了DNA和马。

我按时返回美国，正好赶上6月的冷泉港学术年会。全世界动物病毒学的重要人物几乎都到场了。会议以唐·卡斯珀和克卢格的报告开场，它拓展了弗朗西斯和我6年前提出的多角形病毒的想法。当杜尔贝科和斯托克谈到最近发现多瘤病毒如何使细胞癌变时，肿瘤病毒开始成为讨论热点。安德烈·利沃夫也作了关于脊髓灰质炎的报告，这项研究是他1955年访问杜尔贝科在加州理工学院的实验室后开始做的。在排队取餐时，年过花甲的安德烈注意到结账女孩埃米（Amy），她是一位厨师的女儿，她的美丽与她母亲大不相同。会议快结束时，安德烈称赞埃米说自己真希望能再年轻20岁，而埃米回答道最好是年轻30岁。

1962年夏天，阿尔弗雷德·蒂西尔斯从欧洲回到哈佛，他刚刚成为一名日内瓦的教授。弗吉尼亚去丹佛母亲家，等待第一个孩子的降生。

现在待在实验室的只有像个小孩子似的拉德克利夫学院学生帕特·科林奇(Pat Collinge)。我听说她想做夏季工作就热心地给她在实验室找了一份差事。帕特蓝色的眼睛像有磁性一样,让我整个夏天都无法离开实验室。快到8月底了,我劝说她在与男友会面之前和我一起开车去伍兹霍尔,再去科德角半岛。在伍兹霍尔的圣捷尔吉家中,帕特打出我最初取名为《诚实的吉姆》(Honest Jim)那本书的首页,书的第一章由"我从未见过弗朗西斯如此谦虚"开始。

10月初,从斯德哥尔摩传来弗朗西斯、威尔金斯和我获得l962诺贝尔生理学医学奖的消息。我们三人都异常兴奋,但也明白如果富兰克林不是英年早逝,这个奖真不知该如何分配。如今,诺贝尔奖规定一个奖项的获奖者不能超过三人。我妹妹贝蒂、我父亲和我一同参加了长达一周的典礼。我们住在可以看见皇家宫殿的戈兰德饭店。肯德鲁和佩鲁茨也去了,他们获得了当年的诺贝尔化学奖。伽莫夫的苏联朋友朗道获得了物理学奖,但很遗憾不能前来领奖——倒不是共产主义的原因,而是一次交通事故已经严重地损害了他的身心。我也没有机会了解伽莫夫为何认为我和朗道的个性相似。

1962年的圣诞节,我是在瑞士滑雪胜地韦尔比尔度过的,这次活动由蒂西尔斯的兄弟资助。我们从瑞士再飞到苏格兰卡拉戴尔的米奇森家中过新年。后来,我在日内瓦又遇到了肯德鲁,我们一起去欧洲粒子物理实验室。由于担心古巴导弹危机导致核战争,利奥·齐拉夫妇逃离了华盛顿特区,在此暂住。利奥很想在欧洲建立一个类似冷泉港的实验室来举办一些课程、会议或者从事重要的研究。他希望当时在日内瓦的原MIT教授魏斯科普夫(Vicky Weisskopf)来领导CERN,而且告诉我们在建立一个类似CERN的分子生物学组织的初期可能会出现什么问题。

在日内瓦,我的返程飞行由于英国南部的一场暴风雪而延误。就座后,我发现邻座是原来的吉顿学院女生珍妮特·斯图尔特,我是通过琳达与她相识的。好几年前,戈特利布在哈佛法学院做研究,他和珍妮特合住在博斯顿街靠近哈佛广场的一套公寓中,我常常能见到她。前一年,他们因不能容忍对方的生活方式而分道扬镳。与珍妮特一起上飞机的是一个看起来很年轻的伊顿公学律师,他们一同来滑雪度假。后来,珍妮特与他结婚了。

在1963年6月召开的冷泉港学术研讨会上,尼伦伯格和奥乔亚的实验室介绍了通过改变他们合成的RNA模板的碱基成分来破译遗传密码的工作。采用这一途径,64个潜在密码子(AAU、AAC、AAA、AAG等)中大约有一半已经确定了对应的氨基酸。我们实验室的沃利·吉尔伯特报告了多聚核糖体以及多肽链如何通过羧基端转移RNA分子折叠到核糖体内。有5位"RNA领带俱乐部"成员出席了此次会议,是俱乐部人数最多的一次聚会,包括乔·伽莫夫和他手中经常拿着的威士忌酒杯。

那年秋天,我的妹妹贝蒂又回到华盛顿,她丈夫已从柬埔寨回来。在去总统科学顾问委员会时,我在他们家中与里查森(John Richardson)见过一面,他一周前刚被免去西贡中央情报局站长职位,意味着美国不再支持南越政府。两星期后,我再次去办公大楼,但这次的总统科学顾问委员会会议被肯尼迪总统在达拉斯遇刺的新闻打断了,我们很快得知总统去世的消息。那天晚上,我在齐拉家吃晚饭,利奥已经不再想着肯尼迪,而是担心如何影响约翰逊(Lyndon Johnson)总统有关核武器的决定。我不想看到葬礼队伍穿过宾夕法尼亚大街,于是在葬礼活动开始前返回哈佛。我知道下次来华盛顿一定大不一样。

很快又传来了坏消息——我父亲不幸中风了。他那年63岁,以后能否走路也很难说。但几个月后,他竟能挂着手杖走路,并随我住在剑桥直到7年后去世,他每天抽两包"骆驼"牌香烟已整整40年了。

其间,我从诺贝尔奖奖金中拿出17 000美元作首期付款购买了一间距哈佛广场不远的19世纪早期风格的小木屋。后期付款则来自我的新书——《基因分子生物学》(*The Molecular Biology of the Gene*)。该书及时出版并用作大学秋季学期的教材,是该领域第一本引论性教科书,希望大学生们能从我们的DNA革命中获益。这本书第一年的版税使我的收入与哈佛正教授差不多。所以,我更加需要一位妻子。

我每次到纽约都会与戈特利布共进晚餐。他在纽约市做律师,和来自日内瓦的新婚妻子安托瓦妮特(Antoinette)住在格林威治村谢里丹广场的阁楼里。1965年初,我曾对他们提到我刚刚在波士顿看过萨尔瓦多·达利(Salvador Dali)* 的大幅新作《半乳糖苷核酸——向克里克和沃森致敬》(Galactosidal Nucleic Acid—Homage to Crick and Watson)。我们开玩笑说达利是否能为《诚实的吉姆》一书作插图。我们得知达利和他的妻子加拉(Gala)冬天住在纽约的圣里吉斯旅馆,于是我们三人乘出租车去那里,希望能见到他。我在旅馆大厅匆匆写了一张潦草的纸条给他,上面写着"世界第二聪明的人希望见到第一聪明的人",署名吉姆·沃森。几分钟后,他就在大厅里用法语(戈特利布一家懂)约我几天后在他所住旅馆的"科尔国王"餐厅共进午餐。

当加拉试着向我翻译达利对全息图像的兴趣时,我觉得我们的桌子真有点小。后来,也没人提醒我,一位年轻漂亮的金发女郎走到我们桌前告诉我,她是多么高兴达利让她来见见DNA的发现者。她是流行电视剧《冷暖人间》(Peyton Place)中的女演员,但由于我自己没有电视机,不能将她那令人难以置信的美貌和名字联系起来。很遗憾,一切都太快了,她马上就要去赶飞往洛杉矶的班机。我觉得她最多只有15岁,这让我感到很沮丧——我已经37岁,不太可能和她交往了。两年后我才知道这位年轻的金发天使是谁。在读了一本杂志上有关达利的

---

* 西班牙超现实主义画家,作品以探索潜意识的意象著称,代表作有表现幻想境界的《记忆的永恒》等。——译者

文章后,我去"诺德艺廊"参观他的新作展。我见到了达利,并告诉他我认出了那个女孩,他微笑着说"哦,米娅"。*

从1965年10月中旬到新年这段时间,我去剑桥向弗朗西斯了解更多东西,以便完成《诚实的吉姆》一书。 当我1月初短期回哈佛时,只剩下最后一章没有完成。两天后,我将它煞尾,以"我已25岁,早过了风流年华"结束。随后,我在福特基金会资助下去东非的大学作了历时6周的巡回演讲,然后去日内瓦蒂西尔斯的实验室待了好几个月,以后又将主要精力投入核糖体研究。蒂西尔斯告诉我在他那里工作的一位漂亮的伊朗女孩纳斯琳·沙希德扎德(Nasrine Chahidzadeh)想去美国。于是我带她出去吃饭,她告诉我她曾在苏黎世从事化学研究。在日内瓦湖畔的一所大房子中见到特迪后,她想了解更多有关肯尼迪家族的事情。我告诉纳斯琳,如果她想去美国,可以到哈佛来工作。

1966年6月初,我回美国参加有关遗传密码的冷泉港年会。此时,霍拉纳(Gobind Khorana)提供了合成已知重复序列RNA的化学和酶学技术方面的帮助,所有的密码子都已经确定。这次会议的主角是弗朗西斯·克里克——就像1953年和1961年年会时的莫诺和布伦纳那样。克里克以"昨天、今天和明天"为题的开幕词使会议气氛活跃起来,会议结束时,在布莱克福德大楼草地上举行的酒会一直洋溢着欢乐的气氛,这与弗朗西斯50岁生日相得益彰。我知道这是一个值得庆贺的日子,便先与多蒂的学生撒奇(Bob Thach)一起去"莱维顿娱乐无限",从一本图片集中选了"Fifi"卡通挂在布莱克福德大楼走廊,戈里尼(Luigi Gorini)则用他手中的相机记录了弗朗西斯的生日笑容。

这种相聚的快乐被美国逐步卷入越南问题冲淡了许多。我们感觉哈佛本身也遇到了麻烦。1965年6月,邦迪来哈佛为学生们作白宫政

---

* 米娅·法罗(Mia Farrow),美国著名影星,14岁便在《大海战史》中首次出演角色,1969年主演《失婴记》引起轰动。——译者

策演讲,纪念大厅中座无虚席。我就坐在多蒂旁边。我首先对邦迪的回答感到失望,然后就是悲哀,不相信我以前心目中的哈佛保护者已经成为一场注定无法胜利的战争的鼓吹者。令我欣慰的是,贝蒂的丈夫不再与东南亚行动有任何关系。他已与芝加哥大学室友菲利普斯(Lauchlin Phillips)一起创办了一份《华盛顿杂志》(*Washington Magazine*)。

　　1966年9月初,我到希腊斯派采岛出席由北大西洋公约组织赞助的一次会议,那里距雅典港口比雷埃夫斯只有两小时航程。弗朗西斯和奥迪勒以及他们的两个女儿从意大利过来,他已新买了一艘摩托艇。虽然有些麻烦,弗朗西斯还是将它停泊在一个大型休闲旅馆的码头。早些时候,他还用诺贝尔奖奖金和富有的分子生物学家迪马约尔卡(Gianpiero DiMayorca)合购了一艘那不勒斯大帆船。莫诺有一次看见他在掌舵,后来说这是唯一一次看到弗朗西斯态度谦逊。

图32.3　参加冷泉港研讨会(1963年6月)。从左至右:弗朗西斯·克里克、亚历克斯·里奇、乔治·伽莫夫、作者和梅尔文·卡尔文。

　　哈佛大学出版社希望出版《诚实的吉姆》,该书编辑威尔逊(Tom Wilson)非常喜欢它,他在我完成最后一章的第二天就读了这本书。1966年秋,他编完了手稿,列出了故事梗概。尽管弗朗西斯和威尔金斯对我写的东西有点恼火,但我希望他们应该体谅公众对发现双螺旋的好奇心。在劳伦斯·布拉格爵士答应为该书作序后,我们就更有信心了。3月,我在伦敦将手稿给劳伦斯看并请他写序时,他吓了一跳。前一年,他并不知道我已经开始写作《诚实的吉姆》,曾来信说我应该写写身边发生的故事。尽管布拉格写了序,普西(Pusey)校长还是在1967年5月告诉哈佛大学出版社不能出版该书。当时,威尔逊本人已决定去纽约阿森纽出版公司任高级编辑,他对此事并不在意。1968年2月,阿森纽出版社将书名更改为《双螺旋》(The Double Helix)之后出版。

　　伊朗美女纳斯琳并不安于在哈佛的生物学实验室长期工作。1967年3月初的一个周末后,她告诉我她要与一位瑞士化学家结婚,我并不是太惊讶,但没料到她来找我是让我放她的假,以便在哈佛的纪念教堂举行婚礼。她的父亲被伊朗当局阻在德黑兰,她没有说理由。后来,我听说他是前总理莫沙德(Mossadeq)的律师,与国王作对很久。

　　就在纳斯琳5月中旬的婚礼前不久,我在前往福特基金会资助的土耳其演讲途中到日内瓦停留,见到了纳斯琳来哈佛之前所住房子的房东太太。她递给我一杯可乐,我用英语告诉她我会马上让纳斯琳离开。她没明白这句英语所表达的意思,回答说她理解我对来自中东国家与我们不同类型的人所做的决定。当我再次说明我的意思后,她改变了态度并说很高兴听到纳斯琳能嫁给日内瓦最有影响的家族,这个家族的企业为全球香水制造商提供原料。

　　婚礼前一晚,新郎的父亲在波士顿最好的餐馆"洛克-奥柏"举行了一次小型晚餐会。在餐后甜点时刻,他将那晚最大的一个难题交给我来回答:美丽的纳斯琳是一位好化学家吗? 我毫不犹豫地回答道如果不是这样,她也不会到哈佛来。在华贵的科普利广场饭店举行的婚礼招待会上,宣读了不能前来参加婚礼的亲友们发来的贺信,其中就有我在日内瓦见过的那位妇人寄来的。在祝伊夫(Pierre Yves)和纳斯琳婚后幸福美满之后,她加了一句:"愿吉姆·沃森也能找到一位像纳斯琳一样美丽的女孩。"晚餐结束后,我开车载一位曾在马萨诸塞大道与纳斯琳合住的室友回中央广场,她说我并不是唯一与纳斯琳一起吃饭的知名人士。在她从欧洲来这里不久,就有一位来自麻省的青年参议员打电话到实验室和她交谈,他们几个月前在日内瓦湖畔见过面。

然而,那时我已经找到了心仪的美丽女孩——拉德克利夫大学二年级学生伊丽莎白·刘易斯(Elizabeth Lewis),她有着蓝色的眼睛和丰满的脸庞,每周几个下午来帮我整理资料,而我总是盼望着她的到来。

图32.4 作者和纳斯琳摄于她的婚礼(1967年5月)。

虽然她暑期要去蒙大拿打工,我仍期望她秋天回到我的实验室。在她即将回普罗维登斯家中的前几天,我邀请她与我一起参加教员鸡尾酒会。如果她不参加,我觉得这个酒会也没有什么意义。她很高兴地接受了邀请。会后,我们开车去波士顿看了场电影,并沿着拉德克利夫校园散步。那时,我还很犹豫是否应该牵着她的手。直到她从蒙大拿寄来明信片后,我才意识到她也喜欢我。

1967年秋天,我发觉莉兹*越来越迷人。我带她去见了我的父亲,并和他一起在大陆酒店餐馆吃了好多次晚餐。和莉兹第一次真正的约会,是与她一起参加我们新成立的生物化学与分子生物学系的圣诞晚会。在晚会上,多蒂认出了我们,随后对我说我找到了一位很可爱的女孩。我们很快就牵起手来。1967年3月我去圣地亚哥机场接莉兹时迟到了,我想今后再也不会发生这样的事。那次是哈佛春假即将来临,我去索尔克研究所参加一个癌症研究者和新闻界的聚会。一个记者要求

图32.5　作者及其新娘(1968年3月28日)。

＊伊丽莎白的昵称。——译者

采访我,我拿着一听可乐,讲到我将任冷泉港实验室的新主任时,我还是有点紧张。这个新工作并不需要我离开哈佛,而是给我提供了一个机会能有第二个实验室开展肿瘤病毒的研究。当然,《纽约时报》记者并不知道我将在两天后结婚。

除了莉兹和她的父母,就只有来自伦敦、博学多才的布罗诺夫斯基(Jacob Bronowski)和他的秘书西尔维亚(Silvia)知道这个消息。我希望婚礼简单而快捷,于是在西尔维亚的帮助下,找到了拉霍亚公理会的牧师福肖(Forshaw),他答应在3月28日晚9点为我主持婚礼。那天下午,到机场接到莉兹后,我们去了一家诊所进行婚检,再开车往北15英里(约24公里)去领结婚证,然后去瓦伦塞亚饭店,我们将在那里度过新婚之夜。在饭店吃过晚饭后。我们开车去布罗诺夫斯基夫妇时髦的海滨住宅,我们曾在那里多次拍照。最后,我们去教堂见福肖牧师,他认为我们的婚礼无须太浓的宗教气氛,我表示同意。我还注意到他的书架上有许多罗素的书,猜想他一定主持过不少这样不强调宗教气氛的婚礼。

10分钟后,我们完成了婚礼,布罗诺夫斯基是我的男傧相。然后,我们步行两分钟,回到瓦伦塞亚饭店。我们后来还是决定招待索尔克研究所的朋友们,其中包括已经从英国迁来打算在此定居的奥格尔夫妇。莱斯利不肯相信我已结婚,认为这是个玩笑,而莉兹是我雇来骗他的职业模特。第二天一早,我给多蒂寄了一张明信片,上面写道"我现在只有19岁",他一直认为莉兹是适合与我长期相伴的最佳人选。

现在,30多年过去了,她依然楚楚动人。

附录　伽莫夫手稿

July 8th
1953

Dear Drs. Watson & Crick,
J am a physicist, not a biologist, and my interest in biology can be justified, if anything, only by my recently published book "Mr. Tompkins Learns to Facts of Life" (Cambr. Univ. Press. 1953). But J am very much excited by your article in May 30th Nature, and think that this brings ~~the~~ Biology ~~into~~ over into the group of "exact" sciences. J plan to be in England through most of September, and hope to have a chance to talk to you about all that, but

(T.O.P.)

手稿1.　参见正文028页

I would like to ask a few[12] questions now. If your point of view is correct, and I am sure it is at least in its essentials, each organism will be characterized by a long number written in quadrucal (?) system with figures 1,2,3,4 standing for four different bases (or by several such numbers, one for each chromosomme). It seems then more logical to assume that ~~different cards~~ properties (single genes?) of any particular organism are not ~~determined~~ "located" in a definite spots of chromosomme[*], but ~~are~~ rather determined by different mathematical characteristics of the entire number. (something

[*] as assumed in classical genetics

手稿1. 参见正文028页

L 3

like the coefficients of in Fourier series). For example the animal will be a cat if Adenine is always followed by cytosine = in the DNA chain, and the characteristics of a hering is that Guanines allways appear in pairs along the chain …. This would open a very exciting possibility of theoretical research based on mathematics of combinatorix and the theory of numbers! J am not clrear, though, how such a point of view would fitt with genetic experiments, such as crossovers, which lead to gene-location along the length of chromosomme.

手稿 1.　参见正文 028 页

But I have of a feeling this L4
can be done. What do you
think? Please write to my
home adress [Dr. G. GAMOW.
19 THOREAU Drive. BETHESDA.
Md.] will be reve after July 18ᵗʰ.
                Yours truly
                g. gamow.

P.S. If reve are only four
basic groups attached to
DNA - chain, why are
tee viruses so choicy?
in selecting reve hosts?

P²s. If one puts DNA into
(extracted from some animal)
into tee solution of four
containing four bases.
Would it reproduce, and,
    if not, why?

手稿1. 参见正文028页

54

San Francisco Overland
Chicago and North Western System
Union Pacific Railroad
Southern Pacific

Feb 7th.

Enroute

Dear Watson,
or (isn't it simpler) Jim,
As you see, I am going
streright to Frisco, and by
train. But I am geting
in Frisco a brand new
whight ~~Chevy~~ Mercury ~~c~~convertable
(will be named Leda) and will
drive over ~~to~~ sometime before
Max leaves for germany
to see both of you. Francis

手稿2. 参见正文054页

was in wash. a few days after
you, but was too besieged by
DTM people to talk to him much.
  Sitting in my roomette,
looking at Yayoming desert,
and thinking about riddle
of life, J awrrived to a possible
relation between DNA and RNA
which J cannot check however
for the lack of sufficient knowledg
in my head and biol. library
in the train.
  Do J remember correctly
that DNA is completely absent
in plant viruses which have
only RNA? ⊗ J guess J do!
Question: Is DNA is also
absent in plants in general?
(J mean: non parasitic plants,
not like bacterias and orchids)

手稿2. 参见正文054页

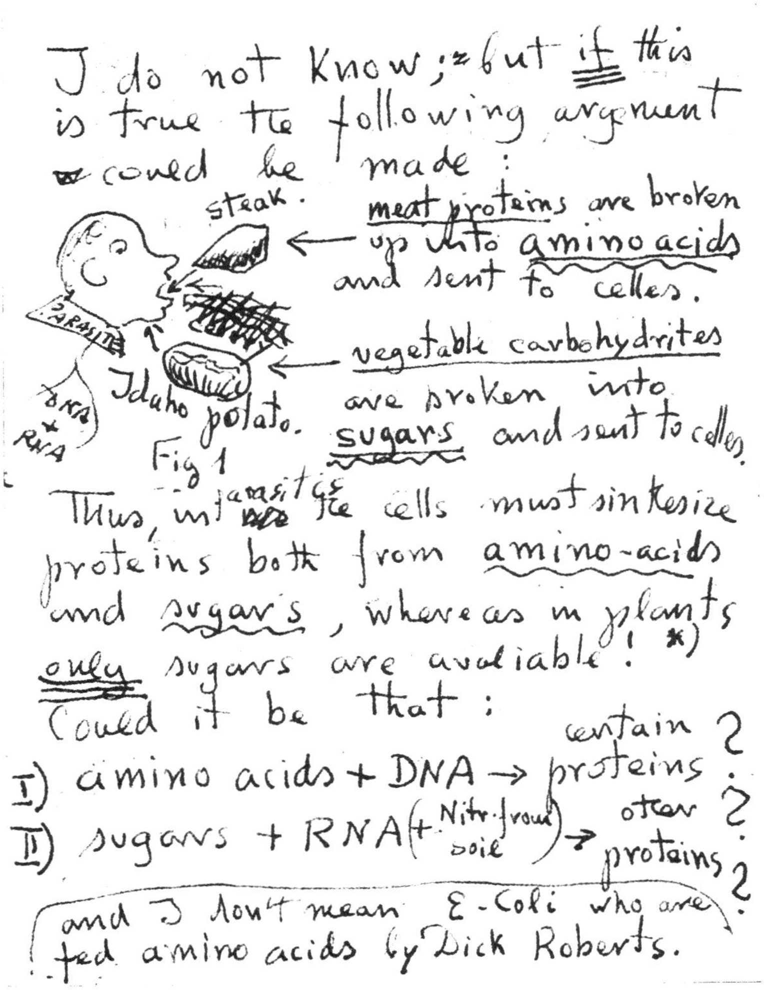

J do not know; but if this
is true the following argument
could be made :

steak.　meat proteins are broken
up into amino acids
and sent to celles.

vegetable carbohydrites
are broken into
sugars and sent to celles.

Idaho polato.
DNA + RNA

Fig 1

Thus, in parasite the cells must sinkesize
proteins both from amino-acids
and sugars , where as in plants
only sugars are avaliable! *)
Could it be that :

I) amino acids + DNA → proteins contain ?

II) sugars + RNA(+ Nitr.from soil) → other proteins ?

and I don't mean E-Coli who are
fed amino acids by Dick Roberts.

手稿2.　参见正文054页

It is most probably wrong
(though, may be, correct in
a way), but I am having
good time anyway finishing
my fourth scotch & soda,
and looking for a good steak
a bit later (see illustration
on previous page).
And I had to write
anyway, asking you to
write to me at:
Dept. of Physics
Univ. of Calif.
Berkeley Calif. "(I don't eat anybody)"

Yours (co

Herr
(Love to Max).

?RNA?
only.
Fig 2.

手稿2. 参见正文 054 页

UNIVERSITY OF CALIFORNIA

March 7th

DEPARTMENT OF PHYSICS
BERKELEY 4, CALIFORNIA

Dear Jim,

I have just received the rest of the plastic rings for the bases, and got two boxes of Fisher model balls. Ready to start building DNA, and ordering metalic supports for the sugar phosphate chains. Please let me know: 1) The exact angle at the axis of the helix between two directions towards the centers of two sugars. 2) The distance between the axis and the center of the sugar. 3) The tilt of the plane of sugar ring to the plane normal to the axis. May have the model ready by the time

手稿3. 参见正文063页

you come here.
   I am playing now, with
20 triangles (like , $\overset{2}{\underset{3}{\triangle}}$) which
may be usefull for RNA.
They have rader different
combination rules than diamonds
Four of them combine with 10 each.
Twelve combine with 7 & each.
And four combine only with 5 each.
Will tell you more about it
when you come here.
                    Yours Geo

Please answer quickly.

P.S. The drive along Calif.1.
was very beautifull!

手稿3. 参见正文 063 页

1954

UNIVERSITY OF CALIFORNIA

DEPARTMENT OF PHYSICS
BERKELEY 4, CALIFORNIA

May 26th.

Dear Jim,

Thanks for your letter. I quite agree that there should be only (20) regular members of ~~RNA~~ RNA - Tie - club. Each member should have a pin (tie-holder) engraved with corresponding amino-acid. You will be probably "Val", me "Glu" ect. There may be some extra members for superfluous amino acids.....

Looking forward to have a lot of discussions on RNA and things on the Muscle Beach. Mass. (incl. ~~Phos~~ ATP- -Miosine ect)

Yours Geo.

P.S. I did not hear directly from Aleck or Leslie, but Günter told me today that they may come here this week end. It is too bad because Rho is arriving Friday and this week end (through Tuesday) we will drive Leda to Yosemity (Next week end to Carmel). But, ceterum censeo arenum esse delendam! G.

手稿4. 参见正文072页

To celebrate my arrival in Woods Hole. you are invited to meet Mr Tompkins and the Facts of Life at a wiskie twistie RNA party in the Szent Gyororyi cottage on Muscle Beech, Thursday August 12th about 8^{30} P.M.

Yours

RSVP $\%$

Geo Gamow

Professor Albert Szent Gyororyi

手稿5. 参见正文085页

HEADQUARTERS QUARTERMASTER RESEARCH & DEVELOPMENT COMMAND
QUARTERMASTER RESEARCH & DEVELOPMENT CENTER, US ARMY
NATICK, MASSACHUSETTS

QMRDY   8 October 1954

Professor G. Gamow
The Johns Hopkins University
Operations Research Office
6410 Connecticut Avenue
Chevy Chase, Maryland

Dear Dr. Gamow:

I am very pleased to have received your letter of 23 September
1954 accepting our proposal that these Laboratories help sponsor
your biannual conference. We in the Quartermaster are very much
interested in the problems which you folks are considering and are
most willing to serve in any capacity that may contribute to the
success of your meeting. As you may know, the Quartermaster Labor-
atories have recently been consolidated in new facilities on the
banks of Lake Cochituate in Natick, Massachusetts. We feel this
will be a most suitable spot for a relaxed and stimulating program.

Please advise Dr. Ycas or myself as your plans develop so that
we may make the necessary arrangements.

Sincerely,

S. DAVID BAILEY
Chief, Pioneering Research Division

Dear Jim,   Oct 22ᵈ
    So that is that. In your capacity
of tce president (par excelance) of
RNATIE club, you must now write
to Dr. Bailey tce exact plans of
tce spring conference.   (over)

手稿6. 参见正文109页

Just got your letter about RNA production; it looks good although I don't know chemistry. What worries me, however, is that looking through tables in Chargaff's proofs (his chapter in new volume for Acad. Press), I find species for which the $\underline{Ad+Th}$ ration in DNA is high (>1.3) $Gu+Cy$ the ratio of $\dfrac{Ad+Ur}{Gu+Cy}$ in RNA is low, and vice versa. How would you explain that?

P.S. I would like to have the TIE by Nov. 8 to wear it during my paper on "Numerology of Polypeptide chains" (Maniacal results) on N.Y meeting of N. Ac. Sc. Regards also to Leslie and Max.

Yours (~co.

手稿6. 参见正文109页

COSMOS CLUB
WASHINGTON 8, D. C.　Nov. 5th

Dear Jim,　!
Tie is wanderfull, will
wear it at Nat. Ac. Sc. meeting
next week, Am sending a t
present
chain letter to 17 ~~prospective~~
members of RNATIE club
(ordered at random) to decide
which of the 20 amino acids
they should have on their
tie pins.*) Hope that the
loss of wisdom tooth
will not slow down
the solution of RNA riddle.
Regards to Leslie, Max, ect.

Yours Geo,

*) I will take care of pin production
here in Wash. juelery...

手稿7.　参见正文113页

1954

COSMOS CLUB
WASHINGTON 8, D. C.
2121 Mass. Ave.

Nov. 23^d

Dear Jim,

Thanks for your letter. Damned protein sequences still resist, but "ceterum censeo deco deum esse delendam!"

I also put my teeth into ACTH, and got a result (as usually negative). As you remember, my decoding of -Val-Glu-Glu-Cys-Cys-Ala-Ser- -Val-Cys- (as per Danish Acad. artick), lead to a contradiction with the rest of Insulin molecule. However, it turned out that the series is actually -Val-Glu-Glun-Cys-Cys—eit so that the advantage of two dubble letters was lost, and simple decoding becomes impossible. This could be a hope for diamonds. But ACTH contains a sequence: -Lys-Lys-Arg-Arg-Pro-Val-Lys-Val- and I have shown a few days ago that it is contradictory to diamonds.

手稿8. 参见正文115页

I have, however, high hopes for [2]
" ~~loose~~ triangular code" producing <u>two</u>
"complimentary" proteins like
Jns. A and Jns. B (between which
Martinas & Yčas found a relation).
The ~~code~~ scheme is :

— Jns. A.

— Jns. B.

What J am trying to do now
is to write a sequence in which
odd members are from Jns A,
and even from Jns B (or vice
versa), and to decode it in
the regular triangular code
which is very restrictive.
But so far, no results.

J have also constructed
the new empirical curve for
the number of different neighbours,
vs. accurance including <u>new</u>
ACTH (altogeder 165 aa), and

手稿8.　参见正文115页

L3.

COSMOS CLUB
WASHINGTON 8, D. C.

will have a purely statistical
run on it on Maniac in te
nearest future. Hope it will
show a difference from random.
I am including a sample of
how Maniac did it with old data.

It will be nice to see you here
after New Year. I have to give
a lecture in Univ. of Florida (Gainsville)
on Tuesday night Jan. 4th, and
will be back to Wash. only
on te morning Jan. 6th.
Hope you will ~~can~~ not pass
wash. before that date. On
te oker hand, I am participating
in a "Rand" conference in Santa
Monica on Jan. 30 & Feb. 1, 2.
Either befor, or after that I
plan to stay for a few day
in Pasadena so that we
can speek more.

手稿8. 参见正文115页

I am sending you list of participants
to Martinas, but there seems to be
some finantial difficulties with
the Quartermaster. Write to Martinas,
and ask about it (adress. U.S.A.
Quartermaster. Research Center.
Natick. Mass). ← they moved recently.
    The included chain letter to
the members of RNATIES club
is self explanatory. Please
send it over to Teller.
        Regards to Leslie
            Yours Geo

P.S. The situation with Rho, which
was detcriating during last
two years, became quite bad,
and I am living now
(temporarily, or, at least, so I
hope) in Cosmos Club. Please
write to that adress.
P²S. Spent all Monday in Princeton
talking to Bohr and Max about
chromosomes.

手稿8.　参见正文115页

Please fill it up, as tk original, and send on. G.G.

Nov. 25th 1957

Department of Physics
The George Washington University
Washington, D.C.

Dear Member of the RNA Club: [SECOND COPY]

I am glad to inform you that the first sample of an RNA tie has been produced by a haberdasher in Los Angeles. They are now available by writing to Jim Watson, Biology Department, California Tech, Pasadena.

The plan we have established is such that each member (up to 20 in number)* can choose an amino acid to inscribe on a tie pin. The amino acids are as follows:

1.	Alanine	11.	Leucine
2.	Arginine	12.	Lysine
3.	Aspartic Acid	13.	Methionine
4.	Asparagine	14.	Phenylalanine
5.	Cysteine	15.	Proline
6.	Glutamic acid	16.	Serine
7.	Glutamine	17.	Threonine
8.	Glycine	18.	Tyrosine
9.	Histidine	19.	Tryptophane
10.	Isoleucine	20.	Valine

To establish an equitable distribution of amino acids among the members, we have chosen names at random among the 17 existing members, and are sending around a circular letter to let them choose the insignia for their tie pin. This letter will finally be returned to me, and I will prepare the pins.

This letter will be sent chain fashion, to the following, and each member will then put an amino acid beside his name, and cross this amino acid off of the above list. A following duplicate, mailed 1 week out of phase, insures us against plane crashes.

the present

Leucine (1) E. Teller, Department of Physics, University of California, Berkeley.

Threonine (2) L.E. Orgil, Chemistry Department, California Tech, Pasadena.

Tryptophane (3) M. Delbruck, Biology Department, California Tech, Pasadena.

Glycine (4) R. Feynman, Physics Department, California Tech, Pasadena.

Glutamine (5) G. Gamov, Department of Physics, George Washington University, Washington, D.C.

Cysteine (6) M. Ycas, Quartermaster Corps Laboratory, Natick, Mass.

*) In case of overflow, six aditional members may be added: 1) hydroxyproline, 2) hydroxylysine, 3) Thyroxine, 4) phosphoserine, 5) Tyrosine-O-sulfate, 6) alpha amino adiptic acid. But better keep it at 20!

手稿9. 参见正文115页

- 2 -

Histidine　(7) M. Calvin, Department of Chemistry, University of California,
Berkeley.

Serine　(8) H.T. Gordon, Department of Enzymology, University of
California, Berkeley.

Proline　(9) J.D.Watson, Biology Department, California Tech, Pasadena.

(10) A. Rich, National Institute of Mental Health, Bethesda, Md.

(11) F. Crick, Cavendis Lab., Cambridge, England.

(12) E. Chargaff, College of Physicians and Surgeons, Biochemistry
Department, New York, New York.

(13) S. Brenner, Department of Physiology, Medical School,
University of Witwatersrand, Johannesburg, South Africa.

(14) N. Metropolis, Los Alamos Scientific Lab., Los Alamos, N.M.

(15) Robby Williams, Virus Laboratory, University of California,
Berkeley, Calif.

(16) E. MacMillan, Physics Department, University of California,
Berkeley, Calif.

(17) Gunther Stent, Virus Laboratory, University of California,
Berkeley, California.

I hope you all use air mail so that the process will be
completed soon.

Yours sincerely,

Geo.G.

ALA-RNATIE-PIN (project).

G. Gamov

P.S. Please send a post card to me on receiving this note.

(Postcards may be also lost in Mail.)

手稿9.　参见正文115页

1954

COSMOS CLUB
WASHINGTON B. D. C.   Nov. 28

Dear Jim,
Sure J would like to speak in Baltimore in March. The date of March 18 is preferable to 17th because in this case J will not have to miss my regular univ. lectures on Thursday. But, if necessary, this can be done.
J am glad to hear that DNA is back in protein building business, but cannot see at all **how** you get as much as 256 possibilities. One of the new AA's should be called WOT-NOT'ic acid, being abundant in bird's milk.
Bob Ledley has completed the details of automatic decoding procedure by means of simbolic logic equations, and J am negotiating with LosAlamos concerning puting it on Maniac. (Jt may take several days of continuos runing!) Regards to Leslie. Yours Geo.

Also: Y CHASINE (extracted from swallow's nests).

手稿10. 参见正文115页

手稿 11. 参见正文 115 页

DNA -ratio in <u>Calf Thymus.</u>
(Table <u>VII</u> from the proofs of
Chargaffs chapter in E.A.Nucl.
p.563).

$$\frac{Ad+Th}{Gu + Cy}_{*)} = 1.30$$

(18 values varying from <u>1.22</u> to <u>1.41</u>)

RNA-ratio in <u>Calf Thymus.</u>
(table I in Rich and Watson)

$$\frac{Ad +Ur}{Gu + Cy} = \frac{0.162+0.157}{0.352 +0.330}$$

.why ? why $\frac{1}{2.07}$

*) +MCy

手稿11. 参见正文115页

1954

THE JOHNS HOPKINS UNIVERSITY
OPERATIONS RESEARCH OFFICE
6410 CONNECTICUT AVENUE
CHEVY CHASE, MARYLAND

Dec. 6th

OPERATING UNDER CONTRACT
WITH THE
DEPARTMENT OF THE ARMY

TELEPHONE
OLIVER 4-4300

Dear Jim,

Here is something new in decoding. But I am afraid you will have to ask Dick Fyneman to explain it to you!

Do you agree that Ledley should be elected ~~a one~~ into RNATIE club?

Regards
Yours Geo.

手稿 12.　参见正文 117 页

COSMOS CLUB
WASHINGTON 8, D. C.

Dec. 17th ?

Dear Jim,

Legend for Fig 1.

Tusks:	upper	lower
piram.	right	left ?
puri.	left	right

Thanks for your letter. I do not quite understand your new RNA template model, but it looks to me as a tiger holding a rabit ~~tennis ball~~ in his mgul. But, what is the relation between upper and lower jaws? But, we will talk about it when you are here, and also about statistical results recently obtained by me with Alex and Martinas. Seems to be very little intersymbol correlation when one applie toisson distribution to Brenner's table. (Fishy story!)

Next Friday I am leaving for Florida (a combined vacation and Univ. of Flor. lecture trip) and from X-mass day to N.Y. day (both dates incl.) my adress

(over)

Fig 1.

手稿13. 参见正文118页

will be: Hotel Plaza. St.Augustine. Flor.
Will return to Wash. on the morning
of Jan. 6th but will leave the same
evening for Univ. of Delaware ~~Nost~~
where I have to spend (and for a
good pay!) Friday the 7th and
Monday the 10th. Since, however,
I have no obligations for week-
end, I will come to Wash. from
Sat. lunchtime to Sunday suppertime,
and we will have plenty of time
to talk. On Sat. night. (Jan. 8th)
Dick Roberts*) from D.T.M. (whom you
know) gives a big party for a
mixture of physicists & biologists.
He asked me to be sure to bring
you along. Thus keep that night free.

(side note, written vertically) much better than on the picture!

　　　　　　Yours Geo.
P.S. Today I have arranged with
a jewelery here for RNA tie pinns.
Looks like:

filled-in gold, (mine) and coast $5^{50} + tax.
Takes two weeks to make to order.
I guess I will send a circular
letter advising the members of RNATIE
to order their pins directly from
that jeweler. (Schwartz & Son. 1305- F.str. N.W.)
*) He must be also elected m RNATIE -club.

手稿 13.　参见正文 118 页

Jim, Don't forget to send me 3 ties.
I will send you the pins for yourself,
Leslie, and Dick, and one extra
for Simmons Geo.

1 February 1955 P.S.

RAND people were excited
about RNA problem!

Dr. L. Blinks
National Science Foundation
Washington, D. C.

Dear Dr. Blinks:

How are neighbours?

Several weeks ago I discussed with Dr. Waterman the possibility of
obtaining the support of the National Science Foundation, for holding
a conference on the role of Ribonucleic Acid in the Protein synthesis.
This question is at present of a vital interest for many biologists
and biochemists (and even physicists like myself), and such a meeting
will undoubtedly lead to a useful interchange of ideas in this at pre-
sent rather confusing and intriguing field.

Dr. Waterman told me that such a conference can probably be organized
in the early summer, and advised me to talk to you on that subject.
The idea of such a conference originated between Dr. J. Watson and
myself while we were discussing RNA riddles in Woodshole last fall,
and on my present short visit to Pasadena we have worked out a program
for such a meeting in more detail.

The conference, which can be provisionally entitled: "The Role of RNA
in Protein Synthesis" should be held in mid-June in the Boston region
which is most convenient because the majority of people involved are
from the Northeastern part of the U.S. The people whom we would like
to invite to the conference are:

Sidney Bernhardt
Navy Medical Research Center
Bethesda, Maryland

Konrad Block
Chemistry Department
Harvard University
Cambridge, Massachusetts

Elkin Blout
Polaroid Corporation
Cambridge, Massachusetts

E. Chalgaff
College of Physicians and
   Surgeons
Columbia University
New York, New York

Paul Doty
Chemistry Department
Harvard University
Cambridge, Massachusetts

G. Gamow
George Washington University
Washington, D. C.

Fritz Lippmann
Massachusetts General Hospital
Boston, Massachusetts

Arthur Kornberg
Department of Bacteriology
Washington University
St. Louis, Missouri

手稿14.　参见正文127页

Dr. L. Blinks   -2-   1 February 1955

Daniel Mazia
Zoology Department
University of California
Berkeley, California

A. Mirsky
Rochester Institute of Medical
  Research
New York City, New York

Leslie Orgel
Department of Physics
University of Chicago
Chicago, Illinois

Alex Rich
NIH - Bethesda, Maryland

Norman Simons
AEC Project
U.C.L.A.
Los Angeles, California

W. Stanly
Virus Laboratory
University of California
Berkeley, California

Sol Spiegleman
Department of Bacteriology
University of Illinois
Urbana, Illinois

Gunther Stent
Virus Laboratory
University of California
Berkeley, California

J. D. Watson
Biology Division
California Institute of Technology
Pasadena, California

George Webster
Biology Department
California Institute of Technology
Pasadena, California

Martinas Ycas
Quartermaster Research and
  Development Center
Natick, Massachusetts

Paul Zamersnick
Massachusetts General Hospital
Boston, Massachusetts

Assuming that the invited members will be paid regular traveling and living expenses, we estimate that the total cost of the conference will be about $3,500.00.

I will be back in Washington after February 8, and will get in contact with you on this matter.

Yours truly,

G. Gamow

GG:fs

手稿14. 参见正文127页

P.S. What do you think
about Gales paper in Nature?

May 23 HSS
Marine Bio.Lab.
Woodshole.

Dear Jim,
I have arrived here two days ago,
got a small appartement close to the
lab, and am aclimatizing.
When are you arriving here?

—— RNATIE club maters: ——
1) Please send to me, or bring along,
two ties. ( ) for members.
P.S. You beter give me the adress
of that haberdasher in Lons Ang. so that
I can order after you go to Europe.
2) Szent Györgji wants to be
AD, as honorary member. I think
we should do it even though we
planned to give it to Limpman. Do you agree?
3) So for, I distributed 13 RNA pins
(incl. mine). What about Max?
Does he want to have a tie and
pin, or should we kick his out?

Yours Geo.

手稿15. 参见正文141页

May 24^d 1
Mar. Bio. Le
Woodsho

Dear Alek,

I have arrived here on Saturday, and
am settled in my appartement which is
across the pond from the lab. It is nice a
quiet here, and I consider myself bei
in the "rest-house" after Wash. night ma
I find that I would like to have some mor
of my books about which I didn't thin!
while leaving*! I don't want to ask Rho
to send them since she certainly will fi
it too complicated. Thus, may I ask you
to drop to the house, get these book, and
send them to me which you probably
can easyly do through NIH. They all
stand on a little shelf above the telephone

1) Proteins. I, II, III
2) Nucl. Acids I, II (II must have just arrived
3) General Genetics.
4) Pouling's Chemistry.
5) Atomic Nuclei by me and Chritchield.
And throw in Kitchen clock (not for the
discussions, but for cooking eggs) which
I realy forgot.
Will be very gratefull!

Have just finished "Cosmogony" for E.B
and beginning to concentrate on the book,

*)or, rather, thought I will use library copies... (over)

手稿15.　参见正文141页

Martinas got new data from Knight on N./
and Prot. consitution of <u>Tomatoe Bushy Stu</u>
which fitts reasonabely well with his aging
for T.M.V, and TY.*) May be we will enta
that dish after all

Some dish!

He will probab
come here next week
and we'll try to put
best statistics on it.
But there is truble with Gale (Nature Apr. 9,
He makes the asigements:
Asp → ACC; Glu → GUU; and Leu → AUU.

	A	G	C	U	Tacon	Asp Obs	Ti	Glu Obs	Ti	Leu
Tobaco:	0·30	0·25	0·18	0·26	3.0	12.0	5·1	9.1	6.3	
Tomato.	0·26	0·29	0·21	0·26	3·4	11.2	5·9	5.5	5·3	
Turnipa.	0·23	0·17	0·38	0·22	10.1	4.1	2·3	7.1	3.2	

A very bad fitt indeed!

By the way, if you need to talk to me on
any urgent business call: 1) The Library of M.I
or 2) Falmouth 1-7/8-R. this phone is downstair.
from my appartement, but I can hear it ring
Will be in N.Y. on June 11th to qurrel for 30,
with Fred Hoyle on transatlantic hook up
(NBC & BBC). Don't miss it, may be amusing

If you*) don't know they are:

Ala – 113	Gly – 344	Pro – 334
Asp – 124	Jleu – 133	Ser – 234
Arg – 122	Leu – 123	Thr – 134
Glu – 144	Lys – 233	Val – 114
Glun – 223	Phe – 245	

The remaing five
(least abundant)
are not asigned.

Best regards to Jane
Yours Geo.

**) Which are, of course, diffevent from those used by Martinas

手稿16. 参见正文141页

Rnatic Club
"Do or die, or don't try"

July 4, 1955

OFFICERS
GEO GAMOW · SYNTHESISER
GEORGE WASHINGTON UNIVERSITY
JIM WATSON · OPTIMIST
HARVARD UNIVERSITY
FRANCIS CRICK · PESSIMIST
CAMBRIDGE UNIVERSITY
MARTINAS YCAS · ARCHIVIST
QUARTERMASTER R. & D. LABS.
ALEX RICH · LORD PRIVY SEAL
NAT. INST. MENTAL HEALTH

Dear Pro,

This is the first official club circular.
First, the assignments of tie pins (which, as
you know, were randomized):

1) ALA - G. Gamow
2) ARG - A. Rich
3) ASP - P. Doty
4) ASN - R. Ledley
5) CYS - M. Ycas
6) GLU - R. Williams
7) GLN - A. Dounce

8) GLY - R. Feynman
9) HIS - M. Calvin
10) ISO - N. Simons
11) LEU - E. Teller
12) LYS - E. Chargaff
13) MET - N. Metropolis
14) PHE - G. Stent

15) PRO - J. Watson
16) SER - H. Gordon
17) THR - L. Orgel
18) TRY - M. Delbrück
19) TYR - F. Crick
20) VAL - S. Brenner

From this list, 13 members have obtained their tie pins while
the remaining 7 are still stubbornly holding out.
For RNA ties, please write to Jim Watson at Cambridge University.
The first matter of business is the election of honorary base
members. The organization committee proposes two candidates out of
the maximum possible number of four:

1) Dr. Fritz Lipmann for: CY   (These assignments of
2) Dr. Albert Szent-Gyorgyi for: AD bases were made by random choice).

Each of the 20 members of the club is welcome to send his vote for
both of these two candidates.
For a positive vote: include $1.00 for each candidate (if only $1.00
is included, please specify for which of the two candidates you are voting)

手稿17.　参见正文152页

-2-

and mail to G. Gamow, M. L. B., Woods Hole, Mass. For a negative
vote: do not do anything.

If the amount of collected dollars is sufficient to buy an RNA
tie and a special base pin for the proposed candidates (for, of course,
honorary members do not pay) they will be considered electe.

The latest date for receiving the votes is September lst, 1955.

Sincerely yours, *Ala,*

The Synthesizer

Am leaving for Calif. next week, and untill
Aug 20th my adress will be:
CONVAIR. San Diego. Calif.

Since J will be probably dropping
to Los Ang. quite often, will you
please give me the adress of
RNATIE - haberdasher. J may have
to order a few more ties.

Yours Geo.

手稿17. 参见正文152页

1955

Nov 8th
8302 Thoreau Drive
Bethesda . Md.

Dear Jim,

A number of members of Rnatie club are bombarding me with tie demands. Will you *please* let me know (by return air mail) the adress of this haberdashery in Los Angeles where they are being made.

What do you think about this Rundle's paper? should we elect him as an honorable member of te club, or should we disband the club altogeter?

J think J will go back to Cosmology!

J think that most interesting thing about this RNA model is that it explains that all proteins (Oxitocin, Vassopressin, Jns. A, Jns B, ACTH, Ribonucleas, and te recent "melanophore expanding" hormone *) have **3n** amino acids. This is almost exactly Barbara Low's hypotesis of triple reading of nonpunctuated template. Oh gosh!

< 9, 9, 21, 30, 39, 126 & 30.

* also 135 in TMV! Love to Francis. Yours Geo.

手稿 18. 参见正文 179 页

...natic Club
"Do or die, or don't try"

OFFICERS

GEO GAMOW · SYNTHESISER
GEORGE WASHINGTON UNIVERSITY

JIM WATSON · OPTIMIST
HARVARD UNIVERSITY

FRANCIS CRICK · PESSIMIST
CAMBRIDGE UNIVERSITY

MARTINAS YCAS · ARCHIVIST
QUARTERMASTER R. & D. LABS.

ALEX RICH · LORD PRIVY SEAL
NAT. INST. MENTAL HEALTH

Nov. 15th 195.
8302 Thoreau Dri..
Bethesda 14 M..

Dear Alex,

Thanks for your letter, and incl....
Congratulations on the collagenes and
love to Francis... I had a very nice
summer in Woodshole, ~~we~~ wrote more
than half of the book (11 chapters out of 21)
and two nice (addapted) limerixes:

King & Dan-el Mazia of Sheba   Queen Gertrude Mazia of She...
Was in love with a tiny amöba.   Was jolouse of tiny amö...
This whee bit of jelly   Said she: "Ain't it od..
Had crowled over his belly,   That this damned pseudo...
And metabo-whisper "Ich liebe".   Entführte der Man dem ich ...

Upon my return to Washington at the en...
of September, stayed for a while in Cosmos
Club, but moved into the house (as above)
three weeks ago when Rho moved out in...
a downtown hotel. Am busy now stripping
the house down for selling, packing books
and things worth storing, and going
through all this dirty business. The thing

(P.o.)

手稿19. 参见正文180页

L

Rnatie Club

"Do or die, or don't try"

Officers
GEO GAMOW · SYNTHESIZER
GEORGE WASHINGTON UNIVERSITY
JIM WATSON · OPTIMIST
HARVARD UNIVERSITY
FRANCIS CRICK · PESSIMIST
CAMBRIDGE UNIVERSITY
MARTINAS YCAS · ARCHIVIST
QUARTERMASTER R. & D. LABS.
ALEX RICH · LORD PRIVY SEAL
NAT. INST. MENTAL HEALTH

...are getting horribly complicat
and utterly unpleasant, for
one thingk because my attorne
who is organizing settlement
and divorce has to coordinate all
his moves with Rho's psychatrist....
God knows how and when it ends!
I am back to Wash. only seven weeks
and am dreaming of getting out of here
as soon as possible, and as far as possi.
One of the possibilities is to get an
(advanced) sabathical from G.W. and go
to England at the end of this semester(
and through the summer. I may coordin
it with ORO which has an office in Londo:
But, it all will depend on legal angle
of maintaining the residence in Maryland
for all this damned business...
As you see, I am not in very good
mood or state, and the only things I
can still do is to go on with my lecture
(dropped one of them tonight).
Yours as every Geo
Love to Jane

P.S. What do you think about this midwestern HNA model?

手稿19.　参见正文180页

Rnatie Club
"Do or die, or don't try"

Dec. 1ᵗ 1955

COPY.
(J fight for you,
boys! Geo.)

Dear Dr. Rhoads,

Thank you for your kind letter of Nov. 23ᵈ.
J think, however, that it was based on some
misunderstanding. Jn my article in Scientific
Amer. (Oct. 1955) J do not, as you incorrectly quote: " give
credit of the studies concerning the molecular
configuration of DNA entirely to watson
and Crick ". Jn fact, the text runs :
" The first question (i.e. How the information
is stored in chromosomes ?) has already
been at least partially answered
thanks to the work of a number of
investigators, notably the team of
Crick and Watson". And, in fact, the present
model of DNA and the hypotesis
concerning its self duplication was
first proposed by W & C. as it is also
stated in the begining of Nature's

手稿20. 参见正文183页

by 9 authors

article of May 1955 which I have, of course,
read when it appeared last spring.
In fact, it says: " W & C have proposed
a structure .... and from this structure
derived a hypotesis concerning the
selfduplication of nucleic acid."
Of course, in a popular article in scient.
Amer. I could not give a complete list
of all publications on that subject,
and, in particular, could not refer to
the institution which, as you say,
" has provided much of DNA" used by
Wilkins and Associates in their X-ray
studies. But I do give the reference
to Crick's article in Oct 1954 Scien Amer.
in which he writes: " Watson and I
were convinced that we could get
somewhere near DNA structure by
building scale models based on
the X-ray pattern obtained by Wilkins,
Franklin and their co-workers "

Thus I think that all properties are
are preserved, and no offence to
anybody is made ment.
                      with best personal regards
               Yours truly G. gamow

手稿20. 参见正文183页

Rnatic Club
"Do or die, or don't try"

Nov. 24th 1956
Boulder. Color.

OFFICERS
Geo Gamow · SYNTHESIZER
UNIVERSITY of COLORADO

Jim Watson · OPTIMIST
HARVARD UNIVERSITY

Francis Crick · PESSIMIST
CAMBRIDGE UNIVERSITY

Martinas Ycas · ARCHIVIST
QUARTERMASTER R. & D. LABS.

Alex Rich · LORD PRIVY SEAL
NAT. INST. MENTAL HEALTH

Dear Jim,

Well, after long gipsying I am finally settled here, and am aprooching asimptotically the state of equilibrium .... (it is wonderfull here !) I have at the moment no new ideas on RNA decoding, but.....

In the middle of August I am planing to organize here a conference (sponsored by NSF) on "Molecular Genetics".

COULD YOU COME?

Ted Puck doing wanderfull things with his mamalian celles. A recent result is that the celles from different tissues replicate as a true mutations. Thus, basic changes must have taken place at the stage of bastula, gastrula, or ...

How are you Jim?

Yours Geo.

手稿21. 参见正文228页

UNIVERSITY OF COLORADO
BOULDER, COLORADO

DEPARTMENT OF PHYSICS

Dec. 6ᵗʰ 1956

Dear Jim,

Thanks for your letter. The conference will be definitely during the second week of Aug. since it is the only time when Muller can be here. I will not be able to invite all RNATIE members since many other must be invited and the fonds provided by NSF are limited. When Ted Rick and I will have a list ready, and coordinate with NSF I will send you a copy.

I am fairly busy giving last touches to my book "Matter Earth and Stars" which I started in Woodshole, and have not thought much on biological topics recently. I have collected £1000 in U.N. in N.Y. recently, but will go to India for a couple of months only next winter. But I am going to spend these X-mas vacations in Caracas delivering a few lectures (in spanish!). I will be in Cambridge on March 4ᵗʰ and 5ᵗʰ and hope to see you at that time.

Yours Geo.

手稿22.　参见正文228页

图书在版编目（CIP）数据

基因·女郎·伽莫夫：发现双螺旋之后/(美)詹姆斯·D. 沃森
(James D. Watson)著；钟扬等译.—上海：上海科技教育出版
社,2023.8

书名原文：Genes, Girls, and Gamow：After the Double Helix

ISBN 978-7-5428-7983-7

Ⅰ.①基… Ⅱ.①詹… ②钟… Ⅲ.①双螺旋-普及
读物 Ⅳ.①Q71-49

中国国家版本馆CIP数据核字(2023)第116488号

责任编辑 王世平 伍慧玲
封面设计 符 颉

JIYIN·NVLANG·JIAMOFU

基因·女郎·伽莫夫——发现双螺旋之后

[美] 詹姆斯·D. 沃森 著

钟扬 沈玮 赵琼 王旭 译

出版发行 上海科技教育出版社有限公司
　　　　　（上海市闵行区号景路159弄A座8楼　邮政编码201101）

网　　址 www.sste.com　www.ewen.co
经　　销 各地新华书店
印　　刷 上海商务联西印刷有限公司
开　　本 720×1000　1/16
印　　张 20.75
版　　次 2023年8月第1版
印　　次 2023年8月第1次印刷
书　　号 ISBN 978-7-5428-7983-7/N·1193
图　　字 09-2019-660号
定　　价 78.00元